U0159861

2020 年全国大学生电子设计竞赛
信息科技前沿专题邀请赛获奖作品选编

全国大学生电子设计竞赛组织委员会　编

西安电子科技大学出版社

内 容 简 介

　　本书选自 2020 年全国大学生电子设计竞赛信息科技前沿邀请赛(瑞萨杯)的获奖作品,包括 6 篇一等奖和 11 篇二等奖作品,所选作品涉及测量、自动驾驶、无人机、医学、居家生活等多个跨学科领域的不同应用场景,充分体现了社会对信息科技前沿相关科学和技术的广泛需求。

　　本书可作为高等学校电气、自动化、仪器仪表、电子信息类及其他相近专业本科学生教学或学科竞赛教学的参考用书,也可供相关工程技术人员参考。

图书在版编目(CIP)数据

2020 年全国大学生电子设计竞赛信息科技前沿专题邀请赛获奖作品选编/全国大学生电子设计竞赛组织委员会编. —西安:西安电子科技大学出版社,2022.9
ISBN 978 - 7 - 5606 - 6569 - 6

Ⅰ. ①2… Ⅱ. ①全… Ⅲ. 电子产品—设计① Ⅳ. ①TN602

中国版本图书馆 CIP 数据核字(2022)第 147296 号

策　　划　薛英英
责任编辑　薛英英　陈　婷
出版发行　西安电子科技大学出版社(西安市太白南路 2 号)
电　　话　(029)88202421　88201467　　邮　编　710071
网　　址　www. xduph. com　　　　电子邮箱　xdupfxb001@163.com
经　　销　新华书店
印刷单位　陕西精工印务有限公司
版　　次　2022 年 9 月第 1 版　2022 年 9 月第 1 次印刷
开　　本　787 毫米×1092 毫米　1/16　印　张　19
字　　数　438 千字
印　　数　1～1000 册
定　　价　75.00 元
ISBN　978 - 7 - 5606 - 6569 - 6/TN

XDUP 6871001 - 1

＊＊＊如有印装问题可调换＊＊＊

前　　言

　　全国大学生电子设计竞赛信息科技前沿专题邀请赛(瑞萨杯),简称信息科技前沿专题邀请赛(Advanced Information Technology Invitational Contest),是全国大学生电子设计竞赛大框架下新设立的一项针对信息技术领域发展的专题邀请赛。邀请赛以近年来越来越热的敏捷互认互联概念及其应用为主题,锻炼和考核学生使用前沿的信息电子等技术组建小型互联网络,进行不同物体之间信息互认互通进而实现创新的远程控制、人工智能等功能的能力。邀请赛定向邀请国内信息、电子等领域内水平较高的院校组队参与,自 2018 年开始,逢偶数年举办。邀请赛贯彻全国大学生电子设计竞赛的宗旨,坚持"政府主办、专家主导、学生主体、社会参与"的方针,通过推动敏捷互联互认、物联网技术在相关领域的应用与发展,促进电子信息类学科专业基础课教学内容的更新、整合与改革,提高大学生动手能力和工程实践能力,培育大学生创新意识。信息科技前沿专题邀请赛采用"专项邀请、自愿参加"的方式进行。

　　第二届全国大学生电子设计竞赛信息科技前沿专题邀请赛(瑞萨杯)主题为"敏捷互认互联",旨在通过物理信息获取与处理,在各子系统的协同操作下,完成基于图像/语音快速准确识别,体现其在未来生活中的应用。此次邀请赛共邀请了来自北京邮电大学、大连理工大学、电子科技大学、东南大学、国防科技大学、华中科技大学、天津大学、同济大学、西安电子科技大学、西安交通大学等 47 所高校的 82 支队伍。王越院士担任大赛组委会主任,管晓宏院士担任评审组组长,来自北京理工大学、上海交通大学、浙江大学等高校的专家组成了评审组。经过远程在线演示、答辩等环节的激烈角逐,评审组从作品选题的新颖性、创新性、实用意义,系统的完善性及功能实现等方面进行综合评价,共评出一等奖 6 项、二等奖 11 项、三等奖 26 项,并从一等奖得奖队伍中评定出最高奖项"瑞萨杯"的获得者。本年度竞赛"瑞萨杯"获得者为杭州电子科技大学黄崇君、陈俊煜、叶露娜同学组成的代表队,作品题目为"基于 V2X 的车路协同系统构建"。

　　自 2018 年起,每届竞赛后,竞赛组委会都组织编写出版《全国大学生电子设计竞赛信息科技前沿专题邀请赛获奖作品选编》,希望能为今后参赛的学生开拓设计思路,提供设计报告撰写的参考;本着"以赛促教"的理念,也希望其能进一步为电子信息类专业的本科教学提供重要的参考。

　　鉴于篇幅的限制,本书仅编入了第二届全国大学生电子设计竞赛信息科技前沿专题邀请赛一等奖和二等奖的获奖作品,共计 17 篇(名录见附件)。书中每篇作品均附有"专家点评"。为便于读者参考,本书大部分的作品提供作品演示与作品代码,部分图片提供彩图(均以二维码呈现),读者可自行扫码观看。

　　由于来稿反映的是学生在有限时间内完成的设计工作,这些作品无论在方案科学性、行文规范性等方面都有不足。读者应注意,在汲取优点的同时,也要认识到其中的不足之处。此外,为了和作品原用的瑞萨仿真结果与硬件原理图保持一致,本书中的部分器件、变量未采用国标,请读者阅读时留意。

　　信息科技前沿专题邀请赛的成功举办,与政府各级教育主管部门的正确领导,专家组和参赛学校领导的大力支持、精心组织、积极参与密不可分。在竞赛组织过程中,许多同志做出了重要贡献。在各参赛学校的竞赛培训辅导期间,许多教师付出了艰辛的创造性劳动。感谢西安交通大学、杭州电子科技大学组织和承办了本次竞赛。竞赛组委会特别感谢瑞萨电子(中国)有限公司等企业对本项赛事的赞助支持。感谢瑞萨电子代表取缔役会长鹤丸哲哉、瑞萨电子(中国)有限公司董事长真冈朋光、总经理荒山伸男、业务发展总监王伟谷和副总监冯新华等人士的大力支持和帮助。

本书的编选工作得到了获奖作者、竞赛辅导老师、有关学校领导及竞赛专家组的鼎力支持。参加第二届全国大学生电子设计竞赛信息科技前沿专题邀请赛评审的部分专家完成了本书的审稿工作,他们是管晓宏院士、岳继光教授、邓建国教授、李勇朝教授、韩力教授、张兴军教授、薛质教授、陈南教授、蒋占军教授、胡仁杰教授、陈刚教授、陈龙教授、于涛高级经理及王均峰部长。竞赛组委会及其秘书处的罗新民、陶敬、黄健及符均老师也参加了编审组织工作。最后,感谢西安电子科技大学出版社为本书的出版所提供的大力支持。

全国大学生电子设计竞赛组织委员会
2021 年 12 月 27 日

附件

选编作品名录

序号	作品名称	学校名称	实际参赛学生姓名	获奖
01	基于 V2X 的车路协同系统构建	杭州电子科技大学	黄崇君、陈俊煜、叶露娜	瑞萨杯
02	智能触觉感应装置	大连理工大学	刘小飞、王寅、朱炀爽	一等奖
03	基于 DRP 的增强现实与空间感知系统	南京邮电大学	严宇恒、梁逸秋、周子涵	一等奖
04	基于 DRP 加速的静脉增强识别一体化自主穿刺设备	南京邮电大学	谢嘉豪、姚家琪、张超越	一等奖
05	仓舒小助手——自助称重系统	西安交通大学	高明豪、胡嘉豪、吴俊杰	一等奖
06	强激光束的高精度自动寻焦系统	西安理工大学	陈炜龙、王伟、熊培羽	一等奖
07	基于卷积神经网络的无接触智能食堂结账系统	电子科技大学	马朝越、胡智成、王凯雷	二等奖
08	头戴式眼动监测仪	东南大学	陈谷乔、陈禧、吉天义	二等奖
09	基于 e-AI 的表情识别辅助购物满意度系统	东南大学	李哲、王友诚、相世杰	二等奖
10	针对手机语音助手的超声黑客攻击与防御	上海交通大学	宋凯、沈力、胡洪宇	二等奖
11	基于瑞萨开发平台的车内防窒息及防盗报警系统	四川大学	石雅琪、牛莙濡、杜遇林	二等奖
12	"时光印迹"智能交互民间传统艺术表演系统	西安电子科技大学	崔鑫、段清原、范浩扬	二等奖
13	宠物口袋助手	西安邮电大学	张嘉鑫、孔德霖、陈帅	二等奖
14	"追光定影"三维高精度协同定位系统	西北工业大学	王芊、章智诚、孟熙航	二等奖
15	驾驶疲劳实时检测预警系统	中北大学	韩衍、张梓浩、朱子文	二等奖
16	智能音律校对助手	重庆大学	卞艺衡、甘寒琪、黄喜琳	二等奖
17	基于 OpenMV 的智慧考勤管理系统	重庆邮电大学	陈昊、何雨桐、姜龑	二等奖

信息科技前沿专题邀请赛组委会名单(2020年)

名誉主任：王　越　北京理工大学名誉校长　中国科学院院士
　　　　　　　　　中国工程院院士
主　　任：管晓宏　中国科学院院士
副 主 任：郑庆华　西安交通大学副校长　长江学者
　　　　　王　泉　西安电子科技大学副校长　长江学者
　　　　　赵显利　北京理工大学原副校长　教授
顾　　问：张晓林　北京航空航天大学教授
　　　　　傅丰林　西安电子科技大学原副校长　教授
　　　　　胡克旺　北京信息科技大学教授
委　　员：岳继光　同济大学教授
　　　　　李勇朝　西安电子科技大学教授
　　　　　罗新民　西安交通大学教授
　　　　　徐国治　上海交通大学教授
　　　　　韩　力　北京理工大学教授
　　　　　殷瑞祥　华南理工大学教授
　　　　　徐江荣　杭州电子科技大学教授
组委会秘书处：西安交通大学
秘 书 长：罗新民
副秘书长：陶　敬　戴绍港
秘　　书：符　均　颜曰越　应　娜　黄　健

全国大学生电子设计竞赛组织委员会
关于组织 2020 年全国大学生电子设计竞赛
——信息科技前沿专题邀请赛(瑞萨杯)的通知

各有关高等学校:

全国大学生电子设计竞赛组织委员会决定,举办 2020 年全国大学生电子设计竞赛——信息科技前沿专题邀请赛(瑞萨杯)。现通知如下:

一、组织领导

1. 竞赛按照《全国大学生电子设计竞赛——信息科技前沿专题邀请赛(瑞萨杯)章程》进行组织。

2. 信息科技前沿专题邀请赛组织委员会(以下简称竞赛组委会)负责竞赛的组织领导、协调和宣传工作。竞赛组委会秘书处设在西安交通大学。竞赛组委会委托杭州电子科技大学承担本届邀请赛的报名、测试及评审相关工作。

3. 瑞萨公司负责指导赛前培训、竞赛过程中的技术支持。信息科技前沿专题邀请赛专家组负责竞赛作品的评审工作以及与瑞萨公司的技术洽商。

4. 杭州电子科技大学设专门联络员,负责并完成竞赛组委会委托的各项组织工作。

二、命题与竞赛形式

1. 2020 年全国大学生电子设计竞赛——信息科技前沿专题邀请赛(瑞萨杯)主题为:敏捷互认互联,物理信息获取与处理,各子系统互相协同操作,完成基于图像/语音快速准确识别技术、体现未来生活。

2. 竞赛组委会将向各参赛队提供瑞萨公司研制的开发套件,参赛队必须基于该开发套件自主命题、自主设计,独立完成一个有一定功能的应用系统(竞赛作品)。

3. 本次竞赛采用开放式,不限定竞赛场地,参赛队在规定的时间内完成作品的设计、制作、调试及设计报告。

4. 参赛队所需竞赛设备和元器件等由所在高校自行解决。

三、参赛学校与参赛队

1. 本次邀请赛只限于被邀请高校组织学生参加,参赛高校按组委会分配的参赛队名额统一报名。

2. 各参赛高校需指派专人负责组织、协调、监督和保证本校参赛活动的顺利进行,按时组织报名、培训,并保持与竞赛组委会秘书处的信息沟通。

3. 参加本次竞赛的学生,在竞赛期间必须是普通高校全日制在校本科学生,评审时,如发现有非本科生参加,将取消评奖资格。

4. 每支参赛队限三人组成,可配备一名指导教师。指导教师主要负责赛前培训的组织、辅导、选题,方案设计与论证;但具体的作品功能及参数确定、硬件制作、软件编程、系统调试和设计报告撰写等必须由参赛学生独立完成。指导教师应保证竞赛组委会提供的瑞萨开发套件及相关软件在竞赛期间只能用于参赛作品的设计、开发,不得挪作他用。

四、竞赛时间安排

1. 竞赛时间：2020 年 3 月 31 日—7 月 31 日。

2. 受邀学校上报参赛队数截止时间：2020 年 3 月 31 日。

3. 上报参赛选题和学生名单截止时间：2020 年 4 月 30 日。

4. 上报参赛作品设计报告截止时间：2020 年 7 月 31 日。

5. 参赛作品评审时间及地点：2020 年 8 月 20 日—24 日，杭州电子科技大学。

6. 颁奖大会在评审结束后随即召开，具体事项另行通知。

五、竞赛报名

本次竞赛报名分两个阶段进行。

1. 第一阶段

受邀请的各参赛高校根据组委会分配的名额上报参赛队数和竞赛负责人。受邀学校须于 2020 年 3 月 31 日 17：00 前完成第一阶段报名工作。

报名内容及说明：

（1）参赛学校竞赛负责人或联系人及联系方式。

（2）参赛队数。各参赛学校根据组委会下发的受邀队数确定参赛队数，参赛队数不得超过受邀队数。

各参赛学校填写第一阶段报名表，打印签字盖章后将扫描件发送到专题邀请赛报名联络员（联系方式见后）。

2. 第二阶段

受邀学校上报各参赛队、参赛队员名单及相关信息。参赛学校在 2020 年 4 月 30 日之前完成第二阶段报名。为了保证参赛学生的参与度，2020 年 4 月 30 日后不能更换队员。

六、竞赛培训

为了使参赛学生对瑞萨公司提供的开发板有更全面的了解，竞赛组委会将联合瑞萨公司开展全面的线上培训，具体信息可见全国大学生电子设计竞赛网站（http：//nuedc. xjtu. edu. cn/）和信息科技前沿专题邀请赛网站（http：//aitic. xjtu. edu. cn/）相关说明。

（1）线上培训。线上培训不受人数、时间等限制，竞赛组委会邀请广大师生参加（全国所有学校师生都可参加），以促进大家对信息科技前沿技术的了解和学习。

（2）论坛。提供参赛学生在线交流。

（3）瑞萨开发套件及相关软件发放。瑞萨公司提供的开发板将于 2020 年 4 月 1 日后快递寄出，竞赛以及评审期间不得更换。如果在使用过程中发生自身质量问题，瑞萨公司将负责更换，并报竞赛组委会备案。由于参赛队使用不当而产生问题则不能更换，瑞萨公司将协助维修，维修产生的相关费用须由参赛学校自行承担。

七、中期检查

竞赛组委会将派专家组成员在 2020 年 5 月中下旬进行中期检查和巡视。

八、竞赛评审

1. 为了切实保证评审工作的公平、公正、公开，受邀学校须于 2020 年 4 月 30 日之前将本队参赛选题上报给专题邀请赛报名联络员处。竞赛将于 2020 年 7 月 31 日 17 点准时结束。

2. 专家组制定评审规则完成参赛队参赛作品的评审。

3. 为便于评审，各参赛队须严格按以下要求准时上报作品报告。参赛队作品报告分四部分：作品简介，中文作品设计报告，英文作品设计报告，以及参评作品实物。具体要求如下：

（1）作品简介。作品简介应使用组委会统一提供的模板（请网站下载），并按要求填写。

（2）作品设计报告（中文）。参赛队都应提供中文作品设计报告，报告正文要求不超过15000字，用A4纸激光打印（小4号字，单倍行距），内容应至少包括以下五个部分：

★参赛作品原创性申明（模板请网站下载）

★中英文对照题目

★系统方案、功能与指标、实现原理、硬件框图、软件流程

★系统测试方案、测试设备、测试数据、结果分析、实现功能、特色

★附录，含源代码和程序清单、扩展应用系统电路图、应用资料与参考文献目录。

（3）作品设计报告（英文）。参赛队还应提供简短的英文版作品设计报告，要求用A4激光打印，不超过6页（小4号字，单倍行距），应至少包括英文题目、摘要、系统原理和实现、测试结果。

（4）参评作品实物。必须是以竞赛组委会统一下发的、利用瑞萨公司套件及相关软件开发的、独立完成的作品实物（包括软硬件）。

4. 各参赛队应于2020年7月31日17：00之前（以当地邮戳日期为准），以特快专递方式将作品简介和中英文设计报告打印版（一式两份）寄往专题邀请赛报名联络员处，并同时提交相关材料电子稿。参评作品由参赛队自行携带参加评审。

5. 专家组定于2020年8月20日至24日期间在杭州电子科技大学举行全国评审。

6. 专家组在完成对参赛队参赛作品的评审后，评选出本次竞赛的瑞萨杯、一等奖、二等奖和三等奖，并将评审结果报全国大学生电子设计竞赛组委会审核批准。

7. 评审要求。每支参赛队评审时间原则上不超过40分钟，包括：参赛作品介绍（PPT）和现场实物测试及提问。

8. 因各种原因不能到现场参加评审的参赛队视为退赛，由参赛队所在高校教务处负责将组委会提供的套件和开发软件如数退回竞赛组委会。参赛队员必须全部参加评审，如不能参加，将取消该队员的参赛资格。

9. 评审具体安排届时通知。

九、颁奖

颁奖大会将于全国评审结束后进行，具体安排届时通知。

十、优秀作品选编出版

十一、其它

其它相关规定请参阅《全国大学生电子设计竞赛——信息科技前沿专题邀请赛（瑞萨杯）章程》。

十二、联系方式

1. 全国组委会秘书处联系地址：陕西省西安市咸宁西路28号西安交通大学，邮编：710049

联系人：符均　电话：18992858095

邮箱：ts4@mail.xjtu.edu.cn

2. 专题邀请赛报名及上报参赛作品地址：浙江省杭州市江干区下沙高教园区杭州电子科技大学教务处，邮编：310018

专题邀请赛报名联络员：颜曰越　电话：0571－86919137

邮箱：yyy@hdu.edu.cn

全国大学生电子设计竞赛组织委员会

2020 年 1 月 17 日

信息科技前沿专题邀请赛专家组名单（2020 年）

序号	姓名	性别	职称	工作单位
1	管晓宏	男	中科院院士	西安交通大学
2	岳继光	男	教授	同济大学
3	李勇朝	男	教授	西安电子科技大学
4	邓建国	男	教授	西安交通大学
5	薛质	男	教授	上海交通大学
6	张兴军	男	教授	西安交通大学
7	陈南	男	教授	西安电子科技大学
8	蒋占军	男	教授	兰州交通大学
9	韩力	男	教授	北京理工大学
10	于涛	男	高级经理	瑞萨电子
11	王均峰	男	部长	瑞萨电子
12	胡仁杰	男	教授	东南大学
13	陈刚	男	教授	浙江大学
14	陈龙	男	教授	杭州电子科技大学

2020 年全国大学生电子设计竞赛信息科技前沿专题邀请赛获奖名单

序号	奖项	学校名称	参赛学生
1	一等奖（瑞萨杯）	杭州电子科技大学	黄崇君、陈俊煜、叶露娜
2	一等奖	大连理工大学	刘小飞、王寅、朱炀爽
3	一等奖	南京邮电大学	严宇恒、梁逸秋、周子涵
4	一等奖	南京邮电大学	谢嘉豪、姚家琪、张超越
5	一等奖	西安交通大学	高明豪、胡嘉豪、吴俊杰
6	一等奖	西安理工大学	陈炜龙、王伟、熊培羽
7	二等奖	电子科技大学	马朝越、胡智成、王凯雷
8	二等奖	东南大学	陈谷乔、陈禧、吉天义
9	二等奖	东南大学	李哲、王友诚、相世杰
10	二等奖	上海交通大学	宋凯、沈力、胡洪宇
11	二等奖	四川大学	石雅琪、牛莙濡、杜遇林
12	二等奖	西安电子科技大学	崔鑫、段清原、范浩扬
13	二等奖	西安邮电大学	张嘉鑫、孔德霖、陈帅
14	二等奖	西北工业大学	王芊、章智诚、孟熙航
15	二等奖	中北大学	韩衍、张梓浩、朱子文
16	二等奖	重庆大学	卞艺衡、甘寒琪、黄喜琳
17	二等奖	重庆邮电大学	陈昊、何雨桐、姜龑
18	三等奖	北京航空航天大学	许玥、吴逸霄、范雯
19	三等奖	北京理工大学	何广源、胡亘宇、武家鹏
20	三等奖	北京理工大学	生涛玮、张浩然、康碧琛
21	三等奖	北京邮电大学	何文康、李子桐、齐霄雨
22	三等奖	大连理工大学	石澄今、郁东辉、宗承澳
23	三等奖	电子科技大学	刘洋武、姜清辰、黄经纬
24	三等奖	东北大学	宋琦、童文昊、李焘任

序号	奖项	学校名称	参赛学生
25	三等奖	东北大学	程博、付嘉乐、蒋伟
26	三等奖	东北林业大学	姜奥杰、张皓博、冯榆淇
27	三等奖	国防科技大学	王才有、骆俊辉、刘雷锐
28	三等奖	国防科技大学电子对抗学院	王一鸣、曾健、明森贵
29	三等奖	国防科技大学电子对抗学院	丁心岳、翟子焱、廖泽奇
30	三等奖	杭州电子科技大学	孙伟、卜伟翌、徐婷婷
31	三等奖	华中科技大学	梁子聪、何思琦、汪潇翔
32	三等奖	吉林大学	欧炜庭、王嘉玮、张翔
33	三等奖	兰州交通大学	曹九超、潘祥、陈墨迪
34	三等奖	山东大学	张泽宇、张真瑜、杨潇
35	三等奖	天津大学	刘若泓、翟靖磊、姚海云
36	三等奖	同济大学	王涵、蒲俊丞、韩哲
37	三等奖	西安交通大学	陈瑞海、马翔、张恒煜
38	三等奖	西北工业大学	陈志康、周亦步、王建宇
39	三等奖	西南交通大学	陈春晖、翟林帆、杨莉君
40	三等奖	长沙理工大学	杨羽、贺超广
41	三等奖	中北大学	戚奇汉、张志远、张湄婕
42	三等奖	中山大学	黄元康、陈用泉、何锦烽
43	三等奖	重庆大学	熊峻、徐永康、何秋月

目　　录

作品 1　基于 V2X 的车路协同系统构建

作者：黄崇君、陈俊煜、叶露娜（杭州电子科技大学）

作品演示　　　　文中彩图 1　　　文中彩图 2　　　彩图演示 3

摘　　要

随着 5G 等通信技术的飞速发展，车与外界的高速信息交换成为了可能。由于车辆自身感知能力存在局限，借助车辆外部信息，通过信息融合提升运行车辆的安全性是必然选择，因此车路协同和智能网联汽车将成为未来几年无人驾驶汽车的一个主要发展方向。与此同时，在全球互联网的发展的趋势下，物流行业也在快速发展，提升物流运行的效率，减少劳动力成本，最终实现物流车辆的自主运行也是大势所趋。

本作品模拟货车自动列队行驶，通过 V2X 车联网（Vehicle to Everything，车对外界的信息交换）及无线通信，将 4 辆小车组成自动行驶队列（头车后跟随 3 辆小车）。小车之间通过无线通信技术互认互联、信息共享，可实现 30 cm 车距自动列队行驶，并以稳定的速度前进、拐弯、急停等功能。基于瑞萨核心板 RZ/A2M 及专用的 DRP 技术，结合智能车路协同系统，水平能够对道路上的指示性标识牌等进行快速识别，接收道路中的实时红绿灯信号，感知路侧单元反馈的障碍小车信息，完成车对外界的信息交换，实现物流小车群的智能驾驶。

相较于传统的自动列队行驶运营方案，本作品引入"车路协同"的思想，以路辅车，同时结合神经网络以及相关图像处理算法对道路标识进行快速图像识别，感知路侧信息，强化了系统对复杂路况的适应能力；同时整个作品子系统间的通信均采用快速无线传输方式进行。

本作品是对自动列队行驶运营方式的模拟，可应用于现实生活中公路物流运输和码头货物运转，引入车路协同，增强了运行车辆的安全性与灵活性，能够更好地适应现实应用场景。对于物流行业来说，此项设计可有效减少人力资源的消耗，同时也可减少运输事故的发生。

关键词：物流车辆；列队行驶；车联网；车路协同；图像识别；无线通信

Vehicle-Road Cooperation System Based on V2X

Author：Chongjun HUANG，Junyu CHEN，Luna YE（Hangzhou Dianzi University）

Abstract

With the rapid development of communication technologies such as 5G, high-speed information exchange between vehicles and environment becomes possible. Due to the limited perception ability of the vehicle, it is an inevitable choice to improve the safety of vehicles through information fusion with the help of external information of the vehicle. Therefore, Vehicle-Road Cooperation and intelligent networked vehicles will become a major development direction of unmanned vehicles in the following years. At the same time, against the backdrop of global interconnection, the logistics industry is also developing rapidly, and it is a general trend to improve the efficiency of logistics operation, reduce labor cost, and finally realize the autonomous operation of logistics vehicles.

This system simulates the automatic platooning of trucks. Through Vehicles to Everything (V2X) and wireless communication, four cars are formed into an automatic driving queue (the leading car and three following automatic cars). The cars are mutually recognized and interconnected through wireless technology to share information. The work realizes automatic line-up driving of the cars at the distance of 30cm, and the vehicles can move forward, turn, and stop in a hurry facing obstacle. Based on Renesas RZ/A2M and its DRP Technology, combined with the intelligent Vehicle-Road Cooperation system, the cars can quickly receive and identify the indicative signs on the road, receive real-time traffic light signals on the road and percept obstacle car information from roadside units to complete the information exchange between the Vehicle and environment. Finally, they realize the intelligent driving logistics car group.

Compared with the traditional automatic platooning operation scheme, this work introduces the idea of "Vehicle-Road Cooperation", introduces road-assisted vehicles, combines neural networks and related image processing algorithms to identify road signs quickly, percept obstacle information from road-side units, finally strengthens the system's adaptation to complex road conditions ability. Meanwhile, the communication between the entire work subsystem is carried out in a quick wireless transmission.

This system is a simulation of the operation mode of automatic platooning. It can be applied to road logistics transportation and terminal cargo operation in real life. It not only uses Vehicle-Road Cooperation, enhances overall safety and flexibility, but also is more adaptive to more realistic scenarios. For the logistics industry, this design can effectively reduce the waste of labor costs and reduce accidents.

Keywords：Logistics Vehicle；Convoy Driving；Vehicular Networking；Vehicle-Road

Cooperation；Image Identification；Wireless Communication

1. 作品概述

随着 5G 车联网、高等级自动驾驶、V2X 等技术的不断涌现，智能网联汽车成为了汽车行业发展的一个全新方向。

本作品的设计初衷是立足于智能网联汽车，将应用场景定位在物流行业，作品模拟卡车自动列队行驶，并结合智能车路协同系统，完成 V2X，最终实现物流小车群的智能自动驾驶。

随着物流行业的快速发展，道路上的卡车越来越多，为了进一步提高运输效率，卡车列队行驶（Platooning）应运而生。它的核心是通过高速的信息交互让后方的卡车可以紧跟前车自动行驶。ACC（Adaptive Cruise Control，自适应巡航系统）与卡车列队行驶概念十分相近，前者是通过每辆车自身的传感器（雷达等）获取信息，并以此信息来调整每辆车的间距。相比之下列队行驶多了信息互联互通的过程，通过 V2V（Vehicle to Vehicle，车对车的信息交换）能够使得系统更加稳定，更具有安全性。

"车路协同"将车和路视为一个完整的系统，用道路信息弥补智能网联汽车的不足，从而提高安全性、可靠性并提供其他的相关功能。"车路协同"并非一个新概念，公路发光型诱导设施、ETC 系统等都具有"车路协同"思想，但是随着时代的进步，"车路协同"又被赋予了"智能车路协同"的新内涵。

本作品以 4 辆配备无线模块装置的小车为模拟对象，实现物流运输中卡车自动列队行驶的功能，功能包括车辆启动时，4 辆车自动列队、紧急制动、整体转向等。除此之外，作品中设计了相应的道路系统，如道路中的方向性标志、十字岔路口的无线红绿灯信号、路侧感知单元来辅助车辆的行驶。

在整个行驶过程中，每辆小车能够根据图像处理的算法对基本的路况进行识别。除此之外，头车会识别道路系统提供的特殊信息（如左右转路标、实时红绿灯信号等），并发送给从车，发挥好车路协同的纽带作用；与此同时，从车会接收来自头车发送的特殊路况信息，实时地做出相应反应，并通过超声波测距模块来保持各小车之间距离，最终达到卡车列队行驶的目的。

本作品最大的亮点是引入了道路系统，头车采用神经网络方法对交通标牌进行识别，通过无线接收实时的红绿灯信号，在实现列队的基本功能下利用车路协同，使小车能够适应更复杂的路况，更具有现实意义。除此之外，所有子系统之间的通信均以无线方式进行，顺应 5G 时代通信技术的飞速发展，以智能网联车发展方向完成车对外界的信息交换（V2X）。

综上，本作品实现了车路协同、卡车的列队行驶，系统更加可靠，紧密追踪智能汽车行业的最新发展方向，为实现无人物流提供了一种可行的解决方案。

2. 作品设计与实现

2.1 系统方案

基于 V2X 的车路协同系统，主要由三大子系统组成，分别为道路系统、头车系统、从车系统。基于 V2X 的车路协同系统构建方案如图 1 所示。

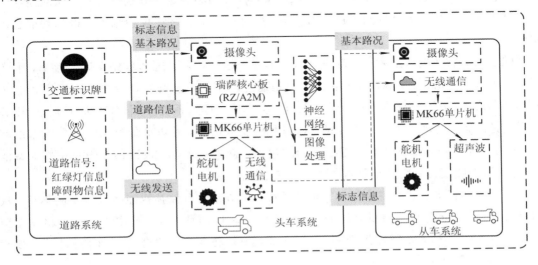

图 1　基于 V2X 的车路协同系统构建方案

（1）头车系统作为整个系统的核心，主要由瑞萨核心板（RZ/A2M）作为主控，捕获摄像头图像信息，进行图像处理、神经网络运算，同时接收红绿灯信号、路侧单元信号，经过分析后得到当前的路况与信息，并控制 MK66 单片机去驱动舵机与电机行驶车辆，同时将路况信息反馈到后级系统。

（2）从车系统接收前级系统的路况信号、控制信号，并结合道路信息控制本机的舵机与电机，同时从车通过超声波测距模块测量自身与前车的距离，控制相关速度，保持车辆之间的距离。

（3）道路系统作为车辆行驶的辅助系统，道路上系统相关标识牌指示车辆的道路行驶方向，并在十字岔路发送红绿灯信息，辅助车辆的行驶。

整个系统在头车的带领下，控制、协调从车，进行 V2V，同时结合道路信息构成智能车路协同系统。各系统相互协调，最终实现基于 V2X 的车路协同系统构建。

2.2 实现原理

2.2.1 PID 控制算法

在工程实际中，应用最为广泛的调节器控制规律为比例、积分、微分控制，简称 PID控制。其原理框图如图 2 所示，其控制规律如下：

$$e(k) = r(k) - c(k) \tag{1}$$

$$u(k) = K_P \left\{ e(k) + \frac{T}{T_I} \sum_{j=0}^{k} e(j) + \frac{T_D}{T} [e(k) - e(k-1)] \right\} \tag{2}$$

式中，k 为采样序号，取值为 $k=0, 1, 2, \cdots$；$r(k)$ 为第 k 次给定值；$c(k)$ 为第 k 次实际输出值；$u(k)$ 为第 k 次输出控制量；$e(k)$ 为第 k 次偏差；$e(k-1)$ 为第 $k-1$ 次偏差；K_P 为比例系数；T_I 为积分时间常数；T_D 为微分时间常数；T 为采样周期。

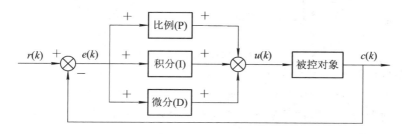

图 2 PID 控制算法原理图

PID 控制器各校正环节的作用如下：

① 比例环节：及时成比例地反映控制系统的偏差信号。

② 积分环节：主要用于消除静差，提高系统的无差度。

③ 微分环节：反映偏差信号的变化趋势。

2.2.2 超声波测距原理

超声波模块配有两个压电晶片和一个共振板。当它的两电极外加上脉冲信号，其频率等于压电晶片的固有振荡频率时，压电晶片将发生共振，便会产生超声波；当两电极间未外加电压，而共振板接收到超声波时，压迫压电晶片振动，将机械能转换为电信号。

2.2.3 无线通信原理

无线通信模块 NRF24L01 可通过 SPI 接口配置寄存器进行配置，可被配置为接收模式或发送模式，还可以配置频道、地址、每次发送的字节数、是否带 CRC 校验、功率等。配置为发送模式后，芯片会发送单片机写入的数据；配置为接收模式以后，单片机通过 IRQ 脚触发中断。IRQ 为低电平时，可以通过 SPI 口读出数据。

2.2.4 车辆横向控制算法

本作品采用的横向控制算法是通过模拟人驾驶汽车的方式来控制车辆转向的。首先，根据图像数据处理后的数据判断车辆偏离黑线的距离。其次，综合考虑车速传感器获得的当前速度值，计算目标转角。然后，在下一次采样时，与上次采样值比较，判断偏离距离的变化趋势，再次计算目标转角，当车辆回到中线位置时，前轮回正。

2.2.5 图像处理算法

1）最近邻插值法

最近邻插值法不需要计算，是最快速的插值算法。对待定的像素值直接取其最近的像素值。以 1D 为例，最近邻差法应用如图 3 所示。

2）大津法

大津法（OTSU）用于图像二值化，其要点是考虑最佳的阈值应该使类内方差尽可能

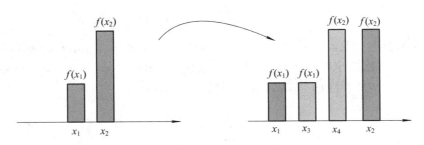

图 3　最近邻插值法（以 1D 为例）

小，类间方差尽可能大。

将前景和背景的分割阈值记作 T，属于背景的像素点数占整幅图像的比例记为 ω_0，其平均灰度 μ_0；前景像素点数占整幅图像的比例为 ω_1，其平均灰度为 μ_1。图像的总平均灰度记为 μ，类间方差记为 g。

假设图像的大小为 $M \times N$，图像中像素的灰度值小于阈值 T 的像素个数记作 N_0，大于阈值 T 的像素个数记作 N_1，则有

$$\left.\begin{array}{ll} \omega_0 = \dfrac{N_0}{M \times N} & \omega_1 = \dfrac{N_1}{M \times N} \\ N_0 + N_1 = M \times N & \omega_0 + \omega_1 = 1 \\ \mu = \omega_0 \times \mu_0 + \omega_1 \times \mu_1 & g = \omega_0 (\mu_0 - \mu)^2 + \omega_1 (\mu_1 - \mu)^2 \end{array}\right\} \quad (3)$$

由以上各式得到等价公式：

$$g = \frac{\omega_0}{(1 - \omega_0) \times (\mu - \mu_0)^2} \quad (4)$$

依据式（4）对图像进行二值化处理的流程如图 4 所示。

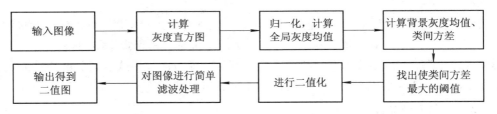

图 4　二值化算法设计流程图

3）补线算法

补线算法的作用在于清除图像左右上角的黑色边缘，防止边缘的高频特征干扰人们对神经网络的识别。以左侧扫线为例，算法流程如图 5 所示。

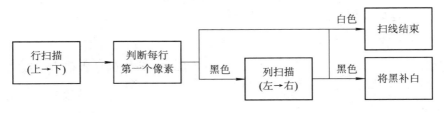

图 5　补线算法设计流程图

2.2.6　神经网络

1）基本结构

（1）卷积层。卷积（Convolution）即将卷积核在图像中滑动，将图像点上的像素灰度值与对应的卷积核上的数值相乘后再相加，得到新图像的一个像素点，通过卷积核的滑动得到一幅新的图像（如图 6 所示）。卷积层最主要的功能是对图像进行特征提取，在神经网络中，网络会在训练过程中生成合适的卷积核，对图像进行相应的特征提取。

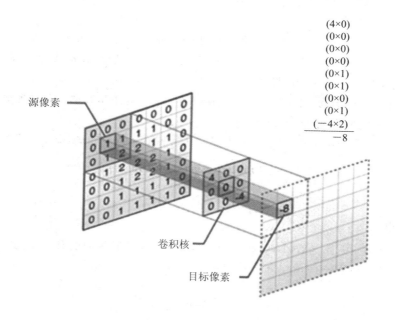

图 6　卷积操作示意图

（2）池化层。池化（Pooling），主要分为平均池化和最大池化。平均池化是指在 $n \times n$ 的区域内取平均值；而最大池化是指在 $n \times n$ 的区域内取最大值（如图 7 所示）。

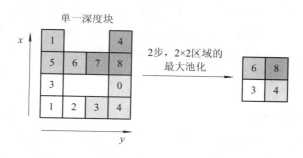

图 7　最大池化操作示意图

（3）激活函数。如图 8 所示，为了增加网络的非线性能力，网络中使用激活函数 Relu（即 $f(x) = \max(x, 0)$）。

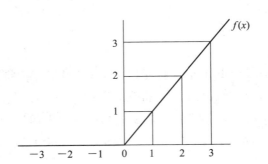

图 8　Relu 函数示意图

（4）全连接层。全连接（Fully Connected）层起到将学到的"分布式特征表示"映射到样本标记空间的作用，其本质为矩阵的乘法运算。

（5）Softmax。Softmax 的使用是由于神经网络的输出并非概率，需要将输出中的不确定的任意值转换为概率，其公式如下：

对于数组 V，V_i 表示 V 中的第 i 个元素，e 为自然对数，那么该元素的 Softmax 的值就是：

$$s_i = \frac{e^{V_i}}{\sum_j e^{V_j}}$$

2）模型生成

（1）损失函数。损失函数（Lost Function）的主要作用是衡量现有模型与目标模型的差距，本系统在训练过程中使用均方误差作为损失函数。

$$Loss = \frac{1}{m} \sum_{i=0}^{m} (\hat{y}_i - y)^2$$

式中，m 为某次样本总数；i 为样本序号，$\hat{y}_i$ 为第 i 个样本的模型预测值，y_i 为第 i 个样本的真实值。

（2）模型训练。模型训练就是利用随机梯度下降法（Stochastic Gradient Descent，SGD）对上述损失函数进行优化，利用负梯度为函数下降最快的地方以及链式求导的法则对模型中的参数进行数次更替与迭代，得到最终优化后的模型。

（3）模型移植。本系统使用 TensorFlow－1.12.0 进行模型训练，得到的权重通过瑞萨官方的 e-AI 软件进行模型转化后移植进入 RZ/A2M。

2.3　设计计算

2.3.1　马达驱动电路设计

自动驾驶车辆的前进动力来源于 RS380 双驱动马达，其额定电压为 7.2 V，最大功率超过 20 W，空载最快转速可达（15 000±3000）r/min。系统选用 IR2104S 作为 MOS 驱动芯片，选用 IRLR7843 管作为驱动 MOS 管，共同组成 H 桥驱动电路。

IR2104S 的工作原理图如图 9 所示。当 $\overline{SD}=1$ 允许使能 IR2104S 芯片时，H。脚输出的波形与 IN 脚输入波形相同，L。脚输出波形与 IN 脚输入波形相反。

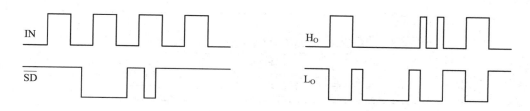

图 9　H。、L。输出波形与 IN 波形关系

H 桥一共有四个开关管，分别为 S1～S4，MOS 管 Q1～Q4 作为 H 桥电路的开关管。当 Q1、Q4 栅源电压满足导通条件，Q2、Q3 栅源电压满足关断条件时，电流将会流经 Q1、负载、Q4 组成的通路，电机将正转，如图 10 所示。当 MOS 管 Q2、Q3 栅源电压满足导通条件，Q1、Q4 栅源电压满足关断条件时，电流将会流经 Q2、负载、Q3 组成的通路，电机将反转，如图 11 所示。

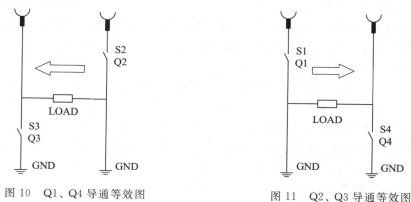

图 10　Q1、Q4 导通等效图　　　　图 11　Q2、Q3 导通等效图

若 MOS 管 Q1、Q2、Q3、Q4 栅源电压同时满足导通条件，那么电流将会流经 Q1、Q3 组成的回路以及 Q2 和 Q4 组成的通路，导致系统短路。为了避免上述情况，系统在 IR210S 内部专门设置了死区时间，即 MOS 管关断时间稍长于打开时间，防止由于 MOS 管同时导通而导致的短路，如图 12 所示。

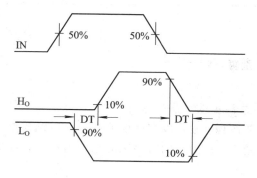

图 12　死区时间设置

2.3.2　电机控制设计

本作品在电机控制上采用增量式 PI 控制，如图 13 所示。

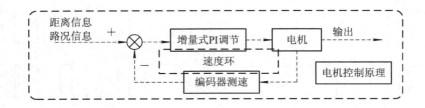

图 13　电机 PID 控制原理图

增量式 PI 算法公式如下：

$$\Delta PWM = K_P^*(error_0 - error_1) + K_I \times error_0$$

式中，ΔPWM 为控制电机的脉冲宽度的增量，$error_0$ 为本次偏差；$error_1$ 为上一次偏差，K_P 为比例系数，K_I 为积分系数。

2.3.3　舵机控制设计

本作品在舵机控制上采用位置式的 PD 控制。通过实验测出已安装在模型车上的舵机的中位 PWM 值，模型车转向轮的左右极限时，舵机 PWM 值是舵机控制的基础。

舵机的 PWM 计算公式为

$$error_0 = MidLine - CenterMeanValue$$

$$PWM = Servo\_center + K_P^* error_0 + K_D^*(error_0 - error_1)$$

式中，$MidLine$ 为车体在道路中央测好的中线值；$CenterMeanValue$ 为图像中线加权平均值；PWM 为控制电机的脉冲宽度；$Servo\_center$ 为舵机中位 PWM 值；$error_0$ 为本次偏差；$error_1$ 为上一次偏差；K_P 为比例系数；K_I 为积分系数。

舵机的具体控制流程如图 14 所示。

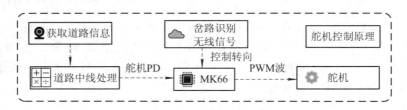

图 14　舵机控制流程图

2.3.4　基本路况识别算法设计

基本路况识别算法共分以下三步。

（1）道路边沿提取。边沿提取算法的基本思想如下：

① 直接逐行扫描原始图像，根据设定的阈值提取黑白跳变点。

② 道路宽度有一个范围，在确定的道路宽度范围内提取有效道路边沿，滤除不在宽度范围内的干扰。

③ 利用道路的连续性，根据上一行白块和边沿的位置来确定本行的边沿点。

④ 求边沿点时，因为近处的图像稳定，远处图像不稳定，所以由近及远计算。

（2）中线推算。通过之前提取的道路边沿数据推算中心点：当左右边沿点丢失时，用上一次的有效数据补充；若只有单边有边沿点数据，则通过校正对单边数据按法线平移道路宽度一半的距离；当能找到与一边能匹配上的另一边沿点时则直接求其中心点。

推算完中心点后，对中心点进行均匀化，方便之后的控制。对整场有效行的中心点求加权平均值的算法，在低速情况下，可以有效地优化车的路径。

（3）道路类型识别算法设计。由于道路上存在着分岔路口，需要根据识别到的标志牌指示控制转向，因此分岔路口的识别是控制的基础。

相较于普通的直道与弯道，分岔路口的特征就是存在着拐点，从摄像头的视野中可以看到分岔的道路。因此道路类型的判别的基本思想如下：

① 利用边沿提取获得的两边道路的数据，进行拐点的识别判断。

② 根据识别到的拐点特点与道路边线的丢失情况，综合判断出路口的类型。

③ 根据接收到的标志物识别信号，对不同的路口进行不同的控制处理。

④ 当满足控制条件时，下发指令控制舵机转向或者直行。

⑤ 道路两边边界恢复正常时，取消对舵机的控制指令。

2.3.5　距离控制算法设计

利用超声波模块测量当前车与前车的距离。对获取到的数据进行简单的滤波处理。设定合适的控制距离的范围，将滤波之后的距离值与设定的距离值进行比较，将距离值与速度值建立关系，然后通过调整速度进行控制，从而能够实现控制车距。

2.4　硬件框图

2.4.1　头车的硬件实现

如图 15 所示为头车的整体硬件框图，头车的设计以瑞萨核心板（RZ/A2M）为核心，通过 160°视场角的 IMX219 摄像头采集前方道路的图像信息，经过图像处理与信息融合分析后，将指令信号通过自定义的协议与下位机交互通信，并通过移植到瑞萨核心板的 NRF24L01 无线模块接口，向从车辆实时发送头车识别到的路况信息。瑞萨核心板（RZ/A2M）的下位机为 MK66 单片机，该系统板上搭载舵机接口，实现自动驾驶车辆的转向功能；搭载 mini 编码器数据反馈接口，控制自动驾驶车辆在不同路况下的加速、减速和急停等操作。

图 15　头车硬件实现框图

2.4.2　从车的硬件实现

如图 16 所示为从车的整体硬件框图，MK66FX1M0VLQ18 单片机通过 MT9V034 摄像头采集道路信息，控制自动从车辆行驶在道路中央；根据 NRF24L01 无线模块接收到的路况信息，控制舵机和 mini 编码器。

图 16　从车硬件实现框图

2.5　软件流程

2.5.1　神经网络流程图

综合考虑神经网络算法的执行效率与准确度，模型的整体设计如图 17 所示。核心的卷积模块由三个基本的卷积层＋最大池化层＋Relu 函数构成，其中卷积层的核数逐级提升。在进行特征提取后，通过全连接层将特征空间映射到目标空间，经过 Softmax 层之后得到最后的输出概率。

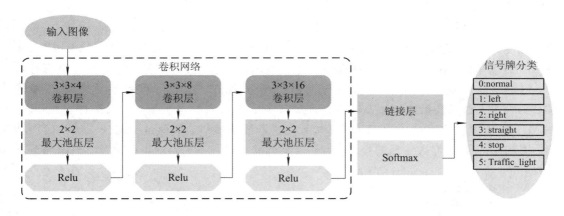

图 17　神经网络软件流程图

2.5.2　车路协同与信息融合

（1）交通信号牌识别流程。摄像头的原始数据首先需要由 Bayer 类型转化成灰度图（Gray Scale），再通过双线性插值得到适合分析的小图。根据图像的特点，对实时的路况进行二值化（大津法），并裁定特定的区域，得到标识性标志，最后经过补线算法得到完整的标识性图片，送入神经网络计算得到标识性识别结果，交通标志牌识别流程如图 18 所示。

（2）红绿灯信号交互流程。系统在十字岔路口已经放置了相关红绿灯信号推送装置，每当车辆行进至路口时，会与该装置进行交互，获取实时的红绿灯信息。如图 19 所示，当神经网络检测到红绿灯信息时，会向信号发送装置发送准备信号，之后设备会将实时的红绿灯信号通过无线通信发向头车，头车根据信号做出响应。

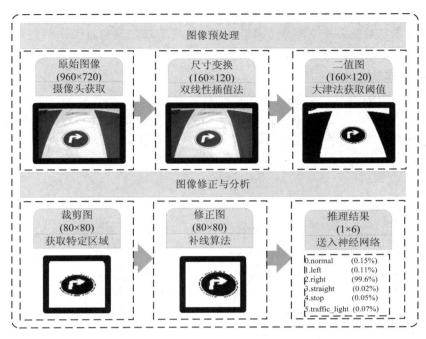

图 18　交通标志牌识别流程图

（3）路侧单元对障碍物小车感知流程。在直角弯道处，由于摄像头与超声波模块只能对前方道路进行感知，车辆无法对拐角处的障碍车辆进行提前预警，因此我们在道路中设置路侧单元对靠近的车辆推送实时的障碍物信息，红绿灯信号交互流程图如图 19 所示。

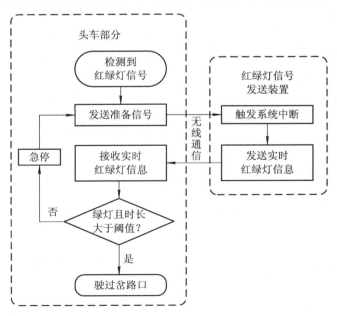

图 19　红绿灯信号交互流程图

2.5.3　头车软件流程

头车软件流程如图 20(a)所示，瑞萨核心板（RZ/A2M）上电后先初始化时钟、中断及相关模块。进入主循环后进行图像处理，得到路况信息，控制电机、舵机。每10帧完成一次对道路的标志物检测，并进行神经网络推理，并将道路信息通过无线传送到从车。最后系统通过 SYN6288 语音模块输出实时的识别结果。

2.5.4 从车软件流程

从车软件流程如图 20(b)所示，MK66 单片机上电后先初始化时钟、中断及相关模块。进入主循环后进行图像处理，得到路况信息，结合无线模块接收到的信号对舵机进行控制。超声波测得距离后转换成速度，结合编码器获取的速度对距离进行控制。

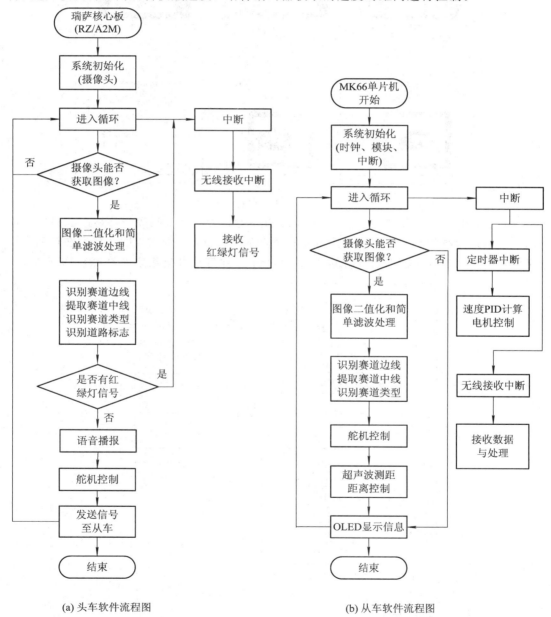

(a) 头车软件流程图　　　　　(b) 从车软件流程图

图 20　系统软件流程图

2.6 功能

综上所述，本系统最终期望实现的功能如下：

小车队列启动时，头车能根据路况信息进行自主循迹并识别道路中的标识牌、接收沿途的基站发送的道路信号，沿着车道自主行驶（能在岔路口依据提示信息实现左拐、右拐、直行、判断十字路段的红绿灯）；同时，从车能根据路况信息，以及从头车发送来的标识信息进行自主行驶，同时能依据超声波模块调节与前车的距离。整体上，实现车路协同的无人驾驶的小车队列。

2.7 指标

2.7.1 功能要求

（1）队列能够在直道中匀速行驶，跟随。

（2）队列能够实现整体的 90°转弯、弧形转弯。

（3）队列头车能够识别道路中的交通标识牌，并执行相应的转向。

（4）队列从车能够接收到头车的识别结果，并执行相应的转向。

（5）队列头车能够在红绿灯处接收实时的红绿灯信号，并执行相应的转向。

（6）在直道，队列能够感知前方道路中的障碍物小车，并在安全距离内完成急停；在岔路，队列能够接收路侧单元的障碍物信息推送，并在安全距离内完成急停。

（7）整体的系统能够在 2 s 内急停，人工控制享有最高控制权。

2.7.2 软件指标

（1）实时性要求。对于整体系统的运行，需要达到平均每帧 25 ms（包括识别算法）以下的处理速度，才能保证列队的实时性。

（2）准确率指标。在图像识别的过程中，需要保证 99％以上的准确率，保证队列能随着标志牌执行相应命令。

3. 作品测试与分析

3.1 测试方案

3.1.1 功能测试

测试使用 4 辆配备了无线传输装置的小车（1 辆头小车，3 辆从小车）在模拟道路上进行测试（测试道路在 3.2.1 中介绍）。

测试 2.7.1 中的指标（1）~（6）是否均能完成，测试 4 辆小车能否以队列的形式在指示牌的指引下完成整个路径的行驶（包括左右转、直行、急停、实时红绿灯信号），从起点出发，并对障碍小车做出停车响应，最后停在终点。

测试 2.7.1 中的指标（7）是否能完成，在上述测试中的任意时刻，人工遥控器发出停止命令（模拟现实中的突发情况），测试整个系统能否在 2 s 内完成急停，并在恢复后能够重新构建列队继续完成行驶命令。

3.1.2 软件指标

（1）实时性测试。利用瑞萨核心板（RZ/A2M）中的 Perform 模块对于每个算法以及每帧进行测试，得到程序运行的时间。

（2）准确性测试。在训练神经网络时，就已经将数据集分为数据集、验证集、测试集，数据集用于训练模型，验证集用于训练时的超参数调整，最后模型将会在测试集中验证准确率。

在 TensorFlow-1.12.0 中将测试集送入神经网络，对模型进行推断。

3.2 测试环境搭建

3.2.1 测试模拟道路搭建

如图 21 所示是专为本系统测试设计的车道，车道共有两个停止点，分别为起点、终点（分别为①、②），整体为"田"字型，能够测试小车队列在直道、90°转弯、弧形弯的表现情况。

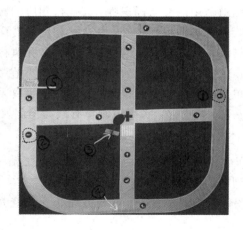

图 21　测试道路

道路中已放置相关标识物，小车队列在正确识别并正确行驶的情况下，能从起点行驶至终点；在车道的中心十字路口放置红绿灯信号发送装置，每当头车行驶至该处，便会接收来自该装置的实时红绿灯信号（③）；以岔路④为例，该路口右转后为视野盲区，但系统会接收到在此处设置的路侧单元的相关信息，对右转后可能存在的风险提前预警，实现"车路协同"。

除此之外，系统还需对直道中的前方障碍进行感知，因此在第三个岔路（⑤）处会设置相关障碍物，以测试相关功能。

3.2.2 测试软件搭建

PC 机-e2Studio：在单片机程序运行时，通过调用"PerformSetStartTime（）；"与"PerformSetEndTime（）；"两个函数能够测得某一命令或一段程序的运行时间。

PC 机-TensrFlow-1.12.0：得到训练完成的模型之后，重载权重，并将测试集数据送入神经网络，对测试集图像进行测试。

3.3　测试设备

秒表：测试小车队列在行驶过程中关键行为的反应时间，如启动，急停等；

PC 机（装有 e2Studio 与 TensrFlow-1.12.0）：提供测试的软件环境。

3.4　测试数据

测试数据如表 1～表 4 所示。

表 1　功能完成情况记录表

序号	测 试 要 求	完成情况
1	队列能在直道匀速行驶	是
2	队列能完成 90°、弧形拐弯	是
3	头车能识别标识物并执行	是
4	从车能接收标识物信号并执行	是
5	头车能接收实时的红绿灯信号	是
6	队列能够及时对障碍小车响应	是
7	队列能够受人工控制，实现急停	是

表 2　红绿灯信号接收测试记录表

次数	实时数据/s	接收的数据/s	误差/s
1	红灯 10.63	红灯 10.58	0.05
2	绿灯 6.89	绿灯 6.85	0.04
3	红灯 16.88	红灯 16.80	0.08
4	红灯 7.86	红灯 7.82	0.04
5	绿灯 21.48	绿灯 21.41	0.07
平均值	/	/	0.056

表 3　算法时间测试记录表

测试项目	图像处理每帧所需时间/ms	神经网络每 10 帧所需时间/ms	平均总时间/ms
1	18.325	67.953	
2	18.168	67.831	
3	17.956	67.458	/
4	18.237	67.239	
5	18.139	67.386	
平均值	18.165	67.573	24.922

表 4　神经网络准确率测试记录表

数据集	训练集	测试集	验证集
1	99.62%	98.32%	96.78%
2	99.78%	98.65%	95.86%
3	99.82%	98.35%	95.91%
4	99.45%	98.18%	94.39%
5	99.48%	97.96%	95.78%
平均值	99.63%	98.29%	95.74%

3.5　结果分析

在整个系统的测试中，通过车与车之间的通信以及领队小车对整个系统的引导和控制，所有的功能得以较好实现。针对无人车队列行驶的特点，结合车间通信网络的研究现状，成功建立了车辆跟随行驶的无线通信网络。

对于路中信号牌的识别，在进行了简单的滤波并结合道路信息之后，整个队列在行驶过程中能够准确地判断每一次的转向信息；对于十字路口的红绿灯信号接收，在误差允许的范围内，该系统能保证较为正确地接收到来自红绿灯发送装置发来的实时信号。

通过实验验证了通信网络的实用性和时效性，能实现稳定的车辆跟随行驶，较好地利用道路信息，基本实现车路协同，达到了实验的预设要求。但是研究过程中还存在一些问题，如面对其他更加复杂的路况与实际问题，该系统可能无法做出响应，未来仍有很大的改善与优化的空间。

4. 创新性说明

4.1　智能车路协同系统

相较于传统的 V2X 车联网系统，作品中以三种不同的车路协同方案为例，体现了车与道路信息的交互和共享，以路辅车，弥补了车辆自身感知能力不足的缺陷，提升了整个系统的安全性，使系统能更加应对复杂的路况（如夜间的红绿灯、拐弯盲区等）。此外，为后续更复杂的路径规划、低碳高效运行等目标提供了极大的实现空间。

4.2　快速图像处理技术

相较于传统的小车跟随队列，系统引入了道路中的标识物信息，更好地体现了车路协同中路的作用。为了能够在瑞萨核心板中对实时的路况进行快速的图像处理，本队进行了如下优化：

（1）相关的数字图像处理算法移植瑞萨 RZ/A2M 专用的 DRP 技术，从硬件角度加速图像的处理。

（2）通过神经网络的剪枝技术，压缩神经网络的参数，获得更轻量级的模型。

（3）为了提升准确率，框定了合适区域，并引用补线算法，最终获得合适的图像，缩小了图像处理区域，也获得了更好的图像模型，一举两得。

（4）对输入图像二值化，并将数据除以 255 进行归一化，加速训练时的收敛，更加快了程序的运算。

经过优化后，瑞萨核心板上的图像处理速度约为每帧 24.9 ms（其中神经网络每 10 帧 67 ms），从车的处理速度约在每帧 17 ms，都能够保证在实现图像处理算法的基础上，快速、实时的车辆运行。

4.3　高速无线通信技术

如图 22 所示为作品中的信息交互网络，从信息流传递的角度来说，系统中主要的通信存在于车与车、车与道路之间的信息交互，以上所有子系统之间的通信均使用 NRF24L01 模块以无线方式进行，快速的无线通信使得整个系统的信息流传递更为方便、灵活。此外，全模式的无线通信，使得整个系统更加顺应 5G 等通信技术飞速发展的潮流，提升未来的延展空间。

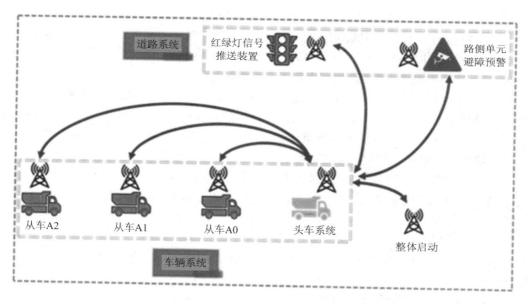

图 22　作品信息交互网络

5. 总结

参赛作品"基于 V2X 的车路协同系统构建"从无到有历时半年，此时，作品基本完成，进入收尾阶段。回想起过去半年研究与完成作品的过程，从寻找主题开始，查阅相关资料文献，确定作品方向，实施方案与寻找创新点，并制定详细的研究方案与步骤，在指导老师的帮助下，最终，我们完成了整个系统，完整地实现了这个项目，对我们来讲既是挑战，也是收获。

总结起来我们至少有了如下三点收获：

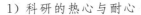

1) 科研的热心与耐心

本系统的开发过程是围绕瑞萨 RZ/A2M 核心板进行的，这是一个全新的嵌入式系统，意味着全新的挑战。开发过程中印象最深的一次是在迁移深度学习模型时，系统总是卡死在神经网络推断的起点，屡试屡败，卡了近一星期。我们明白，整个系统的完成离不开一次又一次这样的调试。正是这种时候，我们更应该保持科研的那份热情与耐心，不轻言放弃。

2) 理论结合实际的重要性

一个成功作品的实用价值和现实意义是衡量其质量的关键，我们应该将自己的眼界放远一些，去学习最新的研究热点、研究方向，不要故步自封，如项目中车路协同、智能网联汽车的思想，都是近期随着 5G、人工智能等技术发展之后热点话题。我们相信，在物流车辆系统中去应用该思想有着很大的现实意义与价值。设计应用到现实生活中的技术，应先从现实生活中学习。

3) 团队的力量

在整个项目的制作中，团队的合作素养、团队成员间的交流也不断让我们意识到团队合作的重要性。从开始到结尾，每个人都在不断反思和总结自己的意见与学习心得，此外，合理地分担工作以及相互交流让我们少走了很多弯路。

当然，项目中仍有一些可以拓展的地方，如可以尝试更加复杂功能的车路协同系统，使系统能够面对更为困难的路况（如一些拐弯盲区等）；可以尝试增加头车与从车之间的联动，以实现更多个性化的任务而不是单纯的跟随等。希望我们在今后再次接手相关任务时，可以做出一个更优秀的列队小车系统。

最后，一个项目的完成，离不开团队成员的努力，更离不开导师的指导，学校的支持，以及实验室同学的鼓励与帮助，在项目的最后对他们表以最衷心的感谢！

参考文献

[1] 金清嵩，丁一，张勇，等. 一种基于 OpenMV 的自动跟随小车设计[J]. 电子制作，2020(13)：16 - 18＋55.

[2] 马敏. 基于车联网的传感器网络技术探讨[J]. 通讯世界，2020，27(06)：67 - 68.

[3] 金堃，陈少昌，泮益恒. 车联网多传感器融合探测系统软件设计与实现[J]. 计算机与数字工程，2020，48(05)：1045 - 1049.

[4] 吕吟雪，周穆新，王超驹，等. AGV 小车在物流运输行业中的应用研究[J]. 机电信息，2020(14)：37＋39.

[5] 卢振兴，曾云. 基于深度图像识别的路侧智能感知 V2X 协同系统研究[J]. 计算机产品与流通，2019(08)：112.

[6] 陈海松. 自主导航智能巡逻车关键技术研究[D]. 苏州科技大学，2019.

[7] 余泽东. 基于特征融合的道路交通标志识别[D]. 武汉理工大学，2019.

[8] 曾华倩. V2V 条件下的车辆队列跟驰行为建模与仿真实现[D]. 长安大学，2018.

[9] 吴垠，刘忠信，陈增强，等. 一种基于模糊方法的领导：跟随型多机器人编队控制[J]. 智能系统学报，2015，10(04)：533 - 540.

[10] 刘磊，孙晓菲，张煜. 基于 STM32 的可遥控智能跟随小车设计[J]. 电子测量技术，2015，38(06)：

31 - 33＋47.

[11]　任博雅,赵白鸽,李怡蓓.基于 ZigBee 网络和超声定位的智能跟随小车[J].计算机测量与控制,
　　　 2015,23(05):1789 - 1791＋1798.

[12]　许记伟.智能小车跟随行驶系统的鲁棒控制设计与实现[D].重庆大学,2015.

[13]　陈松.基于 DSP 的主动避撞智能小车路径跟随研究与实现[D].湖南大学,2012.

◆═══ 专家点评 ═══◆

　　本作品紧随信息科技前沿技术,引入"车路协同"的思想构建了 V2X 系统。其头车作为整个系统的核心,充分利用瑞萨核心板(RZ/A2M)及专用的 DRP 技术,高速实现了摄像头图像信息的图像处理及路侧信息的感知,同时结合神经网络对道路标识进行快速图像识别,强化了系统对复杂路况的适应能力。测试中,整个系统能够正确适应评测专家随机设置的状况,演示过程流畅、结果正确。反映了作品具有较高的系统整体设计水平。

作品 2　智能触觉感应装置

作者：刘小飞、王寅、朱炀爽（大连理工大学）

作品演示　　文中彩图 1　　文中彩图 2　　彩图演示 3　　作品代码

摘　要

新一代机器人技术的快速发展及广泛应用对其获取信息的广度及深度都提出了更高的要求。学界对机器人视觉、听觉的研发已取得了长足的进展，触觉信息是人与外界交互的重要反馈信号，也是机器人在进行物体抓握等动作中实施精准交互行为的重要反馈信息。因此本作品针对现代智能机器人对触觉信息感知的需要，研发了柔性触觉传感器。

本作品对多种不同的触觉传感器方案进行测试，考虑到智能机器人的实际需要，选取了体积较小、精度较高，且具备多点感应能力的传感器方案，保证了机器人触觉系统的准确性和适应性；进一步考虑到远程工业控制及互联网＋的指导精神，采用 Wi-Fi 功能，将触觉信息上传至互联网，实现对触觉信息的远程监视与控制。本作品具有精度高、应用领域广、获取信息丰富的特点。本作品的创新性为具有多点感知，可通过串口或互联网与上位机通讯，可远程控制。实用性方面，本产品为柔性传感器、体积小、方便部署。在机器人技术快速迭代，需对大量旧设备进行更新改进的背景下，本作品可便捷地应用于各种不同形态的智能设备，具有较强的实用性及应用前景。

关键词：智能机器人；触觉传感器；高精度；多点感知

Smart Tactile Sensor

Author：Xiaofei LIU，Yin WANG，Yangshuang ZHU（Dalian University of Technology）

Abstract

The rapid development of the new generation of robotics has put forward higher requirements for the breadth and depth of information obtained. Progress has been made in the research and development of Robot Vision and Hearing. Tactile information is an important feedback signal for human interaction with the outside world, and it is also an important feedback information for robots to implement precise interactive behaviors in actions such as grasping objects. Therefore, this work is a flexible tactile sensor developed for the needs of modern intelligent robots for tactile information perception.

This work tests a variety of tactile sensor solutions. Taking actual needs into account, a sensor solution with a smaller volume, higher accuracy and multi-point sensing capability is selected to ensure the accuracy and adaptability of the robot tactile system. Wi-Fi function is adopted to upload tactile information to the Internet, so that remote monitoring and control of tactile information can be realized. This work has the characteristics of high accuracy, wide application fields and rich information. The innovation of this work lies in its multi-point perception, which can communicate with the host computer through the serial port or the Internet, and can be controlled remotely. In terms of practicality, this product is a flexible sensor with small size and easy deployment. Under the background of rapid iteration of robotics technology, this product can be easily applied to various types of smart devices. It has strong practicability and application prospects.

Keywords：Intelligent Robot；Tactile Sensor；High Precision；Multi-point Perception

1. 作品概述

1.1　背景分析

随着智能技术的快速进步及新一轮工业革命的展开，人力越来越多地为机械所替代，智能机器人技术逐渐走入人们的生产生活，为机器人或其他智能设备提供丰富的物理信息也成为满足不同功能需要的关键。在这之中，柔性触觉传感技术是一种既容易被忽略却又极为重要的信息获取技术，它为新一代智能设备开辟了广阔的发展空间。

触觉传感器是仿生皮肤丰富感知能力特点的柔性电子器件和系统，在机器人触觉系统中，它赋予机器人触觉等通过非视觉方式感知环境的能力。现今国内外关于机器人触觉传感的研究朝着大面积化、集成化、柔性化的方向发展，具体体现在对于机器人触觉皮肤的研究愈来愈广泛深入。类似于人类皮肤，机器人皮肤不仅可以传感外部环境信息，还可通过传感器实现信息的定量检测。而国内外机器人触觉系统则朝向多元化、智能化、拟人化的方向发展。

1.2　相关工作

（1）尝试力敏材料及电极材料对外部压力作用的反应，选用合适的材料进行设计，以保证较高的灵敏度及精准度。

（2）测试不同电路排布方式对传感器性能的影响，综合考虑实际硬件设计需要，选用合适的电路设计。

（3）了解智能机器人及其他设备对柔性触觉传感器的尺寸及性能要求，考虑机械结构的设计要求。

（4）学习不同外设 AD 采集芯片的原理及使用，考虑芯片成本及性能，选用合适的设备。保证触觉传感器的性能满足使用需求。

（5）传感器采用大连理工大学计算机科学与技术学院刘倩老师团队研发的分布式柔性传感器阵列。

1.3　特色描述

本产品的特色在于可采集传感器感应面积内多个点的压力数据，同时可将压力数据经过处理后通过 Wi-Fi 模块传至上位机和显示屏，转化为图像显示压力分布，更为直观，方便分析。

1.4　应用前景分析

柔性触觉传感器可运用于工业机器人、智能机器人、智能可穿戴设备，也可用于力学检测设备。实际运用时应采用多个触觉传感器，遍布设备置于需获取触觉信息处，获得更全面的信息，进而可实现高度仿生智能机器人，实现精度较高的复杂功能。

2.　作品设计与实现

2.1　系统方案

柔性触觉传感器测试平台主体部分由传感器输入端、ADC 采集模块、处理器端、上位机端组成（见图 1）。传感器采集前端的压力数据，转化为电信号，经放大、滤波后将得到的模拟量送入外置的 ADC 采集端进行量化处理；处理器接收采集所得数据在处理器内经过计算转化为压力数据，根据数据内容做进一步分析判断及操作，如通过串口将压力数据发送至显示屏，绘图显示压力分布情况；也可将数据上传至互联网，以便远程对机器人取得的信息加以分析（触觉感知信息辅助智能机器人判断外界情况机器人根据输入信息进行反应）。

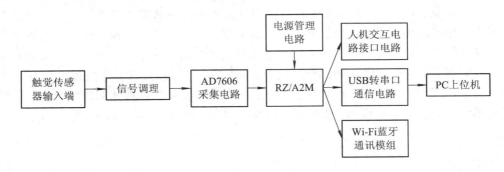

图 1　柔性触觉传感器测试平台系统设计框图

2.2　实现原理

2.2.1　传感器输入端

目前，构成触觉传感器的材料可以分为压阻材料和压电材料两大类。压阻材料所构成的触觉传感器是通过测量电阻率的变化得出压力的大小，由此类材料所构成的触觉传感器一般对静态力具有较高的灵敏度，而对动态力的灵敏度较低。压电材料是一类具有压电效应的材料，其表面会积累与所施加外力成正比的电荷量，由此类材料构成的触觉传感器对一些微小动态力具有较高的灵敏度，但是，大部分情况下具有明显的热释电效应，受温度影响显著。

1）传感器结构设计

（1）传感器单路结构设计。利用单个压阻单元进行信号检测，传感器只有单路的压力信号输出。

（2）传感器阵列结构设计。利用多个压阻单元并行分布以便同时进行压力信号的检测，从而得到测量物体表面的压力分布状态。阵列式薄膜压力传感器如图 2 所示。

图 2　阵列式薄膜压力传感器

2）传感器性能参数

（1）传感器灵敏系数。衡量传感器对所测物理参数敏感程度的物理量。对于压阻型薄膜压力传感器，当所测量的压力变化一定时，电阻值变化越大，传感器的灵敏度越高。故其灵敏系数可以按式（1）进行计算。

$$\text{Sensitive} = \frac{\Delta R}{\Delta P} = \frac{R_1 - R_0}{P_1 - P_2} \tag{1}$$

式中，Sensitive 为灵敏系数；R_0 为加压前的初始电阻值；R_1 为加压后的电阻值；P_1 为初始压力值；P_2 为加压后压力值。

利用反相放大器可以将压阻型薄膜压力传感器的电阻值变化转换为相应的电压变化，反相放大器原理如图 3 所示。

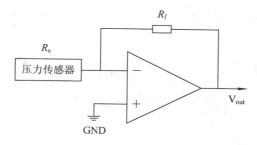

图 3　反相放大器原理图

反相放大电路的输出电压值为

$$V_{\text{out}} = -V \times \frac{R_{\text{f}}}{R_{\text{s}}} \tag{2}$$

式中，V 为施加在传感器上的电压值；V_{out} 为传感器的输出电压；R_{s} 为传感器的阻值；R_{f} 为反馈电阻。

（2）传感器的重复性。传感器经过多次加压和降压的循环过程后，每次的输出电压值和压力载荷变化趋势仍能基本一致的能力，是保证传感器能够满足多次重复测量的关键。压阻型薄膜压力传感器的重复性如图4所示。

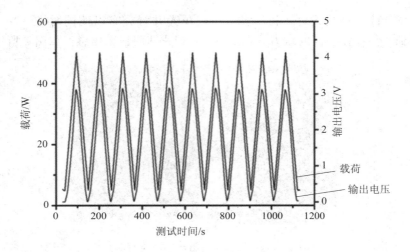

图4　压阻型薄膜压力传感器的重复性

（3）传感器的响应时间。传感器受压力变化后引起的力敏薄膜电阻变化落后于压力变化的时间延迟，是决定传感器能否进行动态测量的关键。压阻型薄膜压力传感器的响应时间如图5所示。

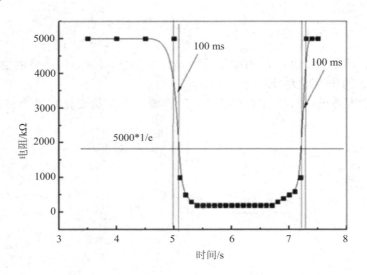

图5　压阻型薄膜压力传感器的响应时间

3) 传感器电路设计

（1）阵列压阻型薄膜压力传感器电路设计及交叉耦合问题。阵列压阻型薄膜压力传感器分析时可以等效成阵列电阻模型（见图 6）。

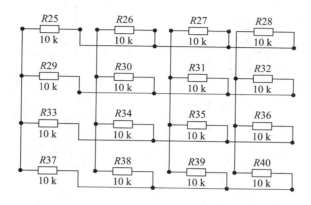

图 6　等效阵列电阻模型

在对阵列压阻型薄膜压力传感器输出信号进行测量时，需要对阵列中各传感器单元电阻进行隔离测量，一般采用的是行列扫描的方法。在通过行和列扫描选择测量各传感器单元电阻时，由于各行各列电阻间相互导通，导致待测电阻会与相邻电阻形成回路，因此输出的电阻值是待测电阻与它周围电阻的并联值，最终使得待测电阻值无法准确测量。

在阵列传感器的每行都加入一个运算放大器，利用其"虚短"原理，将各行的电位拉低至零电位，即可有效解决交叉耦合问题（见图 7）。

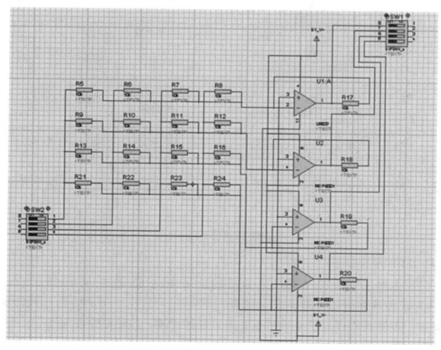

图 7　利用运放解决交叉耦合问题

（2）模拟开关电路。系统选用 8 通道数字模拟开关芯片 CD4051 控制阵列传感器每行和每列的开关。CD4051 具有低导通阻抗、低截止漏电流，可以方便地进行级联从而无限扩展阵列传感器的行列规模的特点。CD4051 原理如图 8 所示。

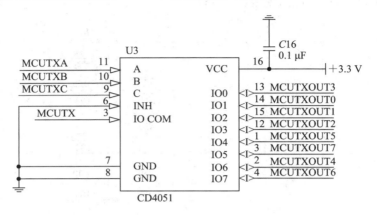

图 8　CD4051 原理图

（3）前端调理电路。系统选用 AD8044 四通道运算放大器构成的反相放大器电路转换并放大传感器的输出信号，如图 9 所示。

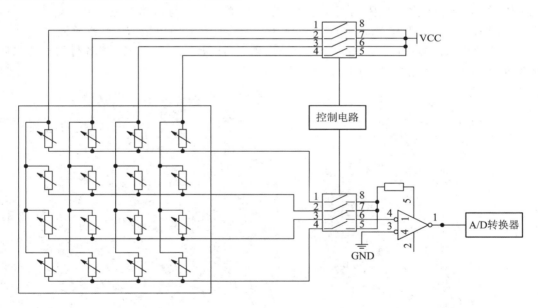

图 9　传感器电路方案

2.2.2　ADC 采集模块

ADC 采集模块选用 ADI 公司的 8 通道同步采样 ADC 芯片 AD7606 进行模数转换。AD7606 具有双极性多通道同步采样、16 bit 高精度、±10 V/±5 V 真双极性输入范围、串/并行接口、多模式硬件过采样等特点，满足设计要求，其硬件原理如图 10 所示。

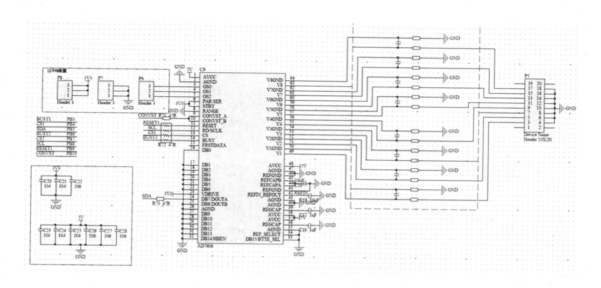

图 10　AD7606 硬件原理图

2.2.3　处理器端

瑞萨 RZ/A2M MPU 设计用于需要高速 e-AI 图像处理的智能电器、网络摄像机、服务机器人、扫描仪产品和工业机械。它采用独特的图像识别和机器视觉混合方法，结合了瑞萨专有的 DRP 技术，对图像数据进行快速预处理和特征提取，与 ARM© Cortex© A9 CPU 紧密结合，用于人工智能推理。其具有 4 MB 片上 RAM、64 KB 主缓存、128 KB 二级缓存，总线时钟最高可达 132 MHz。

2.2.4　上位机端

（1）串口通信实现。本作品采用 CH340T 这款 USB 转 TTL 芯片实现单片机与 PC 的串口通信，并通过 TLP109 光耦进行隔离。也可通过串口控制串口屏，显示 UI 界面，串口通信原理如图 11 所示。

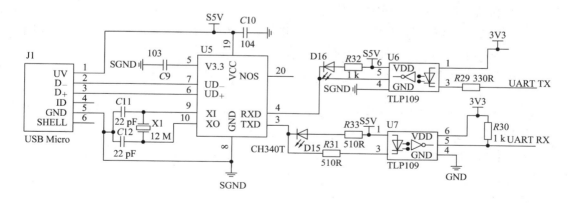

图 11　串口通信原理图

（2）Wi-Fi连接。本作品采用ALK8266Wi-Fi模块实现单片机端与PC端的无线通信，如图12所示。

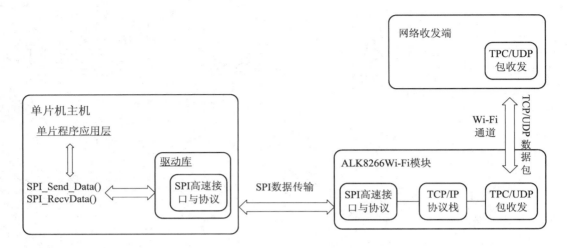

图12　Wi-Fi通信系统架构图

（3）上位机。上位机采用计算机或移动终端，方便远程监控相关信息。上位机端采用手机APP，方便获取并处理数据，可设置通信参数，展示压力数据，简单直观。

2.3　软件流程

主程序控制I/O口不断扫描，选中相应传感器，定时通过SPI总线控制外设进行AD采样，读入数据，通过Wi-Fi模块和串口上传数据，并将数据显示在屏幕上。

2.3.1　Wi-Fi通信

当打开测试平台的Wi-Fi通信功能时，平台配置成TCP服务器，其流程如下：

（1）运行M8266Wi-Fi_SPI_Setup_Connection函数创建TCP服务器。

（2）调用M8266Wi-Fi_SPI_Config_Max_Clients_Allowed_To_A_Tcp_Server函数对TCP服务器所支持的最大客户端个数进行配置。

（3）使用带远端地址和端口信息的收发函数M8266Wi-Fi_SPI_RecvData_ex（）和M8266Wi-Fi_SPI_Send_Data_to_TcpClient将大块数据文件发送至PC端。

（4）配置发送窗口数M8266Wi-Fi_SPI_Config_Tcp_Window_num（link_no，4，&status）。

（5）调用块数据发送函数实现不限长度的、大块数据的高效发送M8266Wi-Fi_SPI_Send_BlockData。

2.3.2　程序流程

软件流程如图13所示。

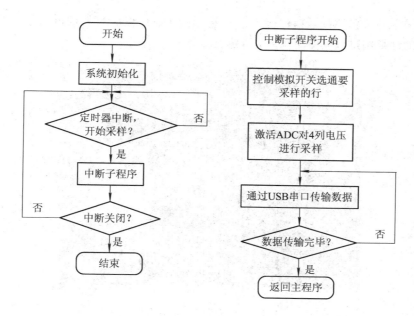

图 13 软件流程图

3. 作品测试与分析

3.1 测试方案

1) 对多种不同设计的压力传感器进行测试

分别测试由薄膜、集成电路板等多种材料制成的传感器，采集数据，与实际数值比较以测试其准确性，并查阅资料，结合材料尺寸、贴合性，综合考虑是否采用。选取最适合的传感器进行下一步测试。

2) 利用单点压阻型薄膜压力传感器对测试精度进行校准

平台共有 8 通道的 ADC 输入，利用单点压阻型薄膜压力传感器依次接入 1 至 8 通道进行单通道测试，使用重量已知的砝码作为外部压力输入，得到此时平台的测试信号输出并进行误差分析及标定。

3) 测试与上位机端的通信接口的连接

(1) 测试串口通信。保证硬件接线正确的情况下通过上位机软件与单片机进行数据的收发。

(2) 测试 Wi-Fi 通信。将 ALK8266Wi-Fi 模块配置为 TCP 服务器模式，与 PC 端建立套接字，调用 M8266Wi-Fi_SPI_Send_BlockData 函数进行数据收发测试。

(3) 测试阵列式压阻型薄膜传感器并在上位机端进行拟合。

3.2 测试环境搭建及效果

测试所用压力传感器如图 14 所示，分别将这些传感器与主控板连接，将不同砝码放置在传感器上。主控采集 AD 数值传至上位机并存储，编写程序对数据进行绘图分析，与标准数据比较，计算精准度、检测范围、可测量点数。

图 14　测试所用压力传感器

测试时将选中的传感器及其余各个部分安装到一整块木板上，继续采集校准数据，将数据传送至上位机，计算拟合函数，将函数写入主控。

启动 Wi-Fi 模块，尝试将移动设备与热点连接，通过热点即可读取触觉传感器压力数据并向主控发送数据。移动端上位机监视界面、作品总体、LCD 主页分别如图 15、图 16、图 17 所示。

图 15　移动端上位机监视界面

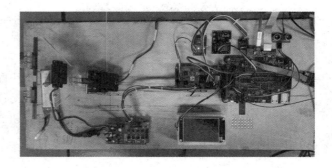

图 16　作品总体

图 17　LCD 主页

4. 创新性说明

本作品创新点体现在以下 4 方面：

（1）便携性设计，具有较高的性价比。方便针对不同尺寸、形状、性能需求的设备进行改进，适用性强，应用前景广。传统设备更新换代需求较大，对成本较为敏感，本作品可利用其柔性的特点，对不同形态的设备均加以适配，有助于推广。

（2）基于阵列式压阻型薄膜压力传感器，将物体表面的压力分布进行拟合计算从而得到三维图像，有更加丰富的信息及进一步分析的基础。传统单点式触觉传感器数据量有限，数据类型单一，只能感应单点力度大小，无法根据细节判断所触材质的形状性质，无法获取更丰富的信息继续分析。本作品触觉数据可多点采集，可获取更加精细的触觉数据，便于高精度作业场合及复杂功能的实现，显示的数据也更为全面多样，有利于用户的使用和进一步分析。

（3）传统设备不具备联网能力，采集的数据只能在本地使用，若没有存储单元，一旦断电就失去数据，本作品采用 Wi-Fi 模块，具有通过互联网远程连接控制监视的功能，有利于生产协作，构建泛在的物联网体系。触觉信息可直接上传至互联网，存储于服务器内，安全可控，便于进一步应用。

（4）传统机器人不具有触觉感知能力，在遇到生产运作中不应碰触的材质时往往不能及时感知，非常容易误触人体造成事故，或遭遇障碍损坏自身，加装触觉传感器后可通过触觉信息分析判别接触的物体是否安全，及时处理及时响应，提高运行的安全性，保障机体不受损坏。

5. 总结

在进行压阻型薄膜压力传感器测试平台的设计过程中，我们重点针对作品的便携性、泛用性进行了研究与设计。对于作品的便携性，我们将多功能模块进行了集成，突出了产品的低功耗特点，便于在各种情况下进行调试。对于产品的泛用性，我们针对单点及阵列式薄膜压力传感器的结构特点，重新设计了作品的传感器接口，支持对于两者的测试功能，并支持后期通过外扩传感器测试接口实现对于更大规模的阵列传感器的测试以及对多传感器的同步测试，较大程度上提高了作品的多用途性。同时，我们针对产品的实际使用设计了无线调试功能(以及离线存储功能)，进一步方便了在各种现场情况下的测试工作。

对于作品的传感器接口，首先，需要解决的问题及时阵列式传感器接口在行列扫描模式下的交叉耦合问题。其次，需要针对实际测试效果合理设计调理电路，如针对测试得到数据中的干扰合理设计滤波电路进行滤除，针对不同种类传感器的性能参数对传感器供电、放大电路进行调整以达到最优效果。针对无线调试功能，我们对 ALK8266Wi-Fi 模组的固件进行了跨平台移植，如模组 AP 或 STA 模式的设置、套接字的建立及连接、数据收发测试等，实现了作品与移动端的无线通信功能。在上位机端，我们针对作品采集处理得到的数据的存储管理和分析处理两方面做了工作：对于数据的存储管理，对每次采集返回的数据进行了合理的分类、存档，方便用户随时调用；对于数据的分析，我们重点研究解决了数据的可视化，如对于阵列式薄膜压力传感器采集的数据进行了拟合显示，可以较好地对所测试物体表面压力的分布得到一个形象的认知。

作品的尚待改进之处以及下一步工作如下：

(1) 进一步实现高度集成化：将测试接口、处理存储调试接口集成于一体，实现作品的离线测试功能，同时可以实时将数据信息备份至服务器，以最大程度提高作品的便携性。

(2) 进一步实现专业化：表征薄膜压力传感器的参数诸如重复性、响应时间的获取，是进一步实现作品专业化的重点。改进作品的软件处理算法，硬件测试流程，以获得在静态、动态两种情况下对于薄膜压力传感器的性能参数的描述。

(3) 提高产品的稳定性：对各传感器接口、通信接口做隔离处理，以最大程度降低使用过程中的外界干扰，从而提高产品的稳定性。

参考文献

[1] 张景，马仲，李晟，等. 仿生触觉传感器研究进展[J]. 中国科学，2020，50(1)：1～16.
[2] 崔芳婷，李欢欢. 智能机器人触觉传感专利技术综述[J]. 河南科技，2020，03：140～146.
[3] 曹江浪. 应用于机器人触觉感知的柔性传感器技术研究[D]. 桂林电子科技大学，2019.

专家点评

该作品针对现代智能机器人对触觉信息感知的需求，定位为一智能触觉感应装置，提供了柔性传感器解决方案。触觉数据可多点采集，具备多点感应能力，可获取更加精细的触觉数据，便于高精度作业场合及复杂功能的实现。显示数据全面多样，可通过串口或互联网与上位机通讯，可用于远程控制上，便于远程对机器人取得的信息加以分析，具有很强的实用价值。作品报告设计方案完整，结构合理，测试数据详实，具有较强的创新性和实用价值。该装置具有精度高、应用领域广、获取信息丰富的特点，保证了机器人触觉系统的准确性和适应性。

作品 3　　基于 DRP 的增强现实和空间感知系统

作者：严宇恒、梁逸秋、周子涵（南京邮电大学）

作品演示　　文中彩图 1　　文中彩图 2　　文中彩图 3　　作品代码

摘　　要

二维码不仅可以携带大量文本信息，也可以通过图像处理算法提供精确度很高的空间位置信息。DRP 单元可以实现丰富的图像处理方法，拥有很快的图像处理速度，基于此，我们打造了一个含文本、空间信息的二维码实时处理系统，用于复杂的空间定位和目标跟踪，实现增强现实、虚拟现实等应用。

Cortex - A9 核心和开发板提供的额外 64MB SDRAM，足够部署 Linux 作为操作系统，MPU 自带的以太网控制器也为系统提供了完美的通信网络接口。本系统通过摄像头捕捉粘贴在物体上的特殊二维码，经过由 DRP 加速的实时图像处理，得到二维码的文本信息和包含距离和角度的空间位置信息、姿态信息，在显示器上通过图形展示，并通过以太网接口将解算、融合之后的数据输出。在展示时，通过局域网连接另一台计算机，将识别到的物体运动状态信息通过渲染 3D 模型的方式展现。

本系统使用的二维码比普通二维码稀疏，以在更远的距离被识别。支持识别多个物体，也支持在单个物体上粘贴的多个二维码，解决二维码的遮挡问题，实现全角度识别。仅需粘贴纸质二维码即可实现空间定位、表达身份信息，这样的低成本空间感知解决方案同样可以在工业生产、物流运输、影视特效、展览、教育等领域大范围应用。

关键词：实时空间定位；动态可配置处理器（DRP）；增强现实；二维码；网络接口

DRP-Based Augmented Reality and Spatial Perception System

Author：Yuheng YAN，Yiqiu LIANG，Zihan ZHOU（Nanjing University of posts and Telecommunications）

Abstract

QR codes can not only carry a large amount of text information，but also provide highly accurate spatial location information by Image Processing algorithms. The DRP unit can realize a wealth of image processing methods and has a fast Image Processing speed. Based on this, we have built a real-time processing system for two-dimensional codes containing text and spatial information for complex spatial positioning and target tracking to achieve Augumented Reality, Virtual Reality and other applications.

The additional 64MB SDRAM provided by the Cortex-A9 core and development board is enough to deploy Linux as an operating system. The Ethernet controller that comes with the MPU also provides a perfect communication network interface for the system. The system captures the special QR code pasted on the object through the camera. After real-time image processing accelerated by DRP, the text information of the QR code and the spatial position information including the distance and angle are obtained, which are displayed on the display through graphics, and data after the calculation and fusion are outputted through the Ethernet interface. During the display, we connected to another computer through the local area network, and displayed the recognized motion state information of the object by rendering the 3D model.

The QR code used by this system is sparser than the ordinary QR code, so that it can be recognized at a longer distance. This work supports the identification of multiple objects, and also supports multiple QR codes pasted on a single object to solve the problem of occlusion of the QR code and realize full-angle recognition.

What we need solely is to paste a paper two-dimensional code to achieve spatial positioning and express identity information. Such low-cost positioning solutions can also be applied in a wide range of fields such as industrial production, logistics and transportation, film and television special effects, exhibitions, and education.

Keywords：Real-time Spatial Positioning；Dynamically Reconfigurable Processor (DRP)；Augmented Reality；QR Code；Network Interface

1. 作品概述

1.1 背景分析

目前的室内空间定位和目标跟踪的主要方法有 UWB(Ultra Wide Band，超宽带技术)、惯性导航、视觉方法等。前两者成本较高，不适合大批量应用。视觉方法成本很低，但依靠特征点识别的方法可靠性较低，速度较慢。若在视觉方法中加入合适的参考锚点，可以大幅改善识别效果。

二维码可以灵活表达文本信息，被广泛应用于支付和社交场景，这些场景对于识别速度并没有太大的要求，因而很多嵌入式产品都能比较容易地实现二维码识别。若利用二维码表达信息的能力，并将其作为锚点，完成视觉定位，则需要更快的识别速度，瑞萨通过DRP协处理器将二维码识别速度提升到非常高的水平，正好满足了这一需求，因此 RZ/A2M MPU 非常适合完成这样的工作，具有高的性价比。

1.2　特色描述

本系统通过摄像头捕捉粘贴在物体上的特殊二维码，经过由 DRP 加速的实时图像处理，得到二维码的文本信息和包含距离和角度的空间位置信息，在显示器上通过图形展示，并通过以太网接口将解算、融合之后的数据输出。

本系统使用的是经过特殊优化过的二维码，比普通二维码稀疏，以便在更远的距离被识别。支持识别多个物体，也支持在单个物体上粘贴的多个二维码，解决了二维码的遮挡问题，实现全角度识别。

1.3　应用前景

1.3.1　增强现实

空间位置的获取对增强现实（AR）与虚拟现实（VR）的实现十分重要，本作品主要依赖传感器和视觉定位，这可以提升定位精度，降低部件成本。在演示中，我们通过在屏幕上绘制图形，在远端渲染模型来展示这一应用场景。系统演示如图 1 所示。

图 1　系统演示

1.3.2　工业领域与机器人控制

工业生产中对部件的定位、机器人的运动姿态控制、光学相机矫正等都可以通过本系统轻松实现，其低成本的优势可以在工业领域发挥巨大的作用。

1.3.3　物流仓储

物流仓储场景下，实时地获取货物的方向、位置、几何尺寸，可以更合理安排空间，保护有特殊保存要求的货物。将货物信息记录在二维码中，并由二维码获得空间位置，即可实现上述功能。

1.3.4　影视特效

影视拍摄场景下，摄像机的空间运动轨迹记录一直是个热点，目前主要依靠后期推算，若背景完全由绿幕组成，则较难找到特征点。使用本系统，通过在地面、绿幕上粘贴少量二维码，即可实时记录相机的运动轨迹。同样，被拍摄物体的运动姿态，也可以通过本系统来识别记录，方便后期建模。

1.3.5 教育与展览

增强现实、虚拟现实技术已经被广泛应用于教育与展览领域，使用本系统可以将展示内容和展示内容的方位通过一个二维码确定，部署便捷。

2. 作品设计与实现

2.1 系统方案

本作品实现了识别二维码、解算坐标、姿态等信息，并通过网络来发送这些信息的功能。

我们为 RZ/A2M 编译了 u-boot、设备树以及 Linux 内核，通过使用 Linux 来提高系统稳定性和开发效率。我们实现了 RGB 视频接口、MIPI 摄像头、DRP 协处理器、串口和以太网驱动器在 Linux 操作系统下的正确驱动。我们使用串口实现了一个终端，来控制 u-boot 和 Linux 系统。我们将片上的 4 MB 高速内存用于 DRP 协处理器的缓存，将开发板上外部的 64 MB SDRAM 交由 Linux 操作系统管理，用于 Kernel 和用户内存。

在图像处理中，通过阈值分割、查找连通域、直线拟合等图像处理算法来识别出摄像头拍摄到的图像中的二维码，并且利用 DRP 来加速图像处理。然后处理所得到的二维坐标，进行坐标转换，解算出它的空间坐标、姿态等三维信息，再通过网络发送到另一台电脑上，实时表现为屏幕中的虚拟模型的坐标、姿态。系统方案如图 2 所示。

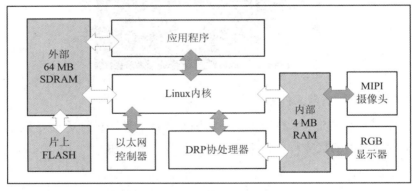

图 2　系统方案

2.2 实现原理

本作品通过识别出图像中的二维码来对二维码进行定位，并解算出姿态。图像捕获、处理过程使用 DRP 协处理器进行加速。在图像处理过程中，高斯模糊、自适应二值化和寻找四边形等步骤均使用 DRP 完成。

2.2.1 图像分割

本作品采用自适应阈值进行图像分割，主要考虑了光照不均和黑暗照明对图像的影响，以提高分割的准确性。自适应阈值的主要思想就是在像素领域内寻找一个合理的阈值进行分割，选取灰度均值和中值都是常见的手法。在这个基础又重要的步骤中，我们先将图像进行 4×4 网格分块，求出每个分块的灰度最大值和最小值，然后对所有分块计算的最大最小灰度值进行一个三邻域最大最小滤波处理，将滤波后的最大最小均值（(max＋min)/2)作为分块区域的阈值。分块的目的主要是增加鲁棒性，区域的特征总比单一像素的更加稳定，可以减少随机噪声的干扰，同时提升计算效率。

2.2.2　轮廓查找

通过自适应阈值后，得到一张二值图像，如图 3 所示。接下来，寻找可能组成二维码标志的轮廓。连通域查找的简单方法就是计算二值图像中的黑白边缘，但是这样查找的连通域很容易出现问题：两个二维码公用一条边时，连通域查找错误。因此本作品采用了 Union-find 算法来求连通域，每个连通域都有一个唯一的 ID，如图 4 所示。

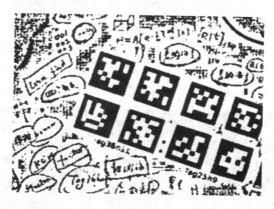

图 3　图像二值分割

图 4　图像连通域和边缘查找

2.2.3　寻找四边形

有了轮廓之后，对每一个轮廓进行分割，产生一个残差最小的凸四边形，作为二维码位置的候选。这其中最难的是寻找四边形的四个顶点，对于规则的正方形或者矩形来说，这一步是相对比较好做的。但是二维码存在变形和仿射变化时，就有点难了。首先对无序的轮廓点按照对重心的角度进行排序。有了排序的轮廓点，按照顺序选取距离中心点一定范围内的点进行直线拟合，不断迭代索引，计算每条直线的误差总和。对误差总和进行一个低通滤波，使系统更加鲁棒，然后选取误差总和最大的四条直线对应的角点索引作为四边形角点。然后取角点间的点拟合直线，求得四条直线的角点作为二维码的顶点，如图 5 所示。

图 5　寻找四边形

为了得到更高精度的角点坐标，需要尽可能找到真正的梯度边缘直线。因此对直线上的点进行采样，然后计算搜索采样点在直法向量上梯度最大的点，作为最后进行直线拟合的点（图像真正的梯度边缘），即对角点进行优化（见图 6）。

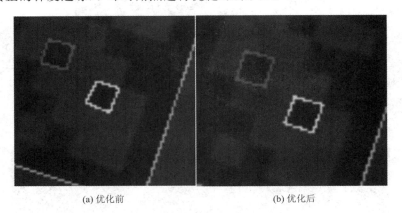

(a) 优化前　　　　　　　　　　　　　　　(b) 优化后

图 6　角点优化效果

在众多的四边形中，需要按照二维码的实际几何特征来过滤明显异常的四边形，比如四边形边长比例不能相差太多，两条相邻边的角度不能偏离 90° 太远，当遇到此类四边形时，就需要采用一些常用异常处理手段对四边形进行处理，最后筛选出的候选码如图 7 所示。

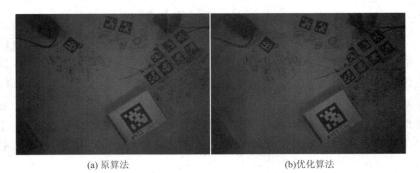

(a) 原算法　　　　　　　　　　　　　　　(b)优化算法

图 7　二维码候选比较

2.2.4　单应变换

　　找到的四边形大概率存在仿射变换(单应变换特殊情况)，很难找到规则正方形，因此需要将图像投影成理论上符合条件的正方形，此处就涉及到单应变换。一是出于解码的需要，二是为了求解姿态。单应变换原理如图 8 所示。

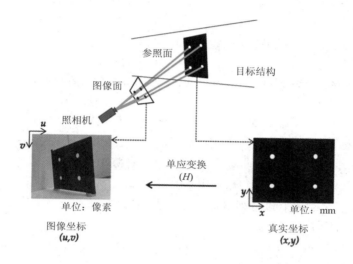

图 8　单应变换原理图

2.3　设计计算

2.3.1　相机外参估计方法

　　利用 homography(单应性矩阵)对二维码的方位进行估计。假设相机的内参矩阵为：

$$\boldsymbol{K} = \begin{bmatrix} f_x & 0 & c_x \\ 0 & f_y & c_y \\ 0 & 0 & 1 \end{bmatrix}$$

其中，f_x、f_y、c_x、c_y 为相机内参。f_x、f_y 分别代表相机在 x、y 轴的焦距；c_x、c_y 分别代表相机图像传感器中心与镜头主轴在 x、y 轴方向上偏移的像素。

　　那么相机的投影矩阵就为 $\boldsymbol{P} = K[R|t]$，空间上的点 X 通过该矩阵变为图像上的像素点 $x = PX$。式中，$\boldsymbol{R}$ 为旋转矩阵，t 为平移矩阵。

　　同时，我们设定二维码码所在的平面是在 $X-Y$ 平面上($Z=0$)，其中心为坐标原点。那么有：

$$x = \boldsymbol{K}[R \mid t] \begin{bmatrix} X \\ Y \\ 0 \\ 1 \end{bmatrix}$$

　　因此，我们可以将 R 的第三列去掉，得到：

$$x = \boldsymbol{K}[r_0 \quad r_1 \quad t] \begin{bmatrix} X \\ Y \\ 1 \end{bmatrix}$$

式中，r_0，r_1 是 R 的第一二列。

实际上 $\mathbf{K}[r_0\ r_1\ t]$ 就构成了空间平面上点到图像上点的 homography。那么就有一个疑问，二维码中计算的 homography 不是将二维码码的角点映射到单位方形的吗？是的，我们可以假想，将空间平面上的二维码缩小成单位方形，对相机的方向并没有影响，只对位置有影响。令

$$\begin{bmatrix} X \\ Y \\ 1 \end{bmatrix} = \begin{bmatrix} \lambda & 0 & 0 \\ 0 & \lambda & 0 \\ 0 & 0 & 1 \end{bmatrix} \begin{bmatrix} X' \\ Y' \\ 1 \end{bmatrix}$$

式中，$[X,Y,1]'$ 为缩放后的单位方形的角点，λ 为比例系数。因此有：

$$x = \mathbf{K}[r_0\quad r_1\quad t]\begin{bmatrix} \lambda & 0 & 0 \\ 0 & \lambda & 0 \\ 0 & 0 & 1 \end{bmatrix}\begin{bmatrix} X' \\ Y' \\ 1 \end{bmatrix}$$

那么可以令 $\mathbf{K}[\lambda r_0\quad \lambda r_1\quad t] = \mathbf{K}[r_0'\quad r_1'\quad t]$ 为二维码计算出的 $\mathbf{H}'$。

$$\mathbf{H}' = K[r_0'\quad r_1'\quad t]$$

展开 $\mathbf{H}'$ 与 $\mathbf{K}[r_0'\quad r_1'\quad t]$，以行列号标记各元素，有如下等式

$$\mathbf{H}' = \begin{bmatrix} h_{00} & h_{01} & h_{02} \\ h_{10} & h_{11} & h_{12} \\ h_{20} & h_{21} & h_{22} \end{bmatrix}, \quad \mathbf{K}[r_0'\quad r_1'\quad t] = \begin{bmatrix} f_x & 0 & c_x \\ 0 & f_y & c_y \\ 0 & 0 & 1 \end{bmatrix}\begin{bmatrix} r_{00}' & r_{01}' & t_x \\ r_{10}' & r_{11}' & t_y \\ r_{20}' & r_{21}' & t_z \end{bmatrix}$$

式中，t_x，t_y，t_z 分别为目标左边在 x，y，z 方向上的平移距离。对于 $\mathbf{H}'$ 变换矩阵，其中各元素就有如下分解等式：

$$f_x r_{00}' + c_x r_{20}' = h_{00}, \quad f_x r_{01}' + c_x r_{21}' = h_{01}, \quad f_x t_x + c_x t_z = h_{02}$$
$$f_y r_{10}' + c_y r_{20}' = h_{10}, \quad f_y r_{11}' + c_y r_{21}' = h_{11}, \quad f_y t_y + c_y t_z = h_{12}$$
$$r_{20}' = h_{20}, \quad r_{21}' = h_{21}, \quad t_z = h_{22}$$

通过上式便可以解出 r_0'、r_1' 和 t。由于 $\mathbf{H}'$ 的各列本身都是非单位化的，因此计算出的 r_0' 和 r_1' 需要进行单位化处理：

$$r_0'' = \frac{r_0'}{\sqrt{|||r_0'|||\,r_1'|||}}, \quad r_1'' = \frac{r_1'}{\sqrt{|||r_0'|||\,r_1'|||}}, \quad t' = \frac{t}{\sqrt{|||r_0'|||\,r_1'|||}}$$

单位化后 r_0，r_1 和 r_0'，r_1' 是一样的，只有 t 和 t' 不同。对于在相机图像上同一个二维码码，t 表示相机到 R 方向上实际大小二维码码的距离，t' 则表示相机到同一方向上实际大小为单位方形的二维码码的距离。因为是对同一个二维码方形在 t 方向上的比例缩放，所以如果知道实际二维码码的尺寸就可以通过比例计算出相机到实际二维码码的距离。若二维码码的宽度为 w，那么相机到实际二维码码的距离就为 $t = wt'$。

到此，二维码计算出旋转矩阵 R 和位置 t'。然后返回 4×4 矩阵：

$$\mathbf{M} = \begin{bmatrix} R & t' \\ 0 & 1 \end{bmatrix}$$

利用矩阵 $\mathbf{M}$ 乘以相机内参和角点的单位坐标，就可以得到各个角点在图像上的实际坐标。

2.3.2　二维码的姿态计算

在本设计中，我们计算出二维码码的欧拉角来描述其姿态。

将 Z-Y-X 欧拉角(或 RPY 角:绕固定坐标系的 X-Y-Z 依次旋转 α、β、γ 角)转换为四元数:

$$
\boldsymbol{q} =
\begin{bmatrix} \cos\frac{\gamma}{2} \\ 0 \\ 0 \\ \sin\frac{\gamma}{2} \end{bmatrix}
\begin{bmatrix} \cos\frac{\beta}{2} \\ 0 \\ \sin\frac{\beta}{2} \\ 0 \end{bmatrix}
\begin{bmatrix} \cos\frac{\alpha}{2} \\ \sin\frac{\alpha}{2} \\ 0 \\ 0 \end{bmatrix}
=
\begin{bmatrix}
\cos\frac{\alpha}{2}\cos\frac{\beta}{2}\cos\frac{\gamma}{2} + \sin\frac{\alpha}{2}\sin\frac{\beta}{2}\sin\frac{\gamma}{2} \\
\sin\frac{\alpha}{2}\cos\frac{\beta}{2}\cos\frac{\gamma}{2} - \cos\frac{\alpha}{2}\sin\frac{\beta}{2}\sin\frac{\gamma}{2} \\
\cos\frac{\alpha}{2}\sin\frac{\beta}{2}\cos\frac{\gamma}{2} + \sin\frac{\alpha}{2}\cos\frac{\beta}{2}\sin\frac{\gamma}{2} \\
\cos\frac{\alpha}{2}\cos\frac{\beta}{2}\sin\frac{\gamma}{2} - \sin\frac{\alpha}{2}\sin\frac{\beta}{2}\cos\frac{\gamma}{2}
\end{bmatrix}
$$

根据上面的公式可以求出逆解,即由四元数 $q=(q_0, q_1, q_2, q_3)$ 或 $q=(w, x, y, z)$ 到欧拉角的转换为:

$$
\begin{bmatrix} \alpha \\ \beta \\ \gamma \end{bmatrix}
=
\begin{bmatrix}
\arctan\dfrac{2(q_0q_1 + q_2q_3)}{1 - 2(q_1^2 + q_2^2)} \\
\arcsin(2(q_0q_2 - q_1q_3)) \\
\arctan\dfrac{2(q_0q_3 + q_1q_2)}{1 - 2(q_2^2 + q_3^2)}
\end{bmatrix}
$$

由于 arctan 和 arcsin 的取值范围在 $\left[-\dfrac{\pi}{2}, \dfrac{\pi}{2}\right]$ 之间,只有 180°,而绕某个轴旋转时范围是 360°,因此要使用 atan2 函数代替 arctan 函数:

$$
\begin{bmatrix} \alpha \\ \beta \\ \gamma \end{bmatrix}
=
\begin{bmatrix}
\text{atan2}\,(2(q_0q_1 + q_2q_3),\ 1 - 2(q_1^2 + q_2^2)) \\
\sin\,(2(q_0q_2 - q_1q_3)) \\
\text{atan2}(2(q_0q_3 + q_1q_2),\ 1 - 2(q_2^2 + q_3^2))
\end{bmatrix}
$$

这样可以求出二维码码的三个欧拉角。

2.4　硬件框架

本作品硬件框架流程图如图 9 所示。

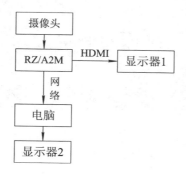

图 9　硬件框架流程图

2.5　软件流程

本作品软件流程图如图10所示。

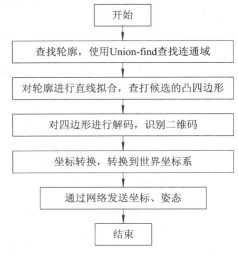

图10　软件流程图

2.6　功能和指标

本系统功能主要体现在两个显示器的显示中，通过 HDMI 接口连接到 RZ/A2M 上的显示器1，显示摄像头拍摄到的分辨率为 800×480 的灰度图，并且将二维码标记出来。同时在二维码上显示一个正立方体来示意二维码的三维姿态，以及二维码的 ID 和到摄像头的距离，如图11所示。

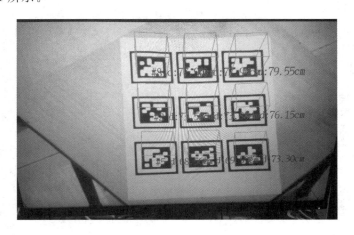

图11　二维码的三维姿态及距离

显示器2连接在电脑上，电脑接收 RZ/A2M 开发板通过网络发送的识别到的所有二维码的中心点坐标、二维码 ID、姿态角和距离摄像头的距离等信息，并且依据这些信息在显示器2上显示一个经过渲染的、并且与二维码空间姿态和空间位置实时同步的模型，如图 12 所示。

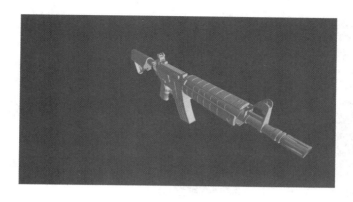

图 12 同步模型图

为了实现良好的视觉效果，显示器 1 的显示帧率为 60 Hz，空间姿态等数据发送频率为 60 Hz，显示器 2 的显示帧率为 60 Hz。

3. 作品测试与分析

3.1 测试方案

打印一个模型，并将二维码贴在模型的五个面上（为了便于手持，有一个面是把手）。将摄像头固定在三脚架上（如图 13 所示），调整摄像头视角，在保证视野的情况下避免出现直视光源等影响图像捕获的情况。

图 13 用三角架固定摄像头

通过移动模型和围绕三个轴旋转模型，检查显示器 1 上示意二维码姿态的立方体显示是否正常与显示器 2 上模型的运动是否正确。

测试不同距离与不同角度下二维码的识别情况与测得的距离（如图 14 和图 15 所示）。

图 14 在不同距离下识别二维码

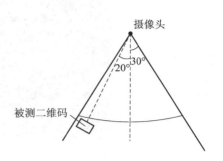

图 15 在不同角度下识别二维码

3.2 测试设备

所需测试设备：补光灯、三脚架、模型、二维码贴图。

3.3 测试数据

基于边长 4 cm 的二维码标签和 Raspberry Pi V2 摄像头，图像处理分辨率为 800×480 进行测试，表 1 为测试数据。测试方法如图 14 和图 15 所示，识别距离与识别角度为二维码与轴线的距离与夹角。

表 1 测 试 数 据

识别距离/cm	识别角度/°	识别情况	测得距离/cm
10	0	良好	9.9
	20	良好	10.1
50	0	良好	50.1
	20	良好	49.6
100	0	良好	97.9
	20	良好	96.1
150	0	良好	148.1
	20	良好	151.2
200	0	不稳定	200.1
	20	不稳定	194.9
250	0	不稳定	244.2
	20	不稳定	240.1
300	0	不稳定	291.4
	20	无法识别	—

3.4　结果分析

　　摄像头识别二维码有较高的宽容度，可以实现精准的空间定位，测得的距离也比较精准，在使用边长为 4 cm 的二维码标签和 Raspberry Pi V2 摄像头时，最远可识别到距离摄像头 300 cm 处的二维码。提高分辨率和增大二维码的大小后，可以进一步提高识别距离，但提高分辨率会使得图像处理速度降低。

　　使用二维码进行空间定位和物体姿态解算，解决了单目摄像头不能测距和获得物体三维姿态的问题。二维码倾斜角度过大、遮挡、距离过远等会造成无法识别的情况，这是使用图像进行定位方法中不易解决的问题。

4. 创新性说明

4.1　二维码获取空间位置信息

　　由二维码在画面中的二维投影，结合摄像头的内部参数特征，还原计算出平面在三维空间中的精确位置信息，包含坐标、角度。算法输出格式为目标物体的平移矩阵和旋转矩阵，可兼容大量现有图像处理软件，如 OpenCV。

　　算法有两种应用方法，一种是固定摄像头位置（见图 16(a)），可以计算出移动物体的空间位置。第二种是固定二维码位置（见图 16(b)），移动摄像头，可以计算出摄像头朝向与空间坐标，记录摄像头的运动轨迹。

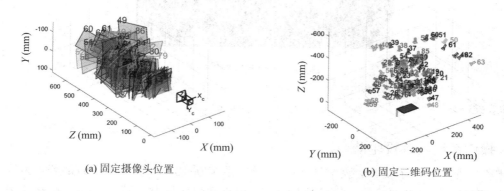

(a) 固定摄像头位置　　　　　　　　　　　　(b) 固定二维码位置

图 16　算法 MATLAB 验证

4.2　DRP 技术加速识别

　　在 Linux 操作系统下调用 RZ/A2M MPU 内置的 DRP 协处理器，将二维码识别速度提升十倍左右，达到实时连续的级别，以满足实时性要求很高的空间位置感知需求。

　　采用优化设计过的二维码样式（图 17(b)所示的空间识别用二维码），保留表达文本信息能力的同时，比普通二维码图样更稀疏，以满足远距离识别的要求，提高识别稳定性。普通二维码与空间识用用二维码对比如图 17 所示。

(a) 普通二维码   (b) 空间识别用二维码

图 17　二维码对比

4.3　多标志全方位识别

本作品支持识别多个物体，也支持在单个物体上粘贴的多个二维码，自动计算多个二维码的相对位置关系，输出融合数据，解决二维码的遮挡问题，实现全角度识别，如图18所示。

图 18　遮挡测试效果

5. 总结

5.1　操作系统与外设驱动

本作品充分利用了资源，完成了 Linux 操作系统在 RZ/A2M MPU 的部署，实现了RGB 视频接口、MIPI 摄像头、DRP 协处理器、串口和以太网驱动器在 Linux 操作系统下的正确驱动，使用串口实现了一个终端来控制 u-boot 和 Linux 系统。我们将片上的 4 MB高速内存用于 DRP 协处理器的缓存，将开发板上外部的 64 MB SDRAM 交由 Linux 操作系统管理，用于 Kernel 和用户内存。

系统通过 MIPI 摄像头捕获图像，使用 DRP 加速图像处理过程，将处理后的结果通过RGB 视频接口输出到显示器，并通过以太网接口发送数据，或接收控制指令。

5.2　图像处理

通过调用 DRP 协处理器，快速识别二维码，解码得到二维码表达的文本信息，同时利用由二维码在画面中的二维投影，结合摄像头的内部参数特征，还原计算出平面在三维空间中的精确位置信息，包含坐标、角度。算法输出格式为目标物体的平移矩阵和旋转矩阵，可兼容大量现有图像处理软件，如 OpenCV。

采用优化设计过的二维码样式，保留表达文本信息能力的同时，比普通二维码图样更稀疏，以满足远距离识别的要求，提高识别稳定性。

5.3　网络接口

演示中，通过网络将数据发送至另一台计算机，通过 processing 渲染对应的 3D 模型用于展示。网络接口除了发送数据，还可以接收控制指令，实现统一管理和远程控制。系统接入网络的功能可以方便地在各个场景中发挥应用，接口高达 100 Mb/s 的带宽也可以将图像实时传输，满足应用场景中的各种需求。

参考文献

［1］ MARCOTTE R J，HAGGENMILLER A，FERRER G，et al. Probabilistic Multi－Robot Search for an Adversarial Target ［J］. University of Michigan APRIL Laboratory，2019，6.

［2］ BRADSKI G R，KAEHLER A. Learning OpenCV：Computer Vision with the OpenCV Library ［M］. OReilly Media，2008，10.

专家点评

该作品基于瑞萨 RZ/A2M 系统板的 DRP 单元设计了一个含文本、空间信息的二维码实时处理系统，可用于复杂的空间定位和目标跟踪，实现增强现实、虚拟现实等应用。系统通过摄像头捕捉粘贴在物体上的特殊二维码，经过由 DRP 加速的实时图像处理，得到二维码的文本信息和空间位置信息、姿态信息，支持识别多个物体，也实现了全角度识别。作品充分利用了瑞萨系统板的强大算力，以及图像实时处理和通信能力。系统的性能优良，稳定性和可靠性良好，具有实用价值，可以在工业生产、物流运输、影视特效、展览、教育等领域应用。

作品 4　基于 DRP 加速的静脉增强识别一体化自主穿刺设备

作者：谢嘉豪、姚家琪、张超越（南京邮电大学）

作品演示　　文中彩图 1　　文中彩图 2　　文中彩图 3　　作品代码

摘　要

　　为应对大规模传染性疾病暴发时医患直接接触传染风险较大、医护人员着防护服进行静脉穿刺手术困难较大，以及部分患者静脉寻找困难等问题，本队设计了一种基于 DRP 加速的静脉增强识别一体化自主穿刺设备。本作品集合了静脉图像增强、静脉识别与穿刺点智能选定、自主穿刺、紫外消毒等功能，可实现自主化的快速静脉穿刺任务。作品以 RZ/A2M 为核心，主要利用 DRP 动态可重构处理器技术，对图像进行增强与识别推理加速，实现了低延时、高精度的端侧智能医学图像处理，避免了云端计算网络时延、网络稳定性差等问题，同时利用二轴丝杆滑台作为穿刺设备机械结构，可进行快速且高精度的完全自主化快速静脉穿刺，大大降低了静脉穿刺手术的技术门槛，可一定程度上缓解医护人员短缺的压力，也可以减小医患直接接触的风险，提高静脉穿刺准确率以及减少患者痛苦。本作品所采用的自主静脉穿刺形式也有望在未来成为静脉穿刺形式的新常态。

　　关键词：边缘计算；静脉增强；静脉识别；自主穿刺

An Integrated Autonomous Puncture Device for Vein Enhancement Recognition Based on DRP Acceleration

Author：Jiahao XIE，Jiaqi YAO，Chaoyue ZHANG（Nanjing University of Posts and Telecommunications）

Abstract

In order to deal with the high risks of infection of direct contact between doctors and patients, difficulties in venipuncture operation with protective clothing and in finding patients' veins, and to encounter the trend of Medical Automation in the future, an integrated automatic puncture equipment for vein enhancement recognition based on DRP acceleration was designed. This device includes pulse image enhancement, vein recognition and intelligent selection of puncture point, autonomous puncture, ultraviolet disinfection and other functions, which can finish vein puncture independently and rapidly. The device takes RZ/A2M as the core, and mainly applys DRP dynamic reconfigurable processor technology, enhancing the image and accelerating the recognition and reasoning. The intelligent end-to-end medical image processing with low delay and high precision is realized, avoiding problems such as network delay and poor network stability in cloud computing. Meanwhile, the two-axis screw slide table is used as the mechanical structure of puncture equipment to carry out fast and high-precision puncture operation and complete self-independent rapid vein puncture. This equipment is simple to use and simple training can get started using to users, greatly lower the venipuncture operation technical threshold, the pressure of shortage of health care workers to a certain extent can be eased. It also reduces the risk of direct contact with the patient, improves venipuncture accuracy and reduces the patients pain. This equipment is adopted by the independent form of venipuncture, is expected to become the new norm for venipuncture form in the future.

Keywords：Edge Computing；Vein Enhancement；Vein Recognition；Automatic Puncture

1. 作品概述

1.1　背景分析

2019 年底，新型冠状病毒疫情在全球爆发。截至 2020 年 8 月 31 日，全世界累计确诊病例达 25 155 434，在 2020 年 8 月，日均确诊 27 万例。在如此严峻的挑战下，大量医护人员参与到抗击疫情的行动中，确诊人数的快速增长给医护人员的医疗工作带来了巨大的压力。其中输液所需要的静脉穿刺手术是治疗时必须要进行的手术之一，该手术要求护士的经验丰富，并且部分患者可能存在静脉寻找困难的现象。同时医护人员在直接接触患者时也面临着一定的感染风险，医护人员操作时需要着防护服、护目镜，工作强度巨大，并且伴有心理压力，这又给该手术造成了较大困难。因此，本队设计了一款全自主的静脉识别增强一体化穿刺机器人来应对以上问题。

1.2　相关工作

目前在静脉识别与穿刺领域，大多设备专用于静脉增强与显像。一方面，静脉超声波成像为主流静脉成像技术，但成像质量差，稳定性较差，仍然需要辅以专家判别才能找到静脉所在位置；另一方面这些静脉增强显像设备，仅提供了静脉增强图像，未能精准且智能地给出静脉穿刺推荐点，仍然可能出现医护人员在压力大、疲劳等情况下的穿刺失误等问题。同时静脉显像与增强设备未能与自动穿刺技术结合起来，要完成静脉穿刺，通常需要一人手持静脉增强设备，一人穿刺来完成穿刺手术，穿刺效率较低。又或者穿刺设备需要挂载于医护人员身体上来辅助穿刺，这也增加了医护人员的负担。

1.3 特色描述

本作品采用近红外光反射成像技术，利用静脉中血红蛋白对近红外光吸收较强的特点，获取质量较高的原始静脉图像，再利用 CLAHE 算法对静脉图像进行增强，从而获得清晰的静脉图像。识别部分使用了 DRP 加速处理技术，能够快速精准且智能地寻找到合适的静脉穿刺点，在寻找到穿刺点后，可自动对穿刺点进行入针穿刺。

1.4 应用前景分析

在疫情下的特殊时期，本设备可代替医护人员进行静脉穿刺，一方面缓解了人员压力，另一方面可以减轻医护人员受感染的风险。这可以减轻静脉寻找困难患者的痛苦，也避免了因医护人员情绪波动、疲劳等造成的穿刺失误。而在常态情况下，本设备也适用于对静脉如肥胖人群、婴幼儿等寻找困难人群进行穿刺的场景。目前医疗技术逐渐向智能自动化发展，而本作品在未来也有望作为医疗自动化的一种代表性形式。

2. 作品设计与实现

2.1 系统方案

系统框图如图 1 所示。

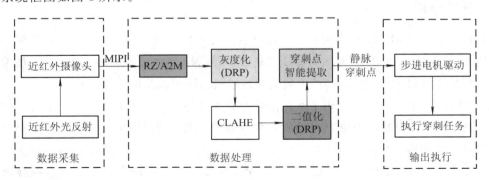

图 1 静脉增强识别及穿刺一体化设备系统框图

本系统以近红外摄像头采集到的近红外光反射图像作为原始输入，以 RZ/A2M 作为处理核心，对采集到的图像进行增强处理，最后将处理结果传至步进电机驱动电路，带动二维丝杆滑台完成穿刺动作。其中部分图像处理算法采用 DRP 进行加速，以实现端侧高速处理。

2. 2　实现原理

2. 2. 1　图像原始输入

为获得质量较高的静脉原始图像，利用静脉中血红蛋白对近红外光吸收较强的特点，本作品去除了一般摄像头中的红外滤镜，并且在摄像头周围加装了大功率近红外光源，其红外辐射波长为 850 nm，对环境光进行遮光处理，能够获得由近红外光反射所得的初始输入图像。图像中静脉轮廓较普通光源反射所得的图像更为清晰，方便进行后续的增强与识别。

2. 2. 2　图像灰度化

该功能模块采用基于 DRP 的图像灰度化模块(Bayer2Grayscale)，与普通的灰度化相比，图像处理的速度提升了几倍。图像灰度化实现步骤如下：

首先，Bayer2Grayscale 使用 3×3 滤波器通过线性插值将输入图像转为 RGB 格式。然后将它从 RGB 转换为 Y 并计算亮度值。

在使用 3×3 滤波器进行线性插值时，3×3 网络由待转换像素和相邻像素组成。下面将像素值相乘，并将每种颜色的结果相加。

中心像素值：$\frac{4}{16}$；紧靠上下左右的像素值：$\frac{2}{16}$；对角线相邻像素值：$\frac{1}{16}$；然后将这些值与 Bayer 颜色密度值(红色和蓝色为 4，绿色为 2)的反比相乘，得到被转换像素的 RGB 值。

RGB 到 Y 的转换：

$$Y = \frac{\text{Red} \times 76 + \text{Green} \times 152 + \text{Blue} \times 28}{256} \tag{1}$$

式中，Y 为灰度值；Red 为红色像素值；Green 为绿色像素值；Blue 为蓝色像素值。

将图像灰度化处理后，就可以得到帧图像的灰度图。

2. 2. 3　静脉图像增强算法

得到了图像的灰度图后，利用手背静脉图像的特征对静脉图像进行增强，这里我们采用 CLAHE(Contrast Limited Adaptive Histogram Equalization，限制对比度自适应直方图均衡化)进行图像增强。CLAHE 算法对于医学图像，特别是医学红外图像的增强效果非常明显。自适应直方图均衡化(AHE, Adaptive Histogram Equalization)算法可以通过在当前处理像素周边的一个矩形区域内进行直方图均衡，来达到扩大局部对比度，显示平滑区域细节的作用。但如果矩形区域内的图像信息比较平坦，灰度接近，其灰度直方图呈尖状，在直方图均衡化的过程中就可能会出现过度放大噪声的情况。而 CLAHE 能够有效地限制噪声放大的影响，CLAHE 同普通的自适应直方图均衡化不同的地方主要是其对比度限幅。由于对比度放大的程度与像素点的概率分布直方图的曲线斜度成比例，所以为了限制对比度，将大于一定阈值的部分平均分配到直方图的其他地方，如图 2 所示，通过限制 CDF(Cumulative Distribution Function，累积分布函数)的斜率来限制对比度。得到了 CDF 函数，也就获得了对应的亮度变换函数，如上所述的直接的自适应直方图，无论是否带有对比度限制，都需要对图像中的每个像素计算其领域直方图以及对应的变换函数，这使得算法极其耗时。

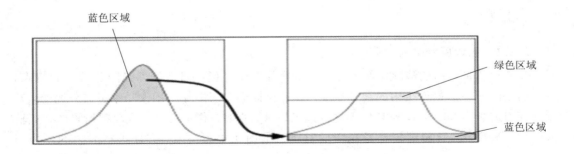

图 2　直方图限制对比度均衡分布示意图

而插值使得上述算法的效率有极大的提升，并且没有下降显示质量。如图 3 所示，首先，将图像均匀分成等份矩形大小，如图 3 的右侧部分所示（8 行 8 列，64 个块是常用的选择）。然后计算各块的直方图、CDF 以及对应的变换函数。这个变换函数对于块的中心像素（图 3 左侧部分的黑色小方块）是完全符合原始定义的。而其他的像素通过那些与其临近的四个块的变换函数插值获取。位于图中蓝色阴影部分的像素采用双线性插值，而位于便于边缘的（绿色阴影）部分采用线性插值，角点处（红色阴影）直接使用块所在的变换函数。

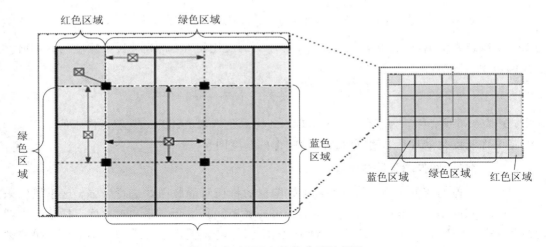

图 3　CLAHE 中插值实现示意图

2.2.4　静脉图像识别算法

得到了增强后的图像后，我们首先在视野范围内设置一个感兴趣区域来减少一些环境干扰，然后通过阈值二值化、轮廓查找、像素点操作三个步骤来完成静脉图像识别任务。

（1）阈值二维化，即对增强后的图像进行二值化操作。同样地，我们采用基于 DRP 的阈值二值化模块（Binarization Fixed），此函数在输入数据超过阈值时输出 255，当输入数据小于或等于阈值时输出 0，此时我们就可以得到静脉的二值化图像。

（2）轮廓查找，即对静脉的二值化图像进行操作。我们用的是基于 DRP 的轮廓查找模块（Find Contours）。Find Contours 将构成轮廓的像素坐标输出为"区域信息"，并且为每个检测到的轮廓计算边界矩形作为"矩形信息"，最后将识别的轮廓用矩形框出。矩形信息包括相应的区域信息地址和计数，如图 4 所示。在为检测到的等高线的数量输出该数据集之后，该函数输出结束数据意味着数据结束。

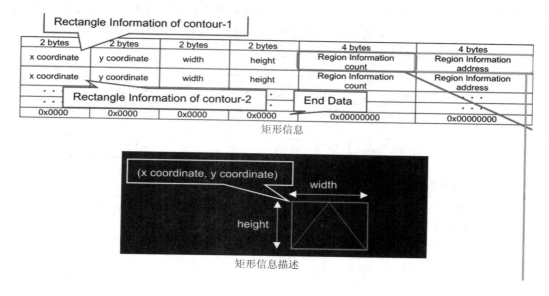

图 4　轮廓查找模块使用示意图

区域信息包括每个轮廓所有像素点的(x, y)坐标，如图 5 所示。

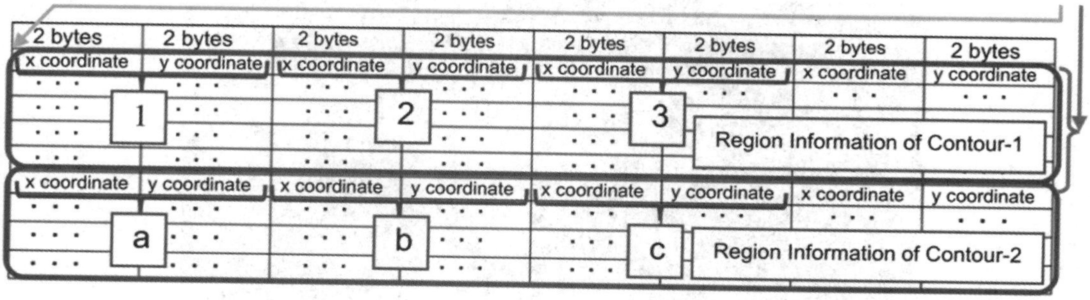

图 5　区域信息示意图

如果输出数据计数达到 DST_RECT_SIZE 或 DST_REGION_SIZE 中设置的值，则达到上限的数据输出将停止，但其他数据输出不会停止。此外，如果两个数据计数都达到上限，则两个数据输出都会停止，然后 DRP 终止。如果矩形信息输出计数在输出结束数据之前达到上限，则不输出结束数据。当矩形宽度或高度小于参数 THRESHOLD_HIGH 或 THRESHOLD_LOW 时，此函数从输出中排出其矩形信息和区域信息。

（3）像素点操作。为了进一步排除一些干扰和误识别，我们将框出来的轮廓作为感兴趣区域，对该区域的 1/2 高度的位置进行像素点的遍历，然后判断连续的 5 个像素点的值是否为 255，从而判断是否准确识别到了静脉区域，最后将穿刺点标记在静脉上。

2.3 硬件框图

本作品的硬件框图如图6所示。由于本作品需要大功率LED灯等大功率器件，因此采用220 V市电供电，接口符合中国标准，可在医院内投入使用。在接入220 V交流电后，通过AC-DC、DC-DC等电源模块进行整流稳压，为不同的部件进行供电，其中RZ/A2M为核心模块，负责数据的输入、输出以及处理。

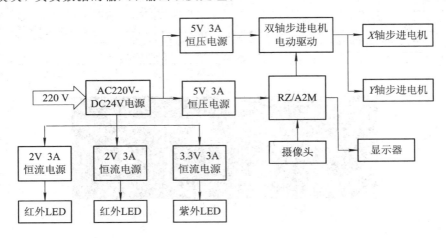

图6　基于DRP加速的静脉增强识别穿刺一体化设备硬件框图

设备实际硬件连接如图7所示。

图7　设备实际硬件连接图

2.4 软件流程

软件流程如图8所示，其中紫外消毒功能由独立按键控制。

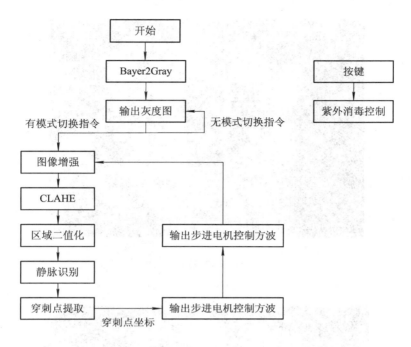

图 8　基于 DRP 加速的静脉增强识别穿刺一体化设备软件流程图

2.5　功能

2.5.1　静脉图像增强

本作品可实现静脉图像增强，展示清晰的静脉图像及其细节，包括血管宽度、静脉分叉等辅助判别患者健康状态的重要特征，增强效果如图 9 所示。

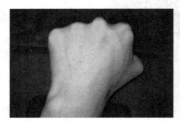 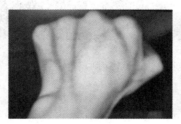 

(a) 普通相机拍摄所得原图　　　　　　(b) 灰度图　　　　　　(c) 增强后获得的图像

图 9　原始图像与增强后的图像对比

2.5.2　静脉图像识别

本作品可实现在目标区域内识别人体静脉，并进行框定，如图 10 所示。

2.5.3　静脉穿刺点智能提取

本作品可实现自主寻找合适的静脉穿刺点，并用红点在图像上标出，如图 11 所示，并为后续自主静脉穿刺提供空间坐标。

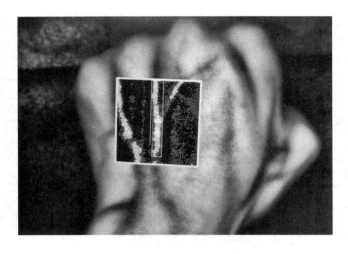

图 10　静脉识别效果图

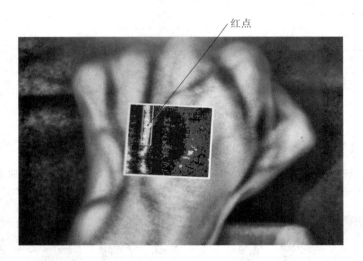

图 11　静脉穿刺点自主智能提取

2.5.4　静脉自主穿刺

本作品可实现全自主化高精度的静脉穿刺手术，利用二维丝杆滑台进行穿刺针的二维高速高精度运动，以斜入的方式刺入静脉。

其中，y 轴步进数与图像坐标关系为

$$\text{step}_y = (y_1 - 144) \times 20 \tag{2}$$

式中，step_y 为 y 轴方向步进数，y_1 为图像上穿刺点纵坐标。

x 轴步进数与图像坐标关系为：

$$\text{step}_x = 8120 + (640 - x_1) \times 20 \tag{3}$$

式中，step_x 为 x 轴方向步进数，x_1 为图像上穿刺点横坐标。

本作品中，出于考虑安全，以棉签代替针头进行测试，效果如图 12 所示。

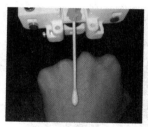

(a) 穿刺结果　　　　　　　(b) 穿刺点与棉签位置对比

图 12　静脉自主穿刺结果

2.5.5　紫外消毒

为达成医学手术无毒无菌的效果，提高设备的安全性，尽量避免医疗设备对患者或医护人员所造成的感染，本设备具有大功率紫外消毒功能，装载了大功率的紫外 LED，通过独立按键对其进行开启和关闭的控制，可以实现术前、术中、术后的消毒。

2.6　指标

本作品具有以下指标：

（1）自主穿刺时间短。每次静脉增强识别到穿刺的平均时长在 15 s 内。

（2）鲁棒性好。能够适应各种人群的静脉增强与识别需求，包括肥胖人群等静脉寻找困难人群。

（3）成本低。采用低成本边缘计算方案。

（4）穿刺点移动精度。步进电机所控制的穿刺针每步进一步为 0.013 mm，可实现高精度的静脉穿刺。

（5）环境适应性强。所采用的遮光处理手段可使设备在各种环境下工作，便于部署。

（6）图像分辨率高。图像分辨率为 640×480，满足静脉增强与识别要求。

（7）帧率高。每秒传输帧数为 20（Hz），满足穿刺点快速提取与快速穿刺要求。

3.　作品测试与分析

3.1　测试方案

考虑到静脉穿刺实验具有一定的危险性，在初期测试时采用模拟穿刺方案，即使用医用棉签代替穿刺针进行模拟穿刺测试，寻找志愿者作为实验对象，测试设备的各种功能，包括静脉增强、静脉识别、静脉穿刺点提取、自主穿刺等，并选择尽可能多的样本进行测试，同时也对系统连续工作稳定性进行测试。记录静脉增强效果、静脉识别效果、穿刺点提取合理程度与稳定性、自主穿刺所需时间与精度等数据，最后进行结果分析。

3.2　测试环境搭建

由于本作品采用了遮光处理手段，对环境光源无要求，因此无需特殊的环境条件，具体测试环境如图 13 所示。

图13 测试环境

3.3 测试设备

本作品测试所使用到的设备包括秒表、卷尺、计算器、电源插座、游标卡尺、个人计算机。

3.4 测试数据

3.4.1 系统连续工作稳定性

系统保持开启状态 24 h，未见发热、程序卡顿、图像处理失效等工作异常，可以继续正常工作，稳定性较好。

3.4.2 静脉图像增强测试

静脉图像增强测试及结果如表 1 所示。

表 1　静脉图像增强测试

被测人	静脉增强图像是否清晰
志愿者 1	是
志愿者 2	是
志愿者 3	是
志愿者 4	是
志愿者 5	是

3.4.3 静脉识别与穿刺点提取测试

静脉识别与穿刺点提取测试及结果如表 2 所示。

表 2　静脉识别与穿刺点提取测试

被测人	能否识别静脉	识别帧率/Hz	能否提取穿刺点	提取帧率/Hz
志愿者 1	能	15	能	15
志愿者 2	能	16	能	16
志愿者 3	能	15	能	15
志愿者 4	能	15	能	15
志愿者 5	能	16	能	16

3.4.4　静脉穿刺测试

静脉穿刺测试及结果如表 3 所示。

表 3　静脉穿刺测试

被测人	是否成功穿刺 （棉签与穿刺点重合视为成功）	用时/s
志愿者 1	是	10.93
志愿者 2	是	10.67
志愿者 3	是	10.42
志愿者 4	是	10.78
志愿者 5	是	10.21

图 14 为 5 位志愿者测试静脉增强与识别测试的效果图。

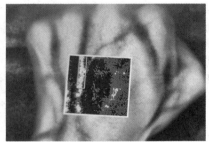

(a) 志愿者1测试效果图　　　　　　　　　　(b) 志愿者2测试效果图

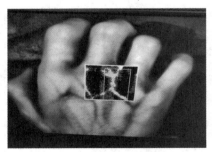

(c) 志愿者3测试效果图　　　　　　　　　　(d) 志愿者4测试效果图

(e) 志愿者5测试效果图

图 14　志愿者静脉增强与识别测试效果图

3.5 结果分析

依据测试结果，可以看到在不同的测试样本下，本作品均能取得较好的静脉增强、静脉识别与静脉穿刺点提取效果，从测试样本输入到穿刺完成，平均用时在 15 s 内，能够实现高速的自主静脉穿刺任务。在执行穿刺任务时，未出现卡顿、失控、穿刺点偏移等穿刺失误的情况，具有较高的可靠性，满足设备设计预期要求，能够有效地代替医护人员进行穿刺手术，减轻其工作压力，减小由于情绪波动等带来的穿刺失误，也能够减轻患者由于反复穿刺带来的痛苦。但由于制作时间短，本设备仅作为雏形样机，实验测试均在理想的模拟穿刺下进行，设备性能仍有进一步提升的空间，如可以增加穿刺机械的自由度以提高穿刺准确度，进一步对穿刺针进行识别，获取刺入深度进行反馈控制等。

4. 创新性说明

4.1 近红外光反射成像

本作品采用近红外光反射成像技术，利用静脉中血红蛋白对近红外光吸收较强的特点，获取质量较高的原始静脉图像，较传统的 B 超成像具有更高的稳定性与更好的成像质量。

4.2 静脉增强

本作品利用 CLAHE 算法对所采集的静脉图像进行增强识别处理，可获得清晰的静脉图像，包括静脉的细节信息，适用于各种人群。

4.3 静脉识别

本作品采用了基于轮廓识别的静脉识别算法，经过测试，性能优于神经网络等可用于模式识别的算法，功耗与时间成本低，可实现完全端侧的稳定高效的计算。

4.4 静脉穿刺点提取

区别于目前已有的静脉识别算法(只能对静脉区域进行框定)，本作品所设计的自主化静脉穿刺点提取算法依据了《新型冠状病毒感染的肺炎患者－医务人员静脉输液治疗工作建议》中有关静脉穿刺的建议指南，可智能选取较粗的血管与其中间部位作为穿刺点，避免了工作人员因疲劳、情绪波动等造成的失误。

4.5 医患无接触穿刺

设备具有自动消毒功能，并且可以在医患无接触的情况下使用，大大降低了由于医患直接接触可能造成的感染风险。

5. 总结

　　为助力应对当下严峻的疫情挑战，团队设计制作了一种基于 DRP 加速的静脉增强识别一体化穿刺设备。本作品可进行完全自主化的静脉穿刺手术，利用近红外反射成像技术获取高质量的静脉图像并对其进行增强以及智能静脉穿刺点提取，其中部分图像处理算法利用 DRP 技术进行加速，实现了完全端侧的智能图像处理。

　　通过测试实验，本作品鲁棒性强，能够适用于大部分人，包括静脉寻找困难人群；使用方便，大大降低了对静脉穿刺的技术要求，平均 15 s 可以完成一次静脉穿刺；具有大功率紫外消毒功能，大大提高了穿刺效率，较人工穿刺效率提升 75% 以上。对比大部分静脉辅助设备，本设备成本较低，并且具有静脉增强、识别与穿刺以及消毒等功能，性价比较高。此外，本作品还可以用于帮助护理人员更好地了解患者血管情况，包括观察血管粗细、深浅、曲直、长短、分叉、静脉瓣等信息，辅助评估血流状态、血管是否有病变等。本作品将协助应对在大规模疫情爆发下医护人员短缺的问题，减小由于医患直接接触带来的风险，减少静脉寻找困难人群反复穿刺的痛苦，同时也能够避免由于医护人员情绪波动、疲劳等带来的失误，同时也有望在未来成为医疗自动化的新常态中展露身手。

参考文献

［1］　彭丽霞. 基于图像处理技术的静脉穿刺机器人技术研究［J］. 无线互联科技，2019(12)：145－146.
［2］　霍亮生，黎进远，王燕青，等. 自动静脉穿刺装置及控制系统研究［J］. 中国医疗器械杂志，2017 (03)：200－203.
［3］　姜力，任浩，郭闯强，等. 全自动静脉穿刺机器人多层控制系统：中国，201911400543.1［P］. 2020－05－05.
［4］　田和强，王晨晨，马龙鑫，等. 一种前臂静脉穿刺机器人：中国，201710798181.0［P］. 2019－10－08.

专家点评

　　本作品充分利用竞赛平台提供的 DRP 动态可重构处理器技术，在静脉穿刺术中对隐约的静脉图像进行增强识别处理，并借助二轴丝杆滑台完成静脉快速穿刺。

作品5　仓舒小助手——自动称重系统

作者：高明豪、胡嘉豪、吴俊杰（西安交通大学）

作品演示　　　文中彩图1　　　文中彩图2　　　作品代码

摘　　要

　　随着技术的进步，社会对无人设施的需求正在增加。自动化设备从工业领域逐渐走进了生活。无人值守超市是这种需求集大成的体现，虽然离超市完全无人化仍然有一定的距离，但超市的部分无人化在各类大型超商中早有应用，近年来诸如沃尔玛、华润万家等超市陆续应用了自助结账系统，无人化的应用前景可见一斑。

　　本作品朝着解决无人化的需求方向进行设计，构想实现了一种可以部署至大型超商果蔬区的自助称重结账系统，可以实现各种水果的种类识别、称重并以存储的价格计价。该系统在瑞萨RZ/A2M上部署了完整的系统，包括离线识别算法以及重量采集、计价和菜单功能。

　　目前超商的收银区自助结账系统应用颇有成效，然而在果蔬区仍然需要人工称重，并不能很好地适配整个结账系统。针对这个问题，首先，本作品创新性地提出了水果识别无人称重系统，可以大大增加商场的自助服务程度，不仅可以在提高效率的同时减少超市的管理成本，还可以为顾客提供更多的无人结账服务；其次，本作品使用的瑞萨RZ/A2M单片机平台的DRP图像处理技术可以为图像预处理提供加速服务，更快地完成识别过程，本作品利用该技术完成了滤波、插值变换等操作，增加了系统的实时性；再次，在识别分类部分，本作品通过参考经典的学习算法，设计了自己的网络结构，在小权重下实现了高分类准确度的效果；最后，本作品借助瑞萨单片机的算力支持，将整个网络部署到单片机上，实现离线分类，不需要云端支持，大大增加了该系统的应用场景。

　　关键词：无人称重系统；DRP；神经网络；无人超市

An Assistance－A Self-service Weighing Checkout System

Author：Minghao GAO, Jiahao HU, Junjie WU(Xi'an Jiaotong University)

Abstract

With the progress of technology, the demand for unmanned facilities is increasing. Automated equipment is gradually moving from industrial factory to life. The unmanned supermarket is the embodiment of this demand. Although there is still some distance from a complete unmanned supermarket system, part of the unmanned application in all kinds of large supermarket have been applied. Over recent years, such as WalMart, Vanguard and other supermarkets have launched a self-service checkout system. The application prospect of unmanned can be seen.

This work is designed to solve the demand of unmanned system, and conceives and realizes a self-service weighing checkout system that can be deployed to the fruit and vegetable section of large supermarkets, which can identify various types of fruits, weigh them and calculate the price by the stored price. The complete system is deployed on Renesas RZ/A2M and includes offline identification algorithms as well as weight collection, pricing and menu functions.

Existed self-checkout system in the checkout area of the supermarket is quite effective while fruits and vegetables area still requires manual weighing and is not well adapted to the whole checkout system. In order to solve this problem, this work innovatively proposes an unmanned fruit identification and weighing system, which can greatly increase the self-service degree of shopping mall, not only can reduce the management cost of supermarket while improve the efficiency, but also can provide more unmanned checkout service for customers. Then this work uses Renesas RZ/A2M microcontroller platform with DRP image processing technology to pre-process the image for us. In the recognition and classification part, we designed our own network structure with reference to the classical learning algorithm, which achieves high classification accuracy under small weight without cloud support, greatly increases the system's application scenarios.

Keywords：Unmanned Weighing Systems; DRP; Neural Networks; Unmanned Supermarkets

1. 作品概述

1.1　背景分析

　　在当今社会，随着社会经济的不断发展，人们生活水平不断提高，人们对于自动化、无人化的要求越来越高。新冠疫情的出现使得人们对于无接触的交互方式提出了更高的需求，智能设备之所以"智能"，很大程度上正是因为可以代替人完成一些工作。图像处理在这样的环境中往往扮演着至关重要的作用。图像分类作为图像处理的子类，往往不需要很大的网络部署，比起联网或是用算力更高的 GPU（Graphics Processing Unit，图形处理器）解决，MCU（Microcontroller Unit，微控制单元）具有低成本和便携的优势。

1.2 应用场景

大型商超在高峰期往往人满为患，服务人员不仅从事着艰繁的体力劳动，还很可能忙中出错。无人超市应运而生，实践证明，无人超市在现有技术条件下实现比较困难，但是超市部分无人化不是梦想，至少将服务人员从劳累中部分解脱可实现。大型的超商在几年内纷纷开始部署自助结账服务区，仅设置一两名管理人员，就代替了过去十几个的收银岗位，减少了管理成本。

但是由于超市果蔬区中的果蔬具有更新时间快、购置数量不定等特点，无法整合到前者的自助结账系统中，仍然需要人工来进行称重包装结账。在高峰期内，顾客经常会遇到果蔬称重区大排长龙的情况，因此我们构想用图像分类代替人工工作。无人称重系统可以减少排队的时间，尤其用单片机实现，可以最大限度地节省资源，降低成本。

1.3 特色描述

考虑到卷积神经网络在图像分类上的优秀表现，针对水果分类的任务，本作品参考了LeNet 的结构提出了一个小权重、高准确率的网络架构，其在评估水果分类的任务上可以达到更高的精度，以及可以识别更多的种类。

本作品中关于深度学习的识别过程是建立在瑞萨单片机的架构上的，能够做到离线的实时识别，无需云端支持，即可完成主要的工作任务。出于对模型训练集的抗噪声处理，本作品的模型对光照等的变化适应能力强，能够胜任不同的工作环境。

鉴于自助结账区已经存在并得到了广泛的应用，本作品可以增加商场的自助服务程度，增加超市的无人化程度，同时为超市减少管理成本。

1.4 前景分析

无人称重系统对于无人超市的帮助是变革性的，无人水果称重系统完全能够提供果蔬小店无人化所需要的技术。最重要的是，无人称重系统是完全在单片机上搭建的，对于偏远地区的意义更大，其低成本的优点会有很好的应用前景。

2. 作品设计与实现

2.1 系统方案

本系统有两个主要功能，其一是通过图像识别对秤上的水果分类后计价；其二是管理员可以修改不同水果的价格。对于第一个功能，摄像头采集图片后，首先在瑞萨 RZ/A2M单片机上进行预处理，预处理结束后用已经训练好的神经网络分类，得到类别后，从串口读取秤发来的重量信号，将重量和单价相乘，得到最后的总价；对于第二个功能，管理员需要输入正确的密码才能进入价格修改的界面进行修改。系统框图如图 1 所示。

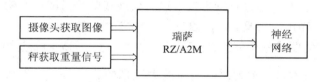

图 1 仓舒小助手系统框图

2.2 实现原理

2.2.1 图像预处理

1. 图片采集与格式转换

摄像头采集图片的模式是 Bayer 模式，这种模式下，每个像素只能获取一个颜色的值，比如红色感光点只获取红色。这个位置的绿色和蓝色用周围的四个或者两个绿色和蓝色各自加权平均得到。像素感光点通过 BGR 4∶2∶2 的方式排列，再配置上拍照时的其他参数信息，从而形成 RAW 格式图像。RAW 格式中 RGB 三通道占据 12～14 b，各自亮度都集中在低端，直接转为 8 b 的图像时可以显示 RGB 图，但是很暗，需要经过伽马矫正、白平衡、图像锐化、增强等操作，转化为正常的 RGB 图像。

HSV 格式相较于 RGB 格式更容易被理解，图片从 RGB 格式到 HSV 格式的转换如下：

$$C_{\max} = \max(R', G', B') \tag{1}$$
$$C_{\min} = \min(R', G', B') \tag{2}$$
$$\Delta = C_{\max} - C_{\min} \tag{3}$$

式中，R'，G'，B' 是归一化后的 RGB 的值，$C_{\max}$，$C_{\min}$ 分别表示某个像素点的三通道中最大的值

$$H = \begin{cases} 0 & \Delta = 0 \\ 60° \times \left(G' - \dfrac{B'}{\Delta} + 0\right) & C_{\max} = R' \\ 60° \times \left(B' - \dfrac{R'}{\Delta} + 2\right) & C_{\max} = G' \\ 60° \times \left(R' - \dfrac{G'}{\Delta} + 4\right) & C_{\max} = B' \end{cases} \tag{4}$$

$$S = \begin{cases} 0 & C_{\max} = 0 \\ \dfrac{\Delta}{C_{\max}} & C_{\max} \neq 0 \end{cases} \tag{5}$$

$$V = C_{\max}$$

式中，H、S、V 分别表示对应位置的像素点转换成 HSV 格式后各个通道的值。

2. 图像滤波

图像滤波是指针对原始图像进行去除噪声的操作，常用的图片滤波方法有均值滤波、中值滤波、高斯滤波等。本作品使用中值滤波的方法。

中值滤波的原理是设定一个小的模板，模板的中心位置为需要处理的元素，模板覆盖

的区域是中值滤波时针对核中心所需要考察的像素点，将这些像素值排序后选取其中值作为新的模板中心的像素值。通过这种方法可以有效地滤除平滑图像中像素值过高或者过低的点。尤其对于椒盐噪声的去噪，中值滤波有非常好的效果。

针对 640×480 的图像做中值滤波，算法复杂度是 $O(r^2 \log r)$，其中 r 为核的半径，利用瑞萨支持的 DRP 技术可以把处理时间缩减为原来的 $\frac{1}{10} \sim \frac{1}{5}$，对于系统的实时性有了很好的提升。

3. 图像大小转换

由于要完全地在单片机上运行神经网络，输入图片的大小对网络权重的影响很大，因此，对于输入图像进行尽量无损地放大或缩小是非常必要的。

本作品通过双线性插值的方式解决放缩问题。在双线性方法中，本作品使用在与输出图像的目标像素相对应位置处的输入图像周围的 2×2 像素的网格。

（1）假设输入图像中的坐标(S_x, S_y)对应输出图像中的坐标(D_x, D_y)，则 S_x 和 S_y：

$$S_x = \frac{(D_x + 0.5) \times \text{src\_width}}{\text{dst\_width}} - 0.5 \tag{6}$$

$$S_y = \frac{(D_y + 0.5) \times \text{src\_height}}{\text{dst\_height}} - 0.5 \tag{7}$$

式中，src_width、src_height 分别是输入图像的宽和高；dst_width、dst_height 分别是输出图像的宽和高。

假设 Floor 函数表示向下取整，$f_{sx} = \text{Floor}(S_x)$，并且 $f_{sy} = \text{Floor}(S_y)$，则$(S_x, S_y)$周围 2×2 像素的网格的坐标为(f_{sx}, f_{sy})，$(f_{sx} + 1, f_{sy})$，$(f_{sx}, f_{sy} + 1)$和$(f_{sx} + 1, f_{sy} + 1)$。

（2）假设输入图像的坐标(x, y)的像素值为 src(x, y)，输出图像的坐标(x, y)的像素值为 dst(x, y)，则 dst(x, y)：

$$\begin{aligned} \text{dst}(x, y) = &(1-b) \times (1-a) \times \text{src}(f_{sx}, f_{sy}) + (1-b) \times a \times \text{src}(f_{sx} + 1, f_{sy}) + \\ &b \times (1-a) \times \text{src}(f_{sx}, f_{sy} + 1) + b \times a \times \text{src}(f_{sx} + 1, f_{sy} + 1) \end{aligned} \tag{8}$$

式中，$a = S_x - f_{sx}$，$b = S_y - f_{sy}$，双线性插值示意图如图 2 所示。

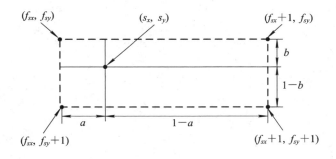

图 2　双线性插值示意图

2.2.2　离线分类预测算法及水果图像信息传递功能的设计

嵌入式单片机由于内存和运行速度的限制，对于图像处理的落地应用通常是提取图片的图像特征，如 Harris 算法检测角点信息或 Canny 算法获得边缘信息，再通过模式识别等方法进行判断和分类，或者仅将嵌入式设备作为采集和显示工具，将数据传递至云端，运用深度学习来进行预测分类。但这样的分类方法有其局限性，前者当图像特征接近或分类数量众多时，表现效果不理想。后者在网络环境搭建不佳的情况下无法构建分类模型。

瑞萨 RZ/A2M 单片机搭载的计算资源以及 eAI(转换 Python 模型至单片机)模块提供了离线运行深度学习模型的条件，本团队针对大型商超的水果自助结账系统的设计需求又正好具备识别种类较多、离线要求高等特点。如果大型超商可以利用本系统实现更高效的超市无人化自助结账系统，那么一定程度上可以摆脱果蔬区人工称重大排长龙的困境。本作品在进一步增加识别准确度的基础上，通过读取外设电子秤的数据来计算价格，还增加了价格修改、付款码验证等基础的交互功能。

本设计在嵌入式系统上离线运行神经网络的预测模型，通过 end2end 的模型架构来充分获取图片的特征信息。并在预测后根据存储的水果价格与重量计算、输出总价数据。综上所述，离线分类预测算法及水果图像信息传递功能过程如图 3 所示。

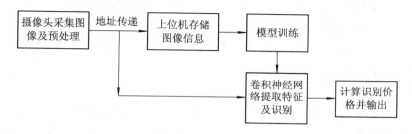

图 3　离线分类预测算法框图

1. 模型转换及图像地址传递

通过 eAI 将用 Python 保存的 TensorFlow 网络结构以及训练权重转换至 c 代码中，如图 4 所示，生成的 dnn_compute 函数的输出即为最后一层的神经元输出，可以完成预测的任务。

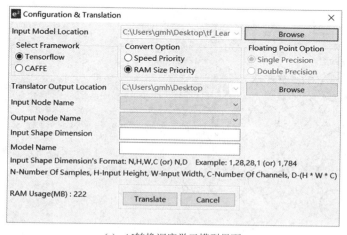

(a) eAI转换深度学习模型界面

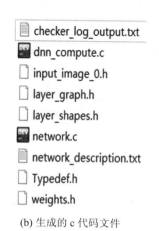

(b) 生成的 c 代码文件

图 4　转换过程

对于处理好的图像信息，为了能够更快地在单片机环境中将其传递至上述函数中，我们将图像数据存储在一维数组中，并以地址形式进行传递。其中，传递的图像信息如图 5 所示，为 $50\times50\times3$，其中地址存储格式由 HSV 依次占据 32 位排列。

unit8_t imgShow[IMG_OUT_WIDTH * IMG_OUT_HEIGHT * IMG_OUT_CHANNEL];

图 5　图像存储数组地址

2. 基于卷积神经网络的水果识别系统设计

本作品仿照生物神经系统处理信息的方式，通过输入大量的学习信息，构成一个复杂的信息神经网络，使系统具有一定的自学能力，即可以随着输入学习信息的增多来改善神经网络的性能，从而使处理测试图像识别能力越来越完善。

卷积神经网络是目前深度学习技术领域中非常具有代表性的神经网络之一，在图像分析和处理领域取得了众多突破性的进展。在学术界常用的标准图像标注集 ImageNet 上，基于卷积神经网络取得了很多成就，包括图像特征提取分类、场景识别等。卷积神经网络相较于传统的图像处理算法，优点之一在于避免了复杂的对图像预处理过程，尤其是人工参与图像预处理过程。卷积神经网络可以直接输入原始图像进行一系列工作，至今已经广泛应用于各类图像相关的应用中。因此卷积神经网络是在水果图像识别的问题上是一种高级的识别方法，并且对于图像处理有重大的意义。

1）卷积网络模型设计

一个生物神经细胞的功能比较简单，而人工神经元只是生物神经细胞的理想化和简单实现，功能更加简单。要想模拟人脑的能力，单一的神经元是远远不够的，需要通过很多神经元一起协作来完成复杂的功能。这样通过一定的连接方式或信息传递方式进行协作的神经元可以看作是一个网络，叫作人工神经网络，简称神经网络。

在前馈神经网络中，各神经元分别属于不同的层。每一层的神经元可以接收前一层神经元的信号，并产生信号输出到下一层。第一层叫输入层，最后一层叫输出层，其它中间层叫做隐藏层。若整个网络中无反馈，信号从输入层向输出层单向传播，可用一个有向无环图表示，如图 6 所示。

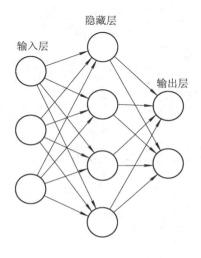

图 6　前馈神经网络

卷积神经网络是一种基于 BP 前馈结构的一种网络，其有三个基本的概念：局部感受野(Local Receptive Fields)、共享权值(Shared Weights)、池化(Pooling)。

(1) 局部感受野。一般的深度神经网络往往会把图像的每一个像素点连接到全连接的每一个神经元中，而卷积神经网络则是把每一个隐藏节点只连接到图像的某个局部区域，从而减少参数训练的数量。例如，一张 1024×720 的图像，使用 9×9 的感受野，则只需要 81 个权值参数。对于一般的视觉也是如此，当观看一张图像时，更多的时候关注的是局部。

(2) 共享权值。在卷积神经网络的卷积层中，神经元对应的权值是相同的，由于权值相同，因此可以减少训练的参数量。共享的权值和偏置也被称作卷积核或滤波器。

(3) 池化。由于待处理的图像往往都比较大，而在实际过程中，没有必要对原图进行分析，能够有效获得图像的特征才是最重要的，因此可以采用类似于图像压缩的操作，对图像进行卷积之后，通过一个下采样过程，来调整图像的大小。

在这个过程中，卷积核会遍历整个输入图像的信息，来获取图像的特征，这极大减少了人工构造特征的工作以及可能存在的不准确性。卷积操作过程如图 7 所示。

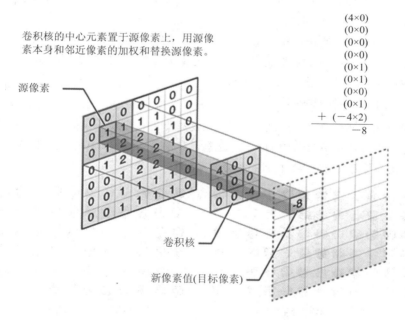

图 7 卷积操作过程

根据先验知识，我们可以通过卷积神经网络提取到图片的特征，且随着网络层数的增加以及每层的神经元数量增加，可以提取到更高级的特征，从而有利于图像的分类。但更深的模型意味着更多的参数，需要更多的时间以及更高要求的运行内存。所以我们在综合考虑了以上因素后，将模型结构设计为如图 8 所示的结构，并取得了较好的结果。

本作品仿照 LeNet 设计网络模型，输入图片大小为 50×50，这里以单通道的网络模型为例(实际中各卷积及池化层的卷积核都为多通道)：

第一层为卷积操作，卷积核大小为 3×3，步长为 1，填充为 0 填充，卷积数量为 8，生成的 feature map 大小不变，激活函数为 Relu；

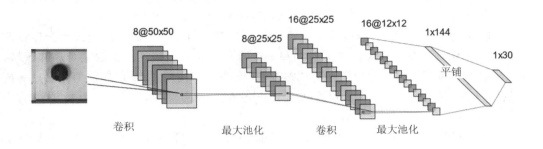

图 8　检测网络结构

第二层为最大池化操作，卷积核大小为 2×2，步长为 2，填充为 0 填充，卷积数量为 8，生成的 feature map 大小为 25×25；

第三层为卷积操作，卷积核大小为 3×3，步长为 1，填充为 0 填充，卷积数量为 16，生成的 feature map 大小不变，激活函数为 Relu；

第四层为最大池化操作，卷积核大小为 2×2，步长为 2，填充为 0 填充，卷积数量为 16，生成的 feature map 大小为 12×12；

第五层为平铺，将池化层按照卷积数量×长×宽×通道数平铺成一层。

第六层为 Softmax，共有 30 个节点，这是由分类结果决定的，我们的训练数据来自市面上常见的水果，所以考虑了三十个分类项。

2）数据集制作和网络训练

神经网络的权重需要大量的带有标签的数据集进行训练，我们首先采用了学术界常用的标准图像开源库 ImageNet 中的 fruit 数据集，如图 9 所示，共有 103 种 100×100 大小的彩色图像。在本模型上有一个很高的验证准确度。

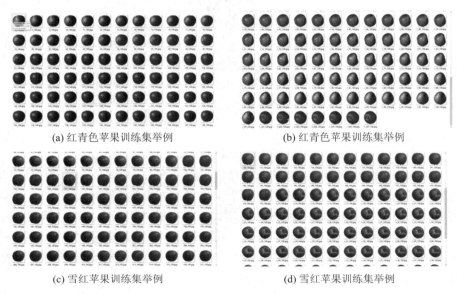

图 9　开源水果检测数据集

但是由于瑞萨硬件中 MIPI 摄像头采集的数据格式与输入模型中的采集数据略微有些差异，为了提高识别准确度，我们通过单片机将存储的图片信息以一维数组的形式通过串口发送给上位机并存储，以制作自己的数据集。具体存储方式如下：

图片存储在一维数组中，以数据长度为循环长度，每次向上位机发送以 16 进制为格式的数据（一个像素点占两位）。上位机一次性读取全部的数据，转成整数类型的数据，并 reshape 至 50×50 大小的数据格式。利用 OpenCV 生成 JPG 数据并存储。

为了增强样本数据的多样性，增加模型预测的泛化能力和减小最终模型的过拟合，我们使用了数据增强技术，大大增加了样本数据，具体做法是：对所有的图片进行随机增加噪声，由 Python 中的代码生成高斯噪声，并设置随机均值以设置图像。同时对同样的图片进行翻转、旋转等操作。在采集的时候进行变换光照照射强度等操作，这样将大大增强样本的数量和多样复杂性，从而有利于模型的训练。

2.2.3　菜单和称重功能

由于本作品的核心为水果称，那么在自动识别水果之后就需要计算价格，但是由于水果本身的特性，导致其每天的价格都会不相同，所以需要有一个菜单以便进行价格修改。

1. ADC 模拟键盘

本作品使用的键盘为自制的 ADC 模拟键盘，其原理如图 10 所示。

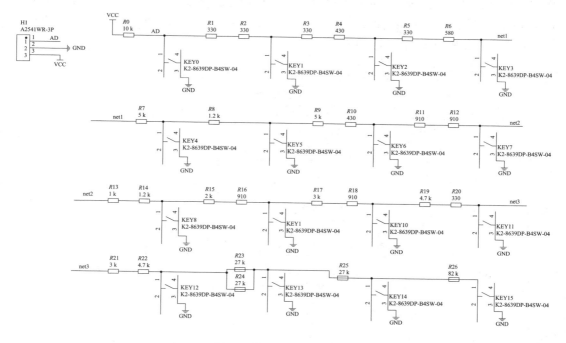

图 10　模拟键盘的原理图

通过 ADC 对电阻网络的电压进行测量，然后使用按键可以改变电阻网络的拓扑结构，改变电阻网络的阻值，从而改变电压值。只需要将每个按键对应的电压值记录下来，形成一张表，使用时只需要查表就可以获得对应的按键了。键盘 PCB 设计图如图 11 所示。

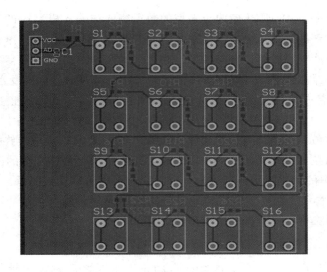

图 11　键盘的 PCB 设计

2．菜单实现方式

本作品使用的是一个三级的菜单，首先通过随意按键进入菜单。第一级菜单为一个密码输入界面，需要输入对应的密码才能进入到下一级菜单。进入二级菜单之后，可以看到所有的价格目录，在该级菜单下，可以使用数字按键选择想要修改的价格的水果编号，之后会进入第三级菜单。在第三级菜单中，就可以输入之前在二级菜单中选择的水果的新价格了，菜单流程如图 12 所示。

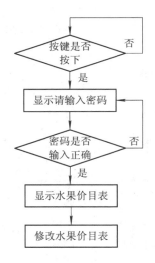

图 12　菜单流程图

3．重量信号

水果秤是本作品中重要的组成部分，我们购买了可以进行二次开发的水果秤。这款水果秤通过使用串口发送重量信号，精度可以达到 ± 5 g，最大可称量 30 kg 的重量。

我们利用单片机的 USART 进行数据的读取，波特率设为 115 200 B/s，通过对读到的数据进行分析，就可以得到重量信号。

3. 作品测试与分析

3.1　神经网络识别算法准确率测试

　　首先在 Python 平台上对识别算法进行训练以及测试，采取的数据是由单片机采集而保存的 HSV 数据，图像大小均为 50×50，如图 13 所示。

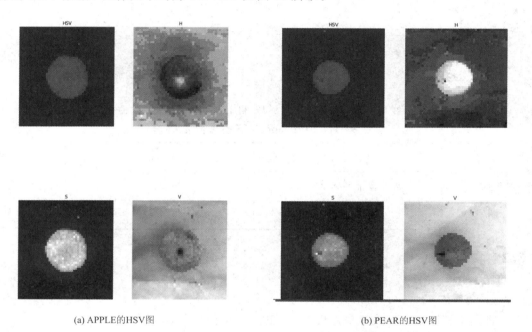

(a) APPLE的HSV图　　　　　　　　　　(b) PEAR的HSV图

图 13　采集并保存的训练数据

　　在 TensorFlow1.12，Python3.7 的环境下运行神经网络模型构建和训练测试代码，设备为笔记本电脑。

　　测试数据共有 19 类水果，以及一类 unknown 项，每类数据约在 $400 \sim 500$ 张图片左右，unknown 是剔除的数据集，数据量在 1140 张。最后总的测试数据为 8797 张 50×50 的图片，其中 5278 张用于训练，1759 张用于验证，1760 张用于测试。

　　训练的结果不错，最高准确度达到了 0.96，验证准确度和 Loss 变化的曲线如图 14 所示。有了多次的训练结果后，根据先验知识，我们在模型过拟合前停止训练，并保存模型用于随后的实机演示以及测试。

　　如图 14 所示，经过了 20 个 epoch 的训练后，Loss 稳步下降，验证准确度也在上升，随后保存成 ckpt 格式的模型文件，用于后续的转换实机测试。

　　最后我们用训练的模型对未参与神经网络训练的 1760 个已知样本进行预测，三类准确度如表 1 所示。

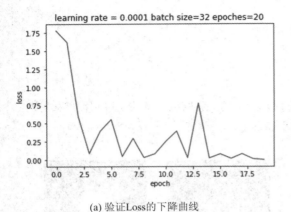

(a) 验证Loss的下降曲线

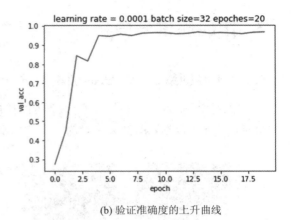

(b) 验证准确度的上升曲线

图 14　通过采集数据集在 PC 机上训练和保存模型的曲线

表 1　20 个 epoch 下的最高准确度

训练准确度	0.9888
验证准确度	0.9708
测试准确度	0.9622

3.2　实机测试

1）测试方案

将模型利用 eAI 转换至单片机上后，我们制定预测方案如下：

另外购买不同于制作数据集的部分水果群进行测试，如图 15 所示，随后将水果放置在本作品上进行称重。实时进行识别，摄像头采集到图像信息进行分类后，会在屏幕上显示物体的价格，并弹出支付的二维码。

图 15　部分用于测试的水果图像

为了测试作品效果，我们将所有的水果以每一种摆放、旋转不同的姿态共 30 次为标准，并在三种光照环境下来判断预测结果，记录成表格来确定检测过程。

2）测试环境

测试环境为一间有窗户的实验教室，如图 16 所示，光照强度会随着时间变化，同时我们测试了日光灯等光照环境下的识别情况。

(a) 日光灯下的测试环境　　　　　　　　　　　　(b) 自然光下的测试环境

图 16　实验教室图

3）测试设备

如图 17 所示，(a)为称重系统的俯视图，我们通过型材制作了整体的架构，将摄像头和键盘配置在电子秤上方约 60 cm 处。(b)为称重系统侧视图，我们在电子秤上铺上了白纸，以达到更好的背景效果。瑞萨的主控板由亚克力胶贴至型材背面，如(c)所示。

(a) 称重系统的俯视图　　　　　　(b) 称重系统的侧视图　　　　　　(c) 瑞萨单片机的摆放位置

图 17　称重系统整体图

如图 18 所示，我们在 LCD 屏上输出了摄像头拍摄到的灰度图像（为了减少显示内存），并在屏幕的左上角输出识别到的水果种类及价格。目前识别结果为 pear，价格为 3.15 元。在右上角会显示客户支付的二维码。

4）测试数据表

我们在每种环境下进行了 30 次测试，以获取实机测试的准确度，输出内容如表 2 所示，记录正确次数以计算。

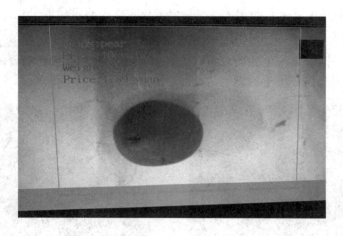

图 18 LCD 输出内容

表 2 实机测试种类及准确度测试数据

种类	价格（元/千克）	上午准确率	下午准确率	夜日光灯准确率
APPLE	10	93.33%	96.67%	100%
BANANA	12	96.67%	90.00%	96.67%
ORANGE	12	93.33%	93.33%	100%
PEAR	10	86.67%	86.67%	96.67%
GREEN-ORANGE	13	93.33%	93.33%	100%
PEACH	8	86.67%	96.67%	96.67%
STRAWBERRY	30	86.67%	93.33%	96.67%
KIWIFRUIT	20	96.67%	96.67%	93.33%
MANGOSTEEN	40	93.33%	93.33%	96.67%
CHERRY	40	96.67%	96.67%	96.67%

5）结果分析

综上所述，我们在之前数据增强的样本数据集中随机抽取 60% 用于网络模型的训练，训练过程用 20% 的数据进行验证，最终训练好的模型对于剩下未知的 20% 数据进行预测，最终得到了 96% 的预测正确率。利用我们搭建好的平台，对一些水果进行测试，也获得了 90% 以上的准确率（如表 2 所示）。与国内外目前的研究水平相比，结合市场的空白状况，这是一个非常好的成绩，已经可以用于实际应用，并且具备较好的演示效果。

4. 创新性说明

在图像分类领域，把水果识别作为一个单独的课题进行研究主要集中在农业领域。在农业方面，大多数的研究通过图像识别检测水果品质，这样的研究通常只针对某几种水果；而在分类领域，大多数的研究只针对动物、物品等的分类；针对水果而言，传统的计算机视觉常用一些依据提取的特征做分类的方法，如大小、颜色等。但是我们研究后发现当拍摄水果的角度不同时，这些特征都会有很大的变化，当水果分类种类达到一定数量时，分类效果没有那么优秀。于是，考虑到卷积神经网络在图像分类上的优秀表现，我们的作品单独针对水果分类的任务参考 LeNet 的结构提出了一个权重不大，但是准确率很好的神经网络，其在评估水果分类的任务中可以达到更高的精度以及可以识别更多的种类。

无人称重系统的提出和实现对于无人超市的发展具有极大的推动作用，果蔬区在每一个大型超市都是很重要的一部分。而相较于其他所有品类的商品，果蔬区往往需要人工进行称重，由于人工较少，这在售卖高峰期容易产生不必要的拥堵。鉴于已经存在并被广泛应用的自助结账区的设置，我们认为水果识别无人称重系统可以大大增加商场的自助服务程度，不仅可以在提高效率的同时减少超市的管理成本，也可以为顾客提供更多的无人结账服务。

此外，在瑞萨单片机平台上，我们使用了 DRP 技术，DRP 库中的函数对图像处理的加速是显著的，这一点使得图像的预处理部分所需的处理时间大幅度减少，在提高摄像头的分辨率的同时提升图片质量，提高了系统的准确率。

综上所述，本作品的创新性体现在对水果分类这一部分的改进，使用单片机实现了对图像的预处理和分类整个过程，兼顾了使用效果和算法复杂度的问题，降低了成本，这使本作品成为一个产品的可能性大大提高。

5. 总结

参加 2020 年全国大学生电子设计竞赛信息科技前沿专题邀请赛让我们获益匪浅，无论是在专业知识、思考方式还是团队合作方面，我们都获得了长足的进步。

首先，我们开始转变我们的思考方式。在比赛过程中，我们在老师的帮助下学会了如何联系实践，我们收获到最重要的是要在平常的生活中留心观察，一个好的想法是如何科学地论证它的可行性和必要性的，简而言之，我们认为自己在学习"创新"。我们用自己的专业知识去思考，去满足这个社会的需求，这就是一个最大的成功，我想这对我们之后的科研工作意义重大，同时，我们也极大地拓宽了自身的视野。

其次，我们初步具备了实践开发的能力。在比赛的过程中，我们碰到了许许多多课本上看不到的"困难"，有些困难的解决让人啼笑皆非，从实用的角度思考解决一个问题和理论论证真的是截然不同的。也有一些困难让我们长时间陷入困境，在受挫之后调整心态，坚持不懈；用正确的方法、明智的策略排除故障，这些知易行难的经验将是我们未来科研工作中宝贵的财富。

再次，我们还明白了团队合作的重要性，任何事情只有协调好团队才能赢得双赢，获得最大的成功，只有团队之间互相交流互相合作，才能取得 1+1＞2 的效果。在未来的科研工作中，我们都要与人合作共同完成某一项目，这就非常需要团队精神，而这一点在我们目前本科阶段的课堂常规教学中得到的锻炼是很有限的。在顺境时小组成员要相互提醒保持冷静，逆境时要相互鼓励共度难关，出现问题时不能相互埋怨，这个过程本身大大有利于我们团队意识的培养。

最后，我们想感谢指导老师，无论是从比赛初期的选题，还是在比赛中遇到各种问题时，老师总能给我们很好的指导。老师启发式的指导方式能够让我们静下心去思考问题和解决问题，多个创新性的解决方案由此产生，并且取得了很好的效果。

同时我们也想感谢电子设计大赛组委会和瑞萨公司，因为你们的支持和帮助，才使得我们有机会参加这次比赛，才能有这么好的一个机会来锻炼自己，才能有这么好的一个平台来展现自己！

参考文献

[1] 郭辉. 基于机器视觉的蜜柚品质检测方法研究[D]. 中国农业大学，2015.

[2] 曾平平. 基于深度学习算法的水果图像目标分类与检测研究[D]. 南华大学，2019.

[3] MURESAN H，OLTEAN M. Fruit recognition from images using deep learning [J]. Acta Universitatis Sapientiae，Informatica，2018，10(1)：26 - 42.

[4] BAIETTO M，WILSON A D. Electronicnose applications for fruit identification，ripeness and quality grading[J]. Sensors，2015，15(1)：899 - 931.

[5] WOODS，RICHARD E. Digital image processing. Assn for Info Image Mgmt[M]. Englewood Prentice Hall，1993.

专家点评

参赛者以为无人超市自助结账为背景，设计并制作了一个基于瑞萨 RZ/A2M 微处理器技术的"仓舒小助手——自助称重系统"。作品利用 RZ/A2M 微处理器先进的动态可配置处理器(DRP)技术，实现了"果蔬区"不同商品类别的图像快速识别；结合自动称重系统，可以完成"典型果蔬"种类识别、称重、价格计算及存储。现场测试表明了作品功能和性能的有效性。

作品 6　强激光束的高精度自动寻焦系统

作者：陈炜龙、王伟、熊培羽（西安理工大学）

作品演示　　文中彩图 1　　文中彩图 2　　文中彩图 3　　作品代码

摘　要

激光加工技术在制造业中应用越来越广泛，特别适用于高硬度、高脆或复合多层材料的雕刻、切割、焊接等，可以实现传统工艺难以企及的加工效果。现有传统的 CCD 法或刀口法不适用于精准检测平均功率在 10 W 以上的脉冲激光束的焦点位置，因为在离焦点较远处光能密度就足以烧毁 CCD 或刀口金属。此外，为了保证激光烧蚀线宽的一致性以及阴刻深度，需要加工面始终跟随激光焦平面，而现用的电容测距法和激光三角测距法都不能兼顾量程和精度。因此强激光束的精准定焦和随焦（合称"寻焦"）是当前激光加工业的技术瓶颈问题。

本团队发现激光烧蚀金属板材时等离子体辐射中的紫外分量强度与离焦量之间具有较强的负相关性，因此以一个截止吸收波长为 320 nm 的宽禁带光电二极管及其二级放大电路作为高灵敏度紫外光电探测器，基于瑞萨 RZ/A2M 系统板设计了面向强激光的自动寻焦系统，实现激光加工前的精准定焦和激光加工中的快速精准随焦控制。

本系统被安装在 1064 nm 波长的光纤激光雕刻机设备旁，对 304 不锈钢、轴承钢等不同材质的工件进行了实测。其定焦效果与昂贵的共聚焦显微镜检测烧蚀坑深的实验室方法相比，二者互差小于 24 μm，满足工业加工精度要求。通过充分利用瑞萨系统板的强大算力保证了定焦的精确性和随焦的实时性，并利用瑞萨的高清摄像功能及图像实时处理能力以实现激光加工间无人化，避免工人眼睛受紫外辐射伤害和金属蒸气肺部污染伤害。

关键词：激光加工；定焦；随焦；等离子体辐射

A High-Precision Automatic Focus-Tracking System of Power Laser Beams

Author：Weilong CHEN，Wei WANG，Peiyu XIONG(Xi'an University of Technology)

Abstract

Laser processing technologies，such as engraving，cutting，welding，are more and more widely applied in the manufacturing industry. Compared with traditional processing，laser processing have more excellent performance，especially to the high-hardness，the brittle or the multi-layer composite materials，The traditional CCD method and the knife-edge method are not suitable for accurately detecting the focal position of a pulsed laser beam when the laser average power is more than 10 W，since the light-energy density even far away from the focal point is enough to damage the CCD device or to ablate the metal knife edge. In addition，in order to make sure the laser ablation consistency in width and depth，the processing place of a workpiece should follow the laser focal，but the existent ranging methods，such as the capacitance and the laser triangulation method are not able to take into account requirements synchronously in range and in accuracy. Therefore，the precise positioning and the fast following of the laser focus (collectively referred to as "focus tracking") of a power pulsed laser are regard as the technical bottlenecks in the current laser processing industry.

The team found that there is a strong negative correlation between the intensity of the ultraviolet component in the plasma radiation and the distance from the laser focus when laser ablating metals. Hence，an automatic laser-focus tracking system is designed for the accurate focus positioning before the laser processing and the fast focus following control during laser processing，which is mainly based on a Renesas RZ/A2M system board and a high-sensitivity ultraviolet photo detector (a wide-bandgap photo diode with the absorption edge of 320 nm and its twin-stage amplification circuit).

The system was installed next to a fiber laser engraving machine with a wavelength of 1064 nm and was tested using the workpieces made of different materials such as 304 stainless steel and bearing steel. Compared with the expensive laboratory measurement method that detects the pit depth and width of the laser ablation under a confocal microscope，the difference of the focus positioning is less than 24 μm，which meets the accuracy requirements of industrial processing. By making full use of the powerful computing ability of the Renesas system board to ensure the real-time performance of the focus，and making full use of Renesas' high-definition camera function and image real-time processing capabilities to realize the unmanned laser processing room for avoiding the ultraviolet radiation to the workers' eyes and the metal smoke pollution to the workers' lungs.

Keywords：Laser Processing；Focus Positioning；Focus Following；Plasma Radiation

1. 作品概述

1.1 作品背景

1.1.1 行业背景

强激光凭借其多种优良的性能，被广泛应用于特种加工行业。以传统机械加工难以完成的轴承钢加工为例，强激光加工可以显著降低加工难度、提高加工效率。随着"无人化工厂""工业物联网"等制造业改革浪潮的到来，未来激光加工的应用范围将会继续扩大，并朝着全自动化、物联网化方向发展。

随着社会发展，市场及客户对强激光加工的精度要求越来越高。因此，首先需要在激光加工前初始化，完成精准地寻找焦点的操作（简称"定焦"）；其次在激光加工过程中，要保证待加工面高度跟随激光焦点（简称"随焦"）。"定焦"和"随焦"被合称为"寻焦"。当加工对象为不规则曲面，甚至有台阶状样貌时，寻焦方案的反馈机制必须具有非常好的实时性。

1.1.2　行业概况

关于激光定焦技术，现有的方法有 CCD 图像检测法、刀口检测法、金属探针法等。然而，CCD 器件、刀刃口、探针等会被高能量密度的激光烧蚀损伤，而且考虑到强激光设备具有的单色性、最低出光阈值、热透镜效应等特性，不可能在强激光光路中添加高倍衰减片来实现精准定焦测量的目的，因此上述方法均不适用于精准定焦平均功率 10 W 以上的强激光。目前，在激光加工行业内，普遍依靠熟练工人的操作经验，凭肉眼观察强激光在靶材上的烧蚀效果来确定焦点位置。

关于激光随焦技术，经市场调研知，行业内现采用的是工作原理是测距法，即基于测距法，保持激光设备出光口到待加工面的距离始终等于初始化时的定焦距离。常见的有"电容感应测距法"或"激光三角测距法"，控制待加工面与强激光之间焦点跟随。电容测距不适合不规则曲面，且有效测量距离太短而导致烧蚀喷发物对激光镜污染严重。激光三角测距法需要安装昂贵的系统，且不能兼顾测距量程与精度，性价比极低。特别需要指出的是，这些位移传感随焦方案是基于一个理想化前提条件的：加工前工人观察法所得的焦平面距离不会在加工过程中发生改变。然而由于热透镜效应和机械系统误差积累等原因，实际中该距离一定会随着加工时间发生偏移。因此位移传感测距法的工作原理，限制了它的有效工作时长，即它不可能长时间地保证随焦加工的精度。

此外，普通单片机系统受限于计算能力的影响，无法在捕捉焦点后立即完成精准位置控制，需要依托更大算力的硬件系统。

1.2　作品功能

为解决上述问题，同时顺应工业改革潮流，团队拟设计一款具备远程控制、网络化通信、全自动作业、随焦加工等功能的强激光自动寻焦及其焦点随动系统。该系统具有操作简单、人机交互友好、定焦精度高、随焦效果好等优良性能。远程控制功能，可以避免操作者受强激光环境的影响。全自动化加工、网络化通信功能，能够紧跟时代步伐，顺应工业改革潮流。随焦加工，有效解决行业内强激光寻焦难题。

1.3　作品方案

采用瑞萨 RZ/A2M 为主控芯片，发挥其强大的计算能力和通信能力，结合团队自主设计的紫外辐射寻焦方案，本团队设计了一款强激光自动寻焦及其焦点随动系统。

自动寻焦、随焦加工功能是基于紫外辐射寻焦方案进行设计的。采用团队自主研发的氮化镓紫外光电传感器模块收集强激光束数据，计算确定焦点，同时控制三维电动位移台使得加工点始终处在焦点瑞利距离以内，达到目的。

远程控制、网络通信功能，采用 LabVIEW 设计的上位机为操作界面，采用 RZ/A2M 摄像头模组获取加工画面，氮化镓紫外光电传感器收集寻焦数据，通过无线蓝牙，在加工系统与上位机之间建立通信关系，达到远程控制。

2. 作品设计与实现

2.1 系统方案

系统工序可以划分为定焦、随焦、监控过程。随焦加工之前需要先捕捉焦点，即定焦。监控过程独立于定焦、随焦过程，以便于时刻反馈定焦、随焦两个工序是否正常。系统简易流程图如图 1 所示。

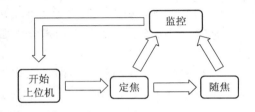

图 1 系统简易流程图

2.1.1 定焦流程

定焦工序需要在 RZ/A2M 主控芯片控制加工平台实现。上位机通过蓝牙发出启动指令，RZ/A2M 接收到指令后，控制加工平台运转。在工件不同点，以不同的高度，控制强激光烧蚀金属靶材，并采用紫外光电传感器对紫外辐射强度进行记录。当强激光束的焦点烧蚀金属工件时，产生的紫外辐射强度最高。记录不同高度测量到的紫外辐射强度值，找出紫外辐射强度的峰值点，即可确定焦点位置。定焦流程图如图 2 所示。

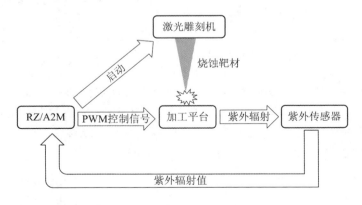

图 2 定焦流程图

2.1.2 随焦流程

随焦过程需要定焦过程得到的焦点位置。依据该焦点位置，在强激光束切刻焊金属工件时，调整 Z 轴平移台的位置。由于存在热透镜效应，即激光穿过扩束镜场镜等激光源处的镜头时，强激光束的焦点会发生些许偏移。除参考定焦过程得到的焦点位置之外，还需要随时测量紫外辐射量进行计算，以便于修正焦点位置。

　　在控制过程中，焦点位置的修正量由紫外传感器收集到的紫外辐射信号得到。控制加工平台移动距离反馈量由光栅尺位移传感器测量得到。随焦流程图如图 3 所示。

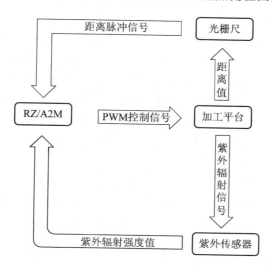

图 3　随焦流程图

2.1.3　监控流程

　　监控流程，将通过传感器、摄像头收集到的寻焦状态信息和加工画面通过蓝牙、以太网－Wi-Fi 等路径发送给上位机，以便于操作者可以及时获取仪器运行状态，做出反馈。监控流程图如图 4 所示。

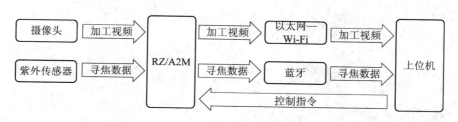

图 4　监控流程图

2.2　实现原理

2.2.1　定焦原理

　　金属靶材被强激光照射时，会因局部高温产生等离子体紫外辐射。等离子体温度越高，辐射谱中紫外光能占比越高。用第三代宽禁带半导体制作的光电传感器可以实现日盲效果，可以只对高温阶段的紫外辐射响应，无长拖尾且不容易出现响应饱和现象，更适合于强激光定焦需求。因此，团队选用了宽禁带半导体制作的光电二极管作为光电传感器。

　　强激光束切割工件时，会产生紫外辐射，通过紫外光电传感器测量辐射信号值，控制 Z 轴升降台移动，测量并记录不同位置下的辐射信号强度，最后可以拟合得到辐射信号强

度与高度 h 之间的关系曲线，在某一高度点测到的紫外辐射强度最大，该点所即为强激光束焦点。

当使用强激光束切刻焊工件时，只需要控制工件的被加工点与强激光束焦点的重合，即可得到较高的加工精度。

2.2.2 随焦原理

工件加工点的高度值，受限于工件表面的光滑程度以及强激光切刻焊的深度，具有很大的随机性。定焦原理的基本思路是负反馈调节，以离焦量作为系统输入，平移台移动量作为系统输出。但是在实际应用中我们发现，光栅尺只能输出平移台位置，当焦点受外界扰动发生变化时，光栅尺无法检测。而传感器只能检测到发生了偏移，不能检测偏移方向。基于上述现实情况，随焦的方法必须做出一点改变。每次随焦监测数据时，先让平移台向某一方向移动一个步长，再根据数据变化，判断随焦方向。

2.3 设计计算

微米级定焦的目的是找到高斯激光的焦点，为后续寻焦过程定下基准点。整体流程为：Z 轴平台上升固定步长，激光器发出相同条件脉冲，传感器采集脉冲数据，根据脉冲数据确定焦点。定焦过程中主要的算法思路如下。

1）建立时间与强度关系的算法

激光器输出时间长度相同的脉冲后，传感器会接收到紫外光，光强不同传感器输出数据不同。在一次脉冲时间内，辐射紫外光强度与时间关系近似满足开口向下的二次函数，如图 5 所示。

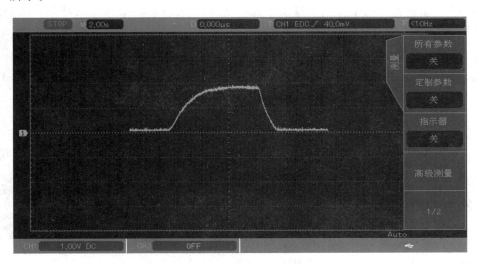

图 5　单次脉冲下紫外辐射强度随时间变化图

而加工平面与焦点的距离（下文中称离焦距）会影响紫外辐射强度，距离越远，紫外辐射强度越弱，曲线峰值越小，曲线下面积越小。因此，我们可以建立离焦距与紫外辐射强度的关系，进而寻找到焦点（即离焦距等于零时，加工平面与焦点重合）。事实上，这种方法也有物理学意义。紫外辐射强度对时间的积分就是单位脉冲内等离子体对外辐射的能量大小。

　　实际应用中我们发现，曲线上升斜率很大且拖尾非常严重。因此，积分上下限的确定非常重要。上限过早会导致无用数据过多，浪费积分区域；下限过晚会导致积分后整体数据过大，影响焦点判断。具体的解决思路如图 6 所示。

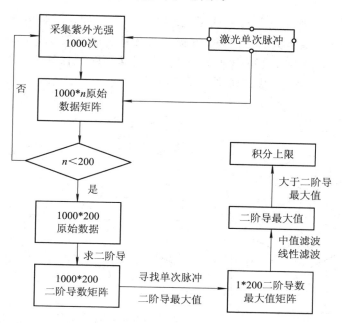

图 6　积分算法流程图

　　已知紫外辐射强度不可以跳变，且其后一刻的数值受前一刻数值制约。因此，紫外辐射强度一阶导数的零点对应强度最大点，二阶导最大值出现意味着强度值开始剧烈上升，也就是最佳的积分上限。在上述算法中，一旦出现椒盐噪声，就会导致二阶导数最大值提前出现，这会极大影响积分上限的确定，因此需要挑选合适的滤波算法。中值滤波与惯性滤波算法可以很好地满足系统需求。

　　中值滤波主要用于去除椒盐噪声，该算法思路为对一个数字信号序列 x_j（$-\infty < j < \infty$）进行滤波处理时，首先要定义一个长度为奇数的 L 长窗口，$L = 2N+1$，N 为正整数。设在某一个时刻，窗口内的信号样本为 $x(i-N)$，$\cdots$，$x(i)$，$\cdots$，$x(i+N)$，其中 $x(i)$ 为位于窗口中心的信号样本值。对这 L 个信号样本值按从小到大的顺序排列，其中值在 i 处的样值便定义为中值滤波的输出值：

$$y(i) = \mathrm{Med}[x(i-N), \cdots, x(i), \cdots, x(i+N)] \tag{1}$$

　　惯性滤波可以滤去随机干扰信号，其本质为使用程序模拟 RC 低通滤波器功能。算法公式如（2）所示。

$$Y(n) = \alpha X(n) + (1-\alpha)Y(n-1) \tag{2}$$

　　2）去除背景噪声的算法

　　在多次长时间加工后，加工车间内的环境温度、加工钢材温度都会上升，而温度会影响等离子体对外辐射的紫外光强度，进而影响传感器数据导致定焦不准确。此外，环境光（能引起非本征吸收）也会干扰传感器数据。因此，在处理数据前，需要减去上述无关变量带来的影响。

　　具体方法为，让传感器探头处于正常工作环境下，检测此时传感器数据，以 100 次数据为一周期，取 20 组，分别计算每组平均值与 20 组平均值的中值，以此作为漏电流值。

　　3）随焦算法

　　在加工过程中，被加工的靶材往往不是绝对平整的平面，例如钢材表面受到锈蚀/摩擦/划损后会出现几十微米级别的刻痕。在激光加工中，这种微小的刻痕会导致离焦距发生变化，导致出现"虚刻"的现象。因此，持续加工时必须时刻保证焦点始终与靶材平面重合，实时调整离焦距，随焦程序逻辑图如图 7 所示。

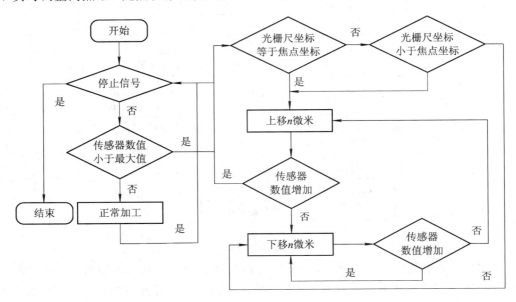

图 7　随焦程序逻辑图

　　上述程序中，为了保证系统随焦的实时性，对于位移的大小必须随外界条件发生变化。我们将光栅尺与传感器的当前值作为并行 PID 负反馈控制算法的输入，焦点的位置与传感器最大值作为控制算法的期待值。通过调节参数，可以保证系统的实时性鲁棒性。控制算法为：

$$F_{(K)} = \alpha f_{(K\_MEASURE)} + (1-\alpha) f_{(K\_ADC)} \tag{3}$$

式中，$f_{K\_MEASURE}$ 为光栅尺 PID 控制输出，具体如下：

$$f_{(K\_MEASURE)} = K_P e(k) + K_I \sum_{n=0}^{k} e(n) + K_D (e(k) - e(k-1)) \tag{4}$$

式中，K_P、K_I、K_D 为光栅是 PID 参数，$e(k)$ 为当前离焦距的差值。

　　由于 ADC 采集数据量大、速度快，我们使用最小二乘法进行函数拟合，并将拟合后的函数作为控制变量写入程序，具体如下：

$$f_{(K\_ADC)} = K_P \left(\text{err}(t) + \frac{1}{T_I} \int \text{err}(t) \, dt + \frac{T_D \, \text{derr}(t)}{dt} \right) \tag{5}$$

式中，K_P、T_I、T_D 是取值为 ADC 传感器返回值的 PID 参数，$f_{(K\_ADC)}$ 为 ADC 控制输出。

2.4　硬件设计

系统以 RZ/A2M 为主控芯片，需要使用 MIPI 摄像头模块、PWM 输出、ADC 通道、输入捕获、串口和以太网模块。系统按照使用的硬件资源以及要达成的功能可划分为信息采集模块、控制模块、通信模块三个模块。系统整体模块图如图 8 所示。

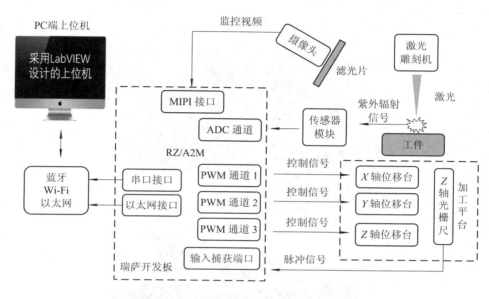

图 8　系统模块图

2.4.1　信息采集模块

信息采集模块由传感器模块与摄像头模组两个模块组成。

（1）传感器模块（见图 9），即氮化镓紫外光电传感器，用来收集强激光束烧蚀工件时产生的等离子紫外辐射信号。该模块采用宽禁带半导体制作的光电二极管为敏感元件，将紫外辐射信号转化为电压信号。模块将该电压信号进行放大，通过 ADC 端口输入给 RZ/A2M 芯片进行滤波，再计算出焦点位置。

（2）摄像头模组，即 RZ/A2M 开发套件自带的摄像头模组。该模组负责采集加工视频，通过 MIPI 接口将视频信息传递给 RZ/A2M。

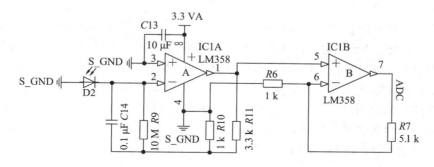

图 9　传感器模块电路图

2.4.2 控制模块

加工平台主要由 X、Y、Z 轴三个方向的高精度位移台以及用于反馈 Z 轴高度的光栅尺组成，图 10 为其连接关系示意图，图 11 为加工平台实物。

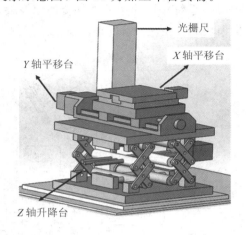

图 10　加工平台三维模型

图 11　加工平台实物图

三个方向上的位移台均由步进电机驱动。其中，X、Y 轴两个方向上的位移台由操作者根据摄像头拍摄到的画面或者要切割的图形分别控制 X、Y 轴两个方向上的平移台移动。

Z 轴方向上的升降台，控制强激光源与加工平台的垂直距离，为完成寻焦功能的核心组件之一。该升降台为闭环控制，并且反馈信号有两个。第一反馈信号为传感器模块测到的紫外辐射含量，以强激光束焦点烧蚀金属时产生的最大紫外辐射量为焦点与加工点重合的标志，依据该标志调节被加工工件的高度，保证工件始终由强激光束焦点加工。第二反馈信号为光栅尺输出信号，光栅尺会反馈 Z 轴升降台的移动位置，对比理论上的焦点位置，对 Z 轴的升降高度做出修正。

反馈信号会根据加工材料的不同，赋予不同的权重。

2.4.3 通信模块

通信模块由上位机、无线蓝牙、以太网—Wi-Fi 三个部分组成。

（1）上位机部分由 LabVIEW 设计，兼具蓝牙串口收发，Wi-Fi 连接功能。操作者可通过操作上位机，通过蓝牙发送启动或者停止指令远程控制仪器运转。同时通过蓝牙接收处理过后的寻焦数据，通过 Wi-Fi 接收摄像头收集到的加工视频。

（2）无线蓝牙部分，采用 HC05 蓝牙连接 RZ/A2M 的串口端口，用以发射寻焦数据和接收上位机指令。

（3）以太网—Wi-Fi，通过 RZ/A2M 的以太网端口连接路由器设置 Wi-Fi。上位机通过连接此 Wi-Fi 信号接收摄像头模块采集到的加工画面。

3. 作品测试与分析

3.1 数据采集测试

采用紫外光电传感器采集紫外辐射信号。初始阶段采用 GUVA – S12SD 型号紫外光电传感器，多次测试发现，该型号传感器必须安装在距离激光工作点 3～5 mm 处，才能采集到紫外辐射信号。在寻焦过程中，由于传感器的光窗易被金属蒸汽覆盖，采集数据信号在无其他情况干扰下仍然会出现采集的信号数据值显著降低的问题，如图 12 所示，在经过 100 个采样点后，采集到的紫外辐射信号会降低 100 mV 左右。

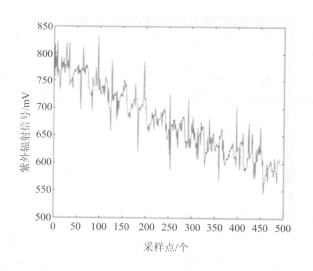

图 12　GUVA-S12SD 紫外传感器采集数据值

实验证明该型号紫外光电传感器误差较大且使用寿命短。在以同样测试方法测试多种型号紫外光电传感器后，型号为 LTK-G3535SGH 的传感器效果最为明显，在距离激光工作点 4～5 cm 处即可采集到明显的紫外辐射信号值。且由于距离较远，传感器光窗不会被金属蒸汽污染，受激光加工热辐射影响小，数据受干扰小，明显优于其他类型传感器。如图 13 所示为该型号传感器采集的一次加工过程的数据，明显优于图 12 数据。

因此，本系统最终选用 LTK-G3535SGH 型号的紫外光电传感器采集数据。

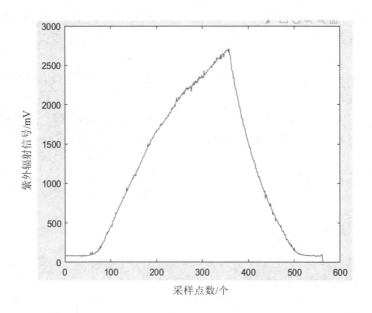

图13 LTPL-G35UVSRH型号紫外传感器采集数值

3.2 定焦测试

为测试定焦模块的有效性与所确定的焦平面位置的精确性。将激光雕刻机作为研究对象，设计了如下实验。

测试使用304不锈钢靶材作为激光加工材料，用光纤光谱仪测得其在紫外波段辐射强度值，如图14所示，利用已选型的紫外光电传感器测得304不锈钢在激光激光时采集到的数据如图13所示。

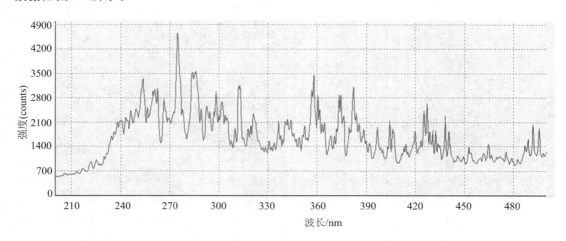

图14 不锈钢激光烧蚀紫外波段辐射强度

测试证明，304不锈钢在激光烧蚀时的紫外辐射值明显，因此后文测试都是基于304不锈钢靶材进行的。

以激光雕刻机为研究对象，具体的定焦测试方案如下：

（1）瑞萨作为控制器控制 Y 轴的电动平移台平移一定步长，并发给激光雕刻机一个触发信号，控制激光雕刻机发射一组激光脉冲序列烧蚀金属靶材，产生一个等离子体辐射脉冲，其紫外分量经紫外光电传感器采集、放大并模数转换。

（2）在控制器中基于滤波算法对上述脉冲信号进行处理，为了消除背景噪声和温漂误差，用该峰值减去背景噪声平均值，二者之差作为本步骤测量结果保存。

（3）控制电动升降台向下移动一个步长，同时光栅尺位移传感器将实际升降位置信息反馈至控制器，重复以上步骤直至第二步所得测量结果近似为零。实验测得 12 个数据点并用三次样条法拟合，得到曲线顶点的横坐标为 666 μm，视作焦点在 Z 轴上的坐标。

为了证明该定焦方法的有效性与精确性，用 OLS4100 共聚焦显微镜检测各条烧蚀痕迹的深度。烧蚀痕迹在显微镜下的典型形貌及其深度测量方式，如图 15 所示。鉴于每条烧蚀痕是由一系列的激光烧蚀坑叠加组成，所以在每条烧蚀痕内取 5 个烧蚀坑深求平均值，实验中采用这两种方法所测得的焦点位置彼此相差小于 24 μm。两种定焦方法对比下证明了基于紫外光电辐射的强激光定焦方法的有效性以及该方法下所确定焦平面的精确性。

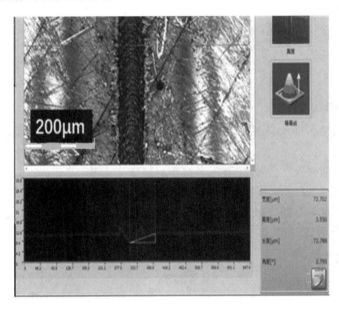

图 15　用共聚焦显微镜测量激光烧蚀深度

3.3　随焦测试

3.3.1　随焦可行性测试

为了测试在定焦完成后，激光焦点判断是否达到系统的随焦要求，设计如下实验。

用 304 不锈钢作为金属靶材，所测激光波长为 1064 nm，激光连续加工。为测试方便，激光加工图案设定为一条直线。首先电动升降台已经明确通过定焦过程，移动到激光的焦平面处，开始加工。在加工过程中，人工手动摇动激光的升降台（摇动幅度为 ±3 mm），来模拟在真实加工过程中加工平面不平整，外界干扰下加工平面发生略微倾斜等情况。随焦测试过程中传感器采集数据如图 16 所示，由于模拟的外界干扰，信号值大幅度下降，下降沿有较大抖动是由人工模拟干扰造成的，系统判断信号值偏离设定的阈值范围内，电动升降台不断调整位置，在 200 个采集点范围内修正到激光焦点位置处。此次测试证明了随焦方法的可行性，能在扰动± 3 mm 范围内快速修正到紫外信号幅值处。

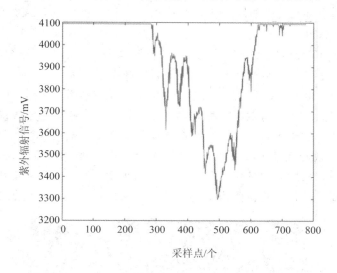

图 16　随焦过程采样点值

3.3.2　随焦精确度测试

为了证明随焦是否能到达精确的焦平面处，是否能达到高精度的要求，设计了如下测试方案。

在定焦完成的前提下，分别加工两个材质，尺寸完全相同，但表面粗糙度不同的靶材，如图 17 所示。靶材 a 表面有一凹槽，凹槽深度为 2 mm。激光连续加工，电动平移台以相同恒定速率平移，加工一条直线，观察直线的烧蚀深度是否均匀，从而达到测试目的。

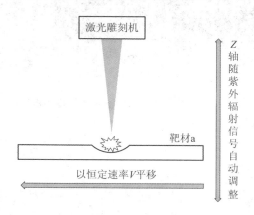

图 17　靶材 a 随焦测试示意图

测试完成后，对比靶材 a 加工出的直线的粗细均匀程度以及烧蚀深度。观察靶材上所加工出的直线均匀粗细，对此不同表面粗糙度加工的直线在激光下的烧蚀深度（基本处于 4 μm 深度处）。结果证明该系统下加工不同表面粗糙度的靶材都能到达精确的焦平面位置处，达到了高精度的目的。

3.3.3　随焦实时性测试

为测试随焦过程中系统在随机的离焦量下能否实时地调整到焦平面，将激光雕刻机作为研究对象，设计如下实验：

首先电动升降台已经通过定焦过程，移动到激光的焦平面处，激光连续加工，在加工过程中，人工手动摇动激光的升降台（摇动幅度为±2 mm），来模拟在真实加工过程中加工平面不平整，外界干扰下加工平面发生倾斜等情况，为保证数据的可靠性，共计进行 500次测试，并统计其调整时长并计算其均值，发现调整时长在 1 ms 左右，满足随焦所要求的实时性要求。通过统计每次调整所得到的紫外辐射信号值，发现在进行了 450 次实验后，测得的紫外辐射信号最值相比初次采集的信号降低了 5～10 mV，损耗率为 0.12％～0.24％，属于正常损耗范围。

3.3.4　用户界面测试

用户界面设计如图 18 所示。监控视频可以实时呈现在用户界面。

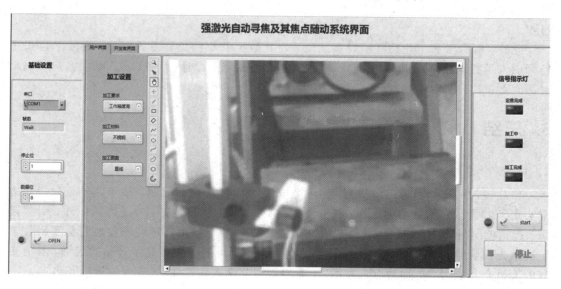

图 18　用户界面上看到的监控视频

4.　创新性说明

本系统的创新体现在以下三点：

1）基于紫外原理实现寻焦

现有主流的激光寻焦方法有 CCD 图像检测法、金属探针法等，但上述方法均不适用于强激光寻焦。目前行业内对强激光寻焦只能依靠熟练工人的操作经验，即用肉眼观察寻焦的方法，大致估测焦点位置。

团队采用的基于紫外辐射的寻焦方案，在行业内属于首创。该方案不同于传统方法，以强激光烧蚀金属时产生的等离子体紫外辐射量为寻焦标准，采用准日盲特性的光电二极管检测等离子体紫外辐射量，来确定加工点是否处于强激光束的瑞利距离之内，以此确定焦点位置。

2）定焦随焦一体化实现

系统在强激光切割金属时，时刻检测紫外辐射含量，并以强激光束焦点烧蚀金属时产生的最大紫外辐射量为参考，借助反馈补偿控制算法，不断调整 Z 轴升降台的位置。控制切割平面，在整个切割过程，时刻处于强激光束焦点的瑞利距离之内。

现有的激光切割设备，只能通过先定焦再控制切割面与激光源距离不变来完成切割。该方法缺乏直接有效的反馈量，无法在切割过程中准确地调整切割平面的位置。在本系统中，随焦功能与定焦功能是基于相同硬件基础的，一体化实现，因此随焦功能的添加并无额外成本，性价比高。

3）远程控制避免工伤

系统在设计时，考虑到激光切割环境对操作者带来的影响——现场工人眼睛受紫外辐射伤害和肺部污染等伤害。相较于传统设备，本作品额外设计有远程控制系统。操作者可以在远离强激光的环境中，仅在 PC 端上位机上进行简单操作即可完成寻焦与随焦切割过程。

此外，顺应未来工业物联网发展潮流，建立数据共享网络。系统在 PC 端的上位机中特别加入了数据共享端口，支持与云端服务器相连接。并设计有手机版 APP，客户可以随时访问上位机，获取加工画面。

5. 总结

1）设计总结

作品设计的初级目标是解决行业内强激光定焦、自动化的问题。基于紫外辐射寻焦方案实现了对强激光的自动化定焦。充分发挥 RZ/A2M 的优良性能，并且团队额外设计了随焦、远程控制等功能。初级设计不仅提高了强激光的加工精度，并且有效地避免了操作者受到激光辐射的影响。采用 RZ/A2M 所做的额外设计，进一步提高了产品的级别，具有更好的人机交互能力，更加适应未来的"工业物联网""无人化作业"等工业发展改革方向。

如果时间足够，团队可以用瑞萨 RZ/A2M 系列芯片的 DRP 模块，依据焦点定位算法增加 DRP 库文件，进一步加速通过紫外辐射信号捕捉焦点位置的计算速度。

2）测试总结

经过对数据采集、定焦、随焦基本模块进行了功能测试，测试结果达到了本系统所要求的定焦基本功能，也能较精准地完成随焦要求，实现了寻焦的目的。并且完成了上位机远程控制等功能。

测试过程中，有许多类似于传感器选型、连线线材选择等问题，也有控制算法，应用于数据处理的算法选择问题，都需要重复，大量的测试，最终找寻效果最佳的器件以及最优的算法。在测试过程中，团队成员对系统中涉及到的技术细节有了更深刻的理解。

3）参赛感想

通过参加"瑞萨杯"信息前沿科技邀请赛，团队锻炼了系统编程、报告撰写、硬件调试等能力。对瑞萨 RZ/A2M 芯片的开发环境以及编程风格有所了解，如 E2studio 的图形化编程界配置界面，极大地提高了芯片初始化配置的效率，简化了编程复杂度。

　　团队曾为实现随焦功能，采用 STM32＋FPGA 的组合方案，但其制作成本以及编程设计的复杂度会加大。RZ/A2M 强大的计算能力，能够以较快的速度并行处理定焦与 Z 轴移动，配合图形化编程设计极大地精简开发环节。独特的 DRP 设计既满足复杂的计算，又能完成大量复杂的并行计算。但是不同于常见的 GPU＋CPU 的设计方案，DRP 独特的可编程逻辑模块允许开发者设计或修改 DRP 库来加速不同的应用场景，拥有极大的开发灵活性。

　　经过本次制作经历，本队提升了团队凝聚力，共同克服了困难。以控制算法为例，在解决 Z 轴控制准度的问题上，团队成员实验各种控制算法模型，尝试了多种解决方案，最终通过对紫外辐射信号进行理论建模，对步进电机做丢步误差分析，设计出了一套匹配紫外辐射信号寻焦的控制算法。

参考文献

[1]　王涛，傅戈雁，石世宏. 基于嵌入式机器视觉的激光熔覆成形熔池离焦量在线测控系统[J]. 中国激光，2015，42(03)：120 - 127.

[2]　唐霞辉. 激光加工技术的应用现状及发展趋势[J]. 金属加工(热加工)，2015(04)：16 - 19.

[3]　李萍. 固体激光器中热透镜效应的计算和测量[D]. 西安工业大学，2018.

[4]　郭晓春. 激光热透镜效应及其等效焦距测量实验设计[J]. 物理实验，2020，40(07)：11 - 15.

[5]　马国龙. 双焦点光纤激光焊接特性及熔池行为研究[D]. 哈尔滨工业大学，2017.

[6]　张明. 激光切割机焦点控制系统研究[D]. 沈阳工业大学，2015.

[7]　史志勇，周立强，张立春，等. 基于多焦点阵列的动态激光并行加工[J]. 光学学报，2020，40(10)：113 - 122.

[8]　张健，胡明勇，吕敏，等. 基于 CCD 图像处理的双波长激光聚焦点定位方法[J]. 量子电子学报，2019，36(03)：317 - 323.

[9]　张成龙，邱丽荣，王允，等. 大范围分光瞳激光差动共焦显微快速定焦方法[J]. 光学技术，2020，46(03)：310 - 315.

[10]　於维华，王允，邱丽荣，等. 基于单步驱动的激光共焦显微镜快速定焦方法[J]. 光学技术，2019，45(05)：535 - 540.

[11]　张晓，刘凯，王明娣，倪玉吉，等. 基于飞秒激光的覆铜板刻蚀工艺[J]. 光学学报，2019，39(12)：235 - 242.

[12]　李志刚. 高精度激光差动共焦超长焦距测量方法与技术研究[D]. 北京理工大学，2017.

[13]　武泽键，王会峰，丁光洲，等. 一种利用功率自适应的激光三角测距精度提高技术研究[J]. 激光杂志，2021，42(9)：1 - 11.

[14]　张晓，刘凯，王明娣，等. 基于飞秒激光的覆铜板刻蚀工艺[J]. 光学学报，2019，39(12)：235 - 242.

[15]　孔令瑞. 陶瓷材料的激光微加工技术研究[D]. 华中科技大学，2014.

[16]　MATSUMOTO N, KAWAHITO Y, NISHIMOTO K, et al. Effects of laser focusing properties on weldability in high-power fiber laser welding of thick high-strength steel plate[J]. Journal of Laser Applications，2017，29(1)：012003.

[17]　TAGLIAFERRI F, LEOPARDI G, SEMMLER U, et al. Study of the influences of laser

parameters on laser assisted machining processes[J]. Procedia CIRP, 2013, 8.

[18] WANDERA C, KUJANPAA V. Optimization of parameters for fibre laser cutting of a 10 mm stainless steel plate[J]. Proceedings of the Institution of Mechanical Engineers, Part B: Journal of Engineering Manufacture, 2011, 225(5): 641 - 649.

[19] BOCK M, BRUNNE J, TREFFER A, et al. Adaptive spiral phase elements for the generation of few-cycle vortex pulses [C]. International Quantum Electronics Conference 2013. Munich, Germany: Optica Publishing Group, 2013.

专家点评

  该作品基于瑞萨 RZ/A2M 系统板设计了面向强激光的自动寻焦系统，实现了激光加工前的精准定焦和激光加工中的快速精准随焦控制。系统的性能优良，稳定性和可靠性良好，具有实用价值。作品充分利用了瑞萨系统板的强大算力，达到了随焦的实时性，满足了激光精加工要求。还利用了瑞萨系统板的高清摄像功能和图像实时处理及通信能力，以期实现激光加工车间无人化。

作品 7　基于卷积神经网络的无接触智能食堂结账系统

作者：马朝越、胡智成、王凯雷（电子科技大学）

作品演示　　文中彩图 1　文中彩图 2　文中彩图 3　作品代码

摘　要

本系统为一个基于卷积神经网络的无接触智能食堂结账系统，具有自动识别食物并显示总金额的能力，系统采用瑞萨 DRP 技术加速图像处理速度，通过圆识别定位食物位置，通过卷积神经网络识别食物种类，并输出给 LCD 显示。该系统充分利用瑞萨 RZ/A2M R7S921053 的片上资源，较好地实现了所设计的功能。

关键词：无接触智能食堂结账；卷积神经网络；图像处理；圆识别

A Contactless Intelligent Canteen Checkout System Based on Convolution Neural Network

Author：Chaoyue MA，Zhicheng HU，Kailei WANG （University of Electronic Science and Technology of China）

Abstract

This contactless smart canteen checkout system is based on Convolutional Neural Network，with automatic recognition of food，can show the total amount of food selected. The Renesas DRP technology accelerates the speed of Image Processing，position the food through the circle recognition by Convolution Neural Network，and output to the LCD display. The work makes full use of Renesas RZ/A2M R7S921053 on-chip resources，can realize the function works well.

Keywords：Contactless Intelligent Canteen Checkout；Convolutional Neural Network；Image Processing；Circle Recognition

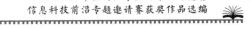

1. 作品概述

1.1 背景分析

2020年以来，新冠肺炎疫情的爆发，对突发公共卫生事件应急和疫情防控机制带来极大的考验。疫情期间，"无人超市""无人快递取件"等服务随处可见，这有效地解放了劳动力，大大减小了公共服务者们被感染的风险。而在学校食堂为饭菜计价的工作人员每天都要与很多人接触，承担着相当大的风险。而在全国范围内，食堂无人计价的运营模式鲜见，这对于公共卫生而言无疑是一大挑战。在这样的环境之下，无接触智能食堂结账系统具有一定的市场空间和现实意义。

1.2 相关工作

本作品立足于现实生活，就地取材，在附近出售单盘菜品的食堂中寻找训练的素材。并利用瑞萨高性能图像处理库（DRP库）对拍摄的素材进行处理，将处理后的图像通过串口发送给电脑进行神经网络训练，训练出的神经网络识别率高达90%。

1.3 特色描述及应用前景分析

本作品基于卷积神经网络以及瑞萨快速图像处理技术，在解放了食堂工作人员，降低了食堂的运营成本的同时，通过无接触的工作方式，大幅减小交叉感染的可能性。让来到食堂的每位顾客都能在自选餐品的同时，不用担心交叉感染问题，吃放心餐，体现了"智能化""自助化""安全化"的未来生活，符合本次瑞萨杯信息前沿专题邀请赛的选题要求。

2. 作品设计与实现

本部分介绍作品的设计与实现，主要分为系统方案、实现原理、设计计算、机械设计和搭建、软件设计与流程、功能、指标7个部分。

2.1 系统方案

本作品的系统方案如图1所示。

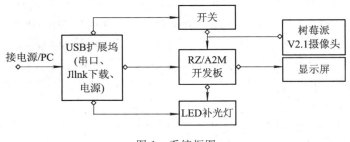

图1　系统框图

2.1.1　使用纸质食物图片代替实物

本系统采集大量实体饭菜信息比较困难，而且不容易进行演示操作，通过比较用摄像头拍摄实体饭菜和拍摄彩印后的菜品照片，我们发现两者显示出的画面几乎完全相同，所以本作品采用纸质食物图片代替实物进行神经网络样本的采集及系统测试。食物图片的获取方式详见 2.2.1 节（纸质食物图片的获取方法）。

2.1.2　基于瑞萨 RZ/A2M 开发板的图像获取与处理

作品通过树莓派 V2.1 摄像头进行图像采集。该摄像头拍摄的静态图片可以达到 3280×2464 像素，支持以下摄像功能。

（1）画面分辨率为 1920×1080，流畅度为每秒 30 帧。

（2）画面分辨率为 1280×720，流畅度为每秒 60 帧。

（3）画面分辨率为 640×480，流畅度为每秒 60 帧或 90 帧。

由于从摄像头采集到的数据为 Bayer 格式，后续需要进行图像处理才能使用。图像处理采用 RZ/A2M 开发板上的 DRP 专用硬件完成。DRP 技术可以将图像处理算法加速 10 倍以上，该技术同时结合了硬件解决方案的高性能以及 CPU 的灵活性和扩展能力，相较于使用 OpenCV 进行图像处理，内存占用率降低到十分之一以下。图像处理过程中使用的 DRP 函数包括 Simple_ISP，Bayer2RgbColorCorrection，ResizeBilinearFixed，ResizeBilinear FixedRgb，MedianBlur，CannyCalculate，CannyHysterisis，CircleFitting，CroppingRgb。

2.1.3　基于圆识别的食物定位方式

圆识别是一种相对成熟且比较稳定的一种识别方式，由于食堂中大部分盛放食物的盘子都是圆形，本作品采用先将食物图片设定为圆形，系统对图像边缘检测后识别圆的方式来定位食物的位置，同时应用了中值滤波、强边缘提取等方法降低噪声对圆识别的影响，增强圆识别的稳定性。

2.1.4　基于 TensorFlow 的神经网络设计与图像识别

TensorFlow 是由 Google Brain 团队为深度神经网络开发的功能强大的开源软件库，支持 Python 和 C++，适合用于嵌入式开发。本作品的图像识别采用经典的卷积神经网络进行识别。该神经网络的运算量与内存占用率相对较小，适合用于识别种类相对有限，特征相对明显的图像以及内存与运算能力较小的嵌入式系统中，满足当前作品的需求。在网络训练方面，采用 Python 语言。通过 eAI-Translator 翻译的方式将 Python 训练导出的模型库翻译成 C 语言并导入到 E2studio 工程中，从而加快了神经网络代码的开发速度。

2.2　实现原理

本作品的实现原理包括纸质食物图片的获取方法、食物图像定位原理、食物图像识别原理三部分。

2.2.1　纸质食物图片的获取方法

在食堂且光照充足的地方，用手机摄像头以［4∶3］1600 万像素的分辨率对目标食物进行拍摄，共选取 5 种食物，每种食物拍摄了 100 张图片，然后通过 Photoshop 软件将食物图片缩放到固定大小进行彩印。彩印后的纸张通过模具截取得到圆形食物图片。获得的圆形纸质食物图片直径均为 11 cm。模具采用 SolidWorks 设计，之后在 3D 打印机上进行打印。SolidWorks 模型斜视图与实物图如图 2、图 3 所示，中间圆的直径均为 11 cm。

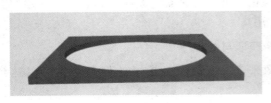 

图 2　截取圆模具 SolidWorks 模型斜视图　　　图 3　截取圆模具 SolidWorks 模型实物图

2.2.2　食物定位原理

本部分介绍食物的定位原理，由三个部分组成：图像预处理、单个圆识别、基于圆识别的食物定位。

1. 图像预处理

从摄像头传来的图像为摄像头的原始数据，为 Bayer 格式，像素大小为 1280×720。首先通过 DRP 中 Simple_ISP 函数中的 Bayer2GrayScale 将其转换为 GrayScale 格式，采集的图片如图 4(a)所示。由于 RZ/A2M 开发板 CPU 的片上 RAM 只有 4 MB，使用过程中调用了板载 HyperRAM(共 8 MB)作为 DRP 数据存放和工作区，但 1280×720 的图像格式还是太大，内存资源紧缺，所以调用 ResizeBilinearFixed 函数将图片大小缩小为原来的四分之一，即像素大小为 640×360。采集的图片具有较大的背景噪声，这些噪声会干扰后面的轮廓检测，所以需要调用 MedianBlur 函数进行中值滤波以减弱噪声的影响。滤波后采集的图片如图 4(b)所示。调用 CannayCalculate 函数对图像轮廓进行提取，结果如图 5(a)所示。从图中可以看出提取出的轮廓中有很多细小的轮廓，这些轮廓也可以认为是噪声，所以接着调用 CannyHysterisis 函数将弱轮廓噪声滤除，结果如图 5(b)所示。这时有很多多余的边缘影响检测，所以需要调整 Canny 边缘检测函数的参数，滤除弱边缘，结果如图 5(c)所示。此时再进行圆识别就能很大程度上提高准确率。

(a) Bayer2Grayscale 函数处理结果　　　　　(b) MedianBlur 函数处理结果

图 4　Bayer2GrayScale 函数与 MedianBlur 函数的处理结果

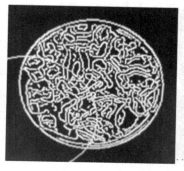 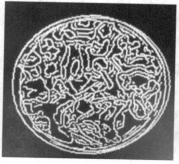 

(a) CannayCalculate 函数处理结果　　　(b) CannayHysterisis 函数处理结果　　　(c) 调整参数后的处理结果

图 5　CannayCaluate 函数与 CannayHysterisis 函数处理结果

2. 单个圆识别

在 CannayHysterisis 函数处理后的图像上进行单个圆的识别，主要通过调用 CircleFitting 函数进行识别。

与 OpenCV 中的霍夫曼圆识别不同，DRP 库函数的圆识别一次只能识别一个圆，而且识别原理也略有不同。两者同样是通过先预定圆的半径 r 的值减小计算量，霍夫曼圆检测是通过霍夫曼变换将 $x-y$ 坐标系转化为以圆心坐标为准的 $a-b$ 坐标系（假设圆心坐标为 (a,b)），由于每个轮廓点对应在 $a-b$ 坐标系中是一个圆，且同一个圆上的轮廓点在 $a-b$ 坐标系中对应的圆都交于圆心，通过判断 (a,b) 坐标系局部交点处圆的个数，取每一个局部最大值，就可以获得原图像中对应的圆形的圆心坐标 (a,b)。所以，根据阈值的不同，同一个图像中可以同时出现多个圆。

而 DRP 库函数的圆识别是先确定坐标，然后步进圆的半径，每次取圆上 48 个点并得到其整体亮度值，通过分数计算公式，即式(1)：所有点中分数最高的那个点的坐标值即为圆心坐标，对应的 r 的值即为半径值。由于该点是全局最大值，所以 DRP 圆每次只能识别一个圆。

与霍夫曼圆进行比较，从算法本身来讲，两者识别的准确度相差不大，DRP 圆识别的好处在于运算内存小、速度快，而这正是作品本身所需要的。此外，因为背景噪声的圆的分数不高，实际测试输出分数值与标准圆之间有很大差距，通过设定分数阈值可以判断是否有圆。

$$
\begin{aligned}
score = &\ |(\text{Total of brightness values of 48 points on the circumference with the center}\\
&\ \text{coordinate}(x, y) \text{ and radius}(r+step)) - \\
&\ (\text{Total of brightness values of 48 points on the circumference with the center}\\
&\ \text{coordinate}(x, y) \text{ and radius}(r-step))|
\end{aligned} \tag{1}
$$

3. 基于圆识别的食物定位

上一小节介绍的系统法只能识别一盘食物，所以需要对算法进行修改。在食物轮廓形成的圆不相互干扰的前提下，进行单个圆识别一定能识别出一盘食物，记录下该食物的位置之后，将该食物所处位置的图像进行消除（通过修改二值化轮廓图像相应位置的值为 0），然后再进行 DRP 圆识别，直到识别的圆的分数小于预定阈值为止（图中所有圆都被消除，只剩下噪声），即可得到所有食物的位置。

2.2.3 食物图像识别原理

食物图像识别通过卷积神经网络完成。神经网络的输入为图像的 RGB 数组，神经网络由三层卷积层（包括线性整流层、池化层和顶层的全连通层）组成，训练之后经过 e-AI Translator 翻译成 C 语言，导入工程中，再手动加入 Softmax 函数进行归一化，然后得到识别概率。

1. 训练样本的获取

神经网络的训练需要大量样本的支撑。在获取纸质图片后，图片即可用于代替实物，为了快速获取大量样本，设定每 3 s 左右会进行一次食物定位拍摄，然后将拍摄到的图片通过串口发送给电脑。

拍摄基于 2.2.2 节中所述的定位原理，调用 DRP 中的 Bayer2RgbColorCorrection 函数将图像转为彩色，然后调用 CroppingRgb 函数截取以食物中心为中心，像素大小为 160×160 的图片，再调用 ResizeBilinearFixedRgb 函数将图片缩小为像素大小为 40×40 的图片，再将此时的图片通过串口发送给电脑。在电脑端先使用 Matlab 对接收的数据按照 40×40×3 为一组的方式分割为 n 个 txt 文件，再使用 Python 将每个文件转换为 RGB 数组，之后再转换为 BMP 图片。得到的 BMP 图片如图 6 所示。在进行筛选后，第一次一共采集到了每种食物 100 张以上的图片，后面沿用此方法获取神经网络的训练样本。

图 6 九张代号为 mushroom 的食物 BMP 图片

2. 训练结果

将训练样本导入神经网络进行训练，训练过程中迭代次数与 Loss 值的关系如图 7 所示，经过 400 多次迭代后，训练得到的神经网络的准确率达到 0.987 951 8，测试样本的准确率达到了 0.987 804 9，将该神经网络导入 E2studio 的 e-AI Translator 模块进行翻译，翻译后的结果导入 E2studio 工程。

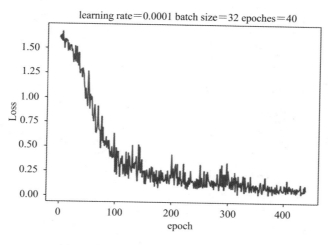

learning rate＝0.0001 batch size＝32 epoches＝40

图 7　神经网络迭代次数与 Loss 关系图

3. 翻译后神经网络的结构与资源占用

RGB 数组经 e-AI Translator 翻译为 C 语言后，神经网络结构如图 8 所示，需要注意的是翻译后的神经网络的输入顺序与 Python 中神经网络的输入顺序刚好相反。翻译后神经网络的资源占用情况如图 9 所示。

Layer Index	Function	Input Indexes	Input Size (C x W x H x D)	Parameter		Output size (C x W x H x D)
1	Input	0	3 x 40 x 40 x 1	–		–
2	Convolution	1	3 x 40 x 40 x 1	Kernel Stride Padding Output Node	: 3 x 3 x 3 x 1 : 1 x 1 x 1 x 1 : 0 x 2 x 2 x 0 : 16	16 x 40 x 40 x 1
3	ReLU	2	25600 (16 x 40 x 40 x 1)	–		25600
4	Max Pooling	3	16 x 40 x 40 x 1	Kernel Stride Padding	: 1 x 2 x 2 x 1 : 1 x 2 x 2 x 1 : 0 x 0 x 0 x 0	16 x 20 x 20 x 1
5	Convolution	4	16 x 20 x 20 x 1	Kernel Stride Padding Output Node	: 16 x 3 x 3 x 1 : 1 x 1 x 1 x 1 : 0 x 2 x 2 x 0 : 32	32 x 20 x 20 x 1
6	ReLU	5	12800 (32 x 20 x 20 x 1)	–		12800
7	Max Pooling	6	32 x 20 x 20 x 1	Kernel Stride Padding	: 1 x 2 x 2 x 1 : 1 x 2 x 2 x 1 : 0 x 0 x 0 x 0	32 x 10 x 10 x 1
8	Convolution	7	32 x 10 x 10 x 1	Kernel Stride Padding Output Node	: 32 x 3 x 3 x 1 : 1 x 1 x 1 x 1 : 0 x 2 x 2 x 0 : 64	64 x 10 x 10 x 1
9	ReLU	8	6400 (64 x 10 x 10 x 1)	–		6400
10	Max Pooling	9	64 x 10 x 10 x 1	Kernel Stride Padding	: 1 x 2 x 2 x 1 : 1 x 2 x 2 x 1 : 0 x 0 x 0 x 0	64 x 5 x 5 x 1
11	Full Connect	10	1600 (64 x 5 x 5 x 1)	Output node : 5		5
12	Output	11	5 x 1 x 1 x 1	–		–

图 8　翻译后的神经网络的结构图

Layer Information		Size Information		Speed Information
Layer No.	Layer Name	ROM(Byte)	RAM(Byte)	MAC Operations(times)
1	Input	-	19,200	
2	Convolution	1,792	123,568	691,200
3	ReLU	-	-	
4	Max Pooling		25,600	
5	Convolution	18,560	82,176	1,843,200
6	ReLU	-	-	
7	Max Pooling		12,800	
8	Convolution	73,984	44,032	1,843,200
9	ReLU	-	-	
10	Max Pooling		6,400	
11	Full Connect	32,020	20	8,000
12	Output		20	
	TOTAL	126,356	313,816	4,385,600

图 9　翻译后的神经网络的资源占用情况

2.3　设计计算

设计计算时主要要考虑内存的限制。由于片上的 RAM 只有 4 MB，而且部分内存用于存放摄像头的输入和 LCD 的输出的 buffer，剩余内存并不是十分充足。由于食物的颜色特征是区分不同食物时重要的特征，因此必须采用 RGB 图像进行处理，以提高准确率，但是采用较大像素(160×160)的 RGB 图像进行卷积运算，将会导致卷积神经网络对于 5 种食物的识别过程中的中间数据大小占用 3 MB 以上的内存空间，这对于仅有 4 MB 的片上内存而言是不可取的。所以，一方面，采用裁剪 160×160 的像素获得局部图，并且通过缩小四倍的方式来获得 40×40 的 RGB 图像，这样使得卷积神经网络所需要占用的存储空间大幅度压缩，同时又保证了识别的准确率。另一方面，调用开发板上的 HyperRAM，用于存放 DRP 处理的中间数据。同样由于内存空间限制，使用灰度图的 LCD 输出，一个像素点仅占用一个字节，而 RGB 一个像素点占用三个字节，输出灰度图相对于输出 RGB 图像会节省 66.7% 的存储空间。

2.4　机械设计和搭建

本作品的主体由铝型材构成，连接方式均为 90°直角内连接，采用螺栓连接完成，整体实物如图 10 所示。开发板的支撑通过将其脚座嵌合在顶层铝型材的槽中完成。摄像头的固定分两步完成，首先通过螺丝将摄像头固定在裁剪好的洞洞板上再将洞洞板插进开发板底下铝型材侧边的槽中，之后用脚座及螺栓固定。测试台的照明由两个 LED 灯列完成，分别插在测试台的两边的铝型材中心孔中，并且通过 USB 供电。测试台的底板由裁剪好的硬纸板构成。测试台底部的长度为 50 cm，宽度为 30 cm，高度为 50 cm。该种搭建方式便于调整开发板及摄像头的位置，从而确保摄像头的视野在测试台的中心。

(a) 俯视图

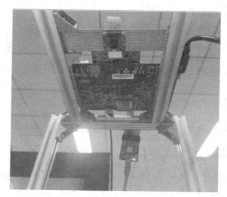
(b) 仰视图

图 10　作品实物图

2.5　软件设计与流程

本作品采用 Renesas RZ/A2M R7S921053 作为主控芯片，完成对于摄像头输入图像数据的读取，并且利用片上的 DRP 对图像进行快速处理，将处理结果的 RGB 40×40 像素图像导入由 e-AI Translator 所翻译的卷积神经网络，选用灰度图像进行显示灰度图像以及识别结果。程度流程图如图 11 所示。

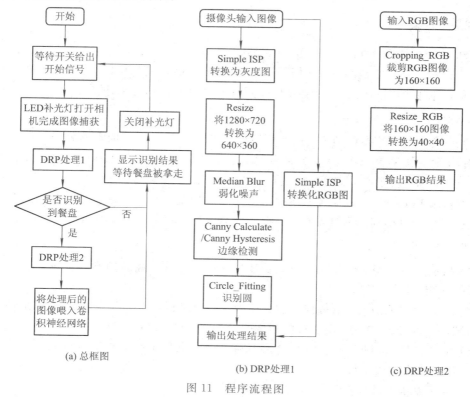

(a) 总框图

(b) DRP处理1

(c) DRP处理2

图 11　程序流程图

2.6 功能

本部分介绍作品的三个功能。

(1) 检测是否有餐盘放入。

(2) 检测到有餐盘放入时补光灯进行补光。

(3) 检测到有餐盘放入后对其中的食物进行识别并计算出总价格。

2.7 指标

本作品指标分为基本指标和发挥指标两种。

1) 基本指标

(1) 能够对一种食物进行识别且识别准确率达到90%以上。

(2) 能够一次识别不大于三个食物且识别准确率达到90%以上。

2) 发挥指标

能够一次识别不大于三个食物且识别准确率达到95%以上。

3. 作品测试与分析

本部分介绍作品测试与分析,主要分为五个部分:测试方案、测试环境搭建、测试设备、测试结果、结果分析。

3.1 测试方案

本部分介绍作品的测试方案,由测试图片样本的采集、测试流程两部分组成。由于不能将设备转移至食堂实地测试,我们采用与构建神经网络数据集时相同的方案进行测试样本的准备,得到测试图片后,随机抽取三种及以下食物图片进行测试。

1) 测试图片样本的采集

(1) 在食堂光照充足的地方,用手机摄像头以[4∶3]1600万像素的分辨率对目标食物进行拍摄,每种食物准备10份且都是由圆形盘盛放的,得到10张不同的食物图片。一共有5种食物,所以共有50张图片。

(2) 通过 Photoshop 软件将上述食物图片缩放到统一大小,然后进行彩印。彩印后的纸张通过模具截取得到圆形食物图片,纸质食物图片的直径均为 11 cm。

2) 测试流程

(1) 接通设备电源,将开发板与电脑连接,之后将程序烧录到开发板中,断开电脑与开发板的连接,开始测试。

(2) 单个食物识别测试:每种食物放在摄像头下进行识别,每种食物的10张图片依次进行测试,一共测试50次,记录每次测试的结果。

(3) 多个食物识别测试:从五种食物中随机抽取三种不同的食物进行测试,一共测试100次,记录每次测试结果。

(4) 关闭设备电源,整理设备,测试结束。

3.2　测试环境搭建

本作品测试环境为光源相对充足且均匀分布的室内，测试时仅需要作品、显示器、食物图片与电源。

现场测试图如图 12 所示，测试结果图如图 13 所示。

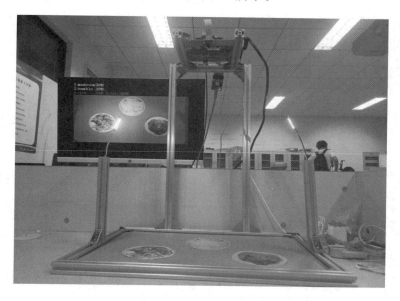

图 12　现场测试图

图 13　测试结果图

3.3 测试设备

本部分介绍作品测试过程中使用的测试设备,主要为分辨率1920×1080的显示屏。

3.4 测试结果

3.4.1 单种食物识别测试结果

表1列出了每种食物的测试次数、正确识别次数与正确率。

表1 单种食物识别测试结果

食物代号	测试次数	正确识别次数	正确率
Pork Heart	10	10	100%
Cabbage	10	9	90%
Mushroom	10	10	100%
Pumpkin	10	10	100%
Rice	10	10	100%

3.4.2 多种食物识别测试结果

表2列出了多种食物识别测试的结果。

表2 多种食物识别测试结果

测试次数	全部正确识别次数	正确率
100	96	96%

3.5 结果分析

从测试结果可以看出,作品的指标基本满足要求,但是鉴于神经网络需要大量数据支撑以及检验,以上结果仍需要进一步测试验证,后续需要进一步加大测试量与训练量以提高识别的准确率以及改善定位稳定性等。

4. 创新性说明

本作品将菜品的定位和菜品种类的识别分离开来,在菜品定位时利用灰度图像处理后得到图像的轮廓,然后利用餐盘形状为圆的特性并根据DRP圆识别算法确定出菜品的位置;菜品种类的识别是截取已知位置固定大小矩形的三通道彩色图片,将其喂入训练好的神经网络,从而得到识别结果。这样的设计有效减小了资源占用,提高了识别速度。

本作品利用了卷积神经网络,收集了大量数据进行学习,在目前5种菜品的训练下实现了较快的识别速度和较高的识别准确率(大于90%)。经过对本校食堂工作人员的工作效率进行统计,发现本作品的识别速度约为单个工作人员的2.5倍,可见该设计在学校食堂和快餐店等场所有一定的应用价值。

5. 总结

　　基于卷积神经网络的无接触智能食堂结账系统是当前生活智能化的趋势之一，结合当下的疫情，使用无接触系统可以有效避免交叉感染。作品立足于瑞萨 RZ/A2M 开发板进行设计，利用 DRP 技术有效提高了运算速度，节省了运算空间，在仅有片上 4 MB、片外 8 MB 的 RAM 空间下，完成了图像的捕捉、处理、识别与输出。

　　作品的难点有很多。如何选取合适神经网络模型是一大难点，由于各个地区、各个食堂的食物样式都不相同，且嵌入式系统的主频与内存都不高，所以采用固定数据集进行训练，然后针对所有的食物进行识别是不可能的。在这种情况下，作品采用实际拍摄的方式完成数据集的采集，结合使用者的情况，就地取样。虽然环境改变后需要重新采集样本以及训练神经网络，但是大大减小了所需要识别的食物种类。这样就可以采用尽可能简单的神经网络模型与尽可能少神经网络层完成对食物的识别，同时采集相对较少的样本也能达到较高的准确率。数据的采集是另一大难点，鉴于实际情况，选择了用纸质图片代替实物的方式进行数据采集，最后仍用开发板自身的摄像头进行采集，保证神经网络输入的环境一致。

　　作品采用圆识别的方式定位食物位置，采用共 10 层的神经网络完成了对食物种类的识别并计算出总金额，在测试过程中达到了 90% 以上的准确率，满足预期基本指标的要求，证明了该方案的有效性。

　　由于时间和精力的限制，本作品仍存在不足之处。虽然作品已经初具图像识别与解算能力，但是尚不能处理极端情况下的图像定位，图像识别的准确率也有待提高，系统的结账输出也仅限于屏幕，代码也需要优化。作品完善方向主要有两个方面：一是进一步训练模型，提高图像识别的准确率；二是完善输出，目前的系统只有开发人员可以使用，后续可以考虑使用 Qt5 开发上位机与开发板进行通信，对系统进行封装，确保使用人员能在说明书的指导下自主完成作品系统的模型训练与设置。

参考文献

［1］　CHEN J J, CHONG W N. Deep-based Ingredient Recognition for Cooking Recipe Retrieval［J］. Multimedia 2016：32 – 41.
［2］　苏国炀. 基于图像的中餐菜品分割与识别［D］. 浙江大学，2019.

专家点评

　　该作品立意清晰，功能完整，实现准确。作品充分利用了瑞萨 RZ/A2M 的特有功能：从系统处理，到 DRP 的图像加速，到 LCD 显示，很好地利用了片上及扩展 RAM 资源，较好地实现了作品的功能。

　　通过该作品，设计团队得以对卷积神经网络基于大量数据进行学习的方法，做了不错的尝试，为学生将来在该领域的进一步拓展奠定了很好的基础。

作品 8　头戴式眼动监测仪

作者：陈谷乔、陈禧、吉天义（东南大学）

作品演示　　　文中彩图 1　　　文中彩图 2　　　作品代码

摘　　要

突如其来的新冠肺炎疫情让全球部分或完全采用线上学习的方式来进行教学任务。线上学习则意味着要进行线上测试，而线上测试则必然面临监考的公平性问题。目前主流的线上监考方案是在考生的周围布置摄像头进行远程监考，辅以考试 APP 中的反作弊系统来杜绝考生作弊。该方案虽然能杜绝大部分的作弊，但依然存在着监考的视野盲区。为此，基于瑞萨电子提供的 RZ/A2M 开发板，我们设计并实现了一种头戴式眼动监测仪。该眼动仪可以实时拍摄使用者眼睛所看到的画面，且可以跟随人眼的运动而调整摄像头的拍摄方向，使得其拍摄的画面与人眼所看到的画面近乎一致。在本眼动仪的帮助下，监考员可以直接获取考生视野的画面，为监考视野盲区问题提供了一种有效的解决途径。

市面上的眼动仪大多要求被测试者坐在电脑前配合着显示器使用，且最终的眼动监测结果也只能在与眼动仪匹配的显示器上呈现。相比之下，我们所设计的头戴式眼动仪的监测结果不会受到显示器大小的限制，其使用的灵活性得到了显著的提升。此外，由于将眼动仪使用者所看到的实时画面通过摄像头采集下来，可以将其显示在任意一个或几个显示器上，因而眼动仪监测结果的呈现方式也更为丰富。

我们相信在中国推动"全民学习"的浪潮下，未来线上学习一定会成为非常重要的学习方式，线上考试也将会变得更加普遍，头戴式的眼动监测仪必将大有可为。

关键词：物流车辆；眼动识别；头戴式眼动监测仪；线上测试监考

Head-Mounted Eye Tracker

Author：Guqiao CHEN，Xi CHEN，Tianyi JI(Southeast University)

Abstract

The COVID-19 outbreak has forced education institutions around the world to adopt online learning programs to continue teaching. However, online learning means online testing, and online testing is bound to face invigilation. At present, the mainstream invigilation scheme is to place cameras around candidates for remote invigilation, supplemented by the anti-cheating system in the exam APP to eliminate cheating. Although the scheme can eliminate most of the cheating, there is still a blind spot of invigilation. To this end, we designed and implemented a head-mounted eye tracker based on the RZ/A2M development board provided by Renesas Electronics. The eye tracker can capture the real-time images before the user, and adjust the shooting direction of the camera to follow the movement of the user's eyes, so that the images it captures are nearly consistent with the images seen by the user eyes. With the help of the eye tracker designed by us, the invigilator can directly obtain the screen of the examinee's visual field, so the problem of the blind area of the invigilator's visual field can also be solved.

Compared with instrument on the market, of most which required subjects sitting in front of a computer, and the ultimate eye movement monitoring results can only be on display to match the eye tracker. The monitoring results of eye movement are not constrained by the size of the display, which significantly improved its flexibility. In addition, the real-time images seen by the eye tracker users are collected by the camera and can be displayed on one or several monitors, so the display methods of the eye tracker monitoring results are more diversified.

We believe that under the trend of promoting "Nationwide Learning" in China, online learning will certainly become a very important way of learning in the future, online examinations will become more common, and head-mounted eye movement monitors will certainly be of great potential.

Keywords：Eye Movement Recognition；Head-Mounted Eye Tracker；Online Test Invigilator

1. 作品概述

关于人眼行为的捕捉在较早的时候就被人们关注，人们通过观察人眼的行为来判断一个人的心理活动，例如，通过捕捉人眼在网页上的高频关注点来设计网页界面。眼动仪便是基于捕捉眼球行为这一技术而诞生的一类产品，目前市面上的眼动仪大多是摆放显示器下面，配合显示器来使用，目的是捕捉人眼在显示器上的关注点，属于以软件为基础的眼动测量范畴。关于以软件为基础的眼动测量，原理和技术都已经相对成熟。

本作品基于瑞萨电子提供的 RZ/A2M 开发套件，设计开发了一套头戴式的眼动监测仪。该作品可以实现如下功能：通过一个摄像头捕捉眼球的位置，用于驱动舵机带动另一个摄像头来拍摄人眼正在注视的方向，并将拍摄到的画面用显示器显示。作品的主体包括眼球图像的捕捉和用户视野的拍摄两部分。眼球图像捕捉采用了虹膜识别技术，用挂在耳侧伸出约 10 cm 的眼球图像采集摄像头来拍摄眼部图像，从而确定虹膜位置。用户视野的拍摄部分由两个舵机和另一个摄像头组成，称其为视野摄像头，两个舵机按照设计好的搭接结构分别控制该摄像头在垂直方向和水平方向的移动，实现前向拍摄的全覆盖，两个舵机根据虹膜所处的算法已经划分好的区域位置，确定转向和转速比，再通过 PWM 算法，实现移动至目标方向的动作。

不同于市面上的商用眼动仪，本作品不受空间和设备的限制。市面上的眼动仪大多要求被测试者坐在电脑前配合显示器使用，最终的眼动监测结果也只能在与眼动仪匹配的显示器上呈现，在原有显示画面的基础上标注出人眼注视的区域。相较之下，我们所设计的头戴式眼动仪使得对人眼球运动的捕捉不再受显示器大小的限制，也不局限于显示器前，灵活性得到了显著的提升。此外，由于我们将眼动仪使用者所看到的实时画面通过摄像头采集下来，可以将其显示在任意一个或几个显示器上，使得眼动仪监测结果的呈现方式更为丰富。

未来，眼动仪将在越来越多的场景中发挥重要的作用。例如，在新冠肺炎疫情的大背景下，学生们纷纷采用了线上的学习方式来完成学校的课程任务。而在其中，线上考试的监考盲区问题一直困扰着广大师生。因为眼动仪可以直接把考生视野的内容反馈到监考端，故其可从源头上完美解决这一问题。除了在教育领域，眼动仪还可以为心理学、医学等领域的研究助力：心理学研究学者可以通过眼动仪得到受试者眼球的运动情况从而推断其心理活动；渐冻症患者也可以通过眼动仪与家人医生构建起交流的桥梁。总之，随着科技的进步与发展，眼动仪也将会有更多的用武之地，其发展前景将变得更加地广阔。

2. 作品设计与实现

2.1 总述

本作品主要使用瑞萨电子公司提供的 RZ/A2M 开发板，辅以舵机、摄像头等外设进行开发。基于瑞萨所开发的强大的 DRP 库实现用户眼球运动的识别，通过眼球采集图像摄像头确定虹膜位于眼眶的相对位置来控制舵机带动视野摄像头的方向变化以实现基于眼球追踪的眼动仪功能。

2.2 系统功能

本系统实现的是基于 RZ/A2M 开发套件的眼球追踪技术。该系统中有一个拍摄方向与用户的视线同向的摄像头，称之为视野摄像头，可以获取用户看到实时景象。此摄像头所获取的画面将被无线传送到其他的设备显示器输出，可以供其他人观看，从而知道眼动仪使用者所看到的画面。

眼动仪用户的眼球实时状态被系统中的另一个摄像头捕捉，称之为眼球图像采集摄像头，并被传输到 RZ/A2M 开发板进行处理。经过系统的分析，我们确定用户眼球所观看到的方向，通过我们编写的舵机控制算法，开发板将由舵机控制的视野摄像头转向用户所看到的方向，以保证视野摄像头所拍摄到的画面与用户眼睛看到的画面一致。

2.3　硬件组成

本系统主要由 RZ/A2M 开发套件、舵机、外接摄像头以及显示器等器件组成，如图 1 所示。

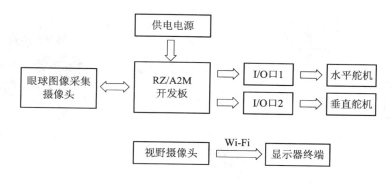

图 1　系统硬件框图

具体的部件说明如下：

（1）RZ/A2M 开发板。用于运行系统的程序，协调控制外设，进行图像数据的处理、输出等工作。

（2）眼球图像采集摄像头。用于捕捉用户眼球的图像，提供给开发板进行数据处理。本摄像头使用的是 RZ/A2M 开发套件中自带的树莓派摄像头模块。

（3）视野摄像头。用于模拟用户眼睛所看到的画面，所捕捉到的实时图像与用户所看到的眼前的真实画面几乎相同。本摄像头为无线摄像头，采集到的图像由其他设备显示。

（4）舵机。用于控制视野摄像头的拍摄方向，使得眼球的运动方向和视野摄像头的拍摄方向同步，以保证视野摄像头拍摄的画面与用户所看到的画面尽量保持一致。其中，舵机分为垂直舵机和水平舵机，分别用于控制视野摄像头拍摄方向的俯仰角度和水平角度。

（5）显示器。用于显示视野摄像头所采集到的图像。

2.4　系统工作流程及核心原理

2.4.1　系统的工作流程

系统的工作流程主要分为以下四步进行，如图 2 所示。

（1）系统通过 RZ/A2M 开发板上连接的树莓派摄像头捕获到用户眼球部位的图像。

（2）RZ/A2M 开发板对上述获取的图像用 DRP 库进行处理，识别出图像上眼眶的位置以及虹膜的位置，并得到虹膜中心点的坐标、虹膜的半径等数据。开发板通过计算得到两个舵机的转向、转速比和转动角度。

（3）开发板根据上述计算结果，通过两条控制线分别输出相应的 PWM 波信号，控制舵机旋转到特定角度，调整视野摄像头的俯仰角和水平角度，使得该摄像头拍摄到的画面与用户所看到的画面一致。

（4）视野摄像头将拍摄到的图像无线传输至显示器终端，供其他用户进行观看。

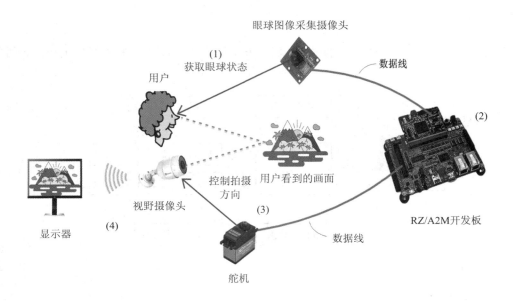

图 2　系统工作流程示意图

2.4.2　系统工作的核心原理

当人的眼睛看向不同方位的时候，虹膜在眼眶中的位置将会产生细微的变化。利用摄像头进行抓捕，以计算机的处理技术辅助，可以识别并分析这种变化，从而进一步得知眼球的运动状态。将眼球运动信息交由计算机处理，再由计算机控制舵机、电机的运动使摄像头进行三维的旋转以改变视角，从而达成协同配合眼球运动的效果。以此为基础，可以制作简易的眼动仪装置作为增强现实设备。

如图 3 所示，对于眼球位置的抓捕，主要由粗定位（眼眶定位）和细定位（虹膜识别）两部分组成。尽管不同眼眶、眼球不尽相同，但眼眶的大致形状、眼眶在面部的大致位置却基本一致。通过调节摄像头的拍摄画面，使得眼眶落入某一区域内，以此区域为基础进行搜索，完成第一步的粗定位流程。

图 3　眼球追踪的粗定位

如图 4 所示，单对于眼眶附近的人体皮肤、器官等的形状进行分析，可以发现仅有虹膜为较为规则的圆形。以此为基础，将对虹膜的识别转化为对圆形的识别，识别的效率和成功率都有一定保证。

图 4　眼球追踪的细定位

　　此外，一个单独的舵机可以实现 360°的旋转，而两个舵机联动则可以实现眼球坐标意义上的三维旋转。利用两个舵机的组合联动，可以实现摄像头的自由旋转。利用计算机分析眼球运动的模式，通过转化和控制，使控制摄像头的舵机实现协同运动，从而达到改变视角的作用。

2.5　设计指标

　　（1）本系统可以通过板载树莓派摄像头获取眼球的实时画面，并通过开发板的 DRP 库处理后识别出眼眶和虹膜。

　　（2）本系统能够在获取眼球图像后确定出虹膜位于眼眶的相对位置，即虹膜中心点在眼眶中的坐标以及半径大小。

　　（3）本系统可以通过向舵机输出 PWM 波来控制的转向。

　　（4）本系统能够根据虹膜在眼眶中的相对位置计算出舵机需要旋转的角度，并控制舵机转到相应的位置，使得视野摄像头拍摄的画面与用户眼睛所看到的画面一致。

2.6　软硬件设计与计算

2.6.1　系统的硬件设计

　　眼动仪的具体组装设计如图 5 所示。眼动仪的主体结构搭载在头套前侧，靠近额头一侧为水平舵机，其上的支架连接着垂直舵机，而垂直舵机上的支架连接的是视野摄像头。这样的设计可以保证舵机转动得更为灵活，视野摄像头画面转换的响应更加迅速，延迟更低。我们选用了航模级的舵机，体积小、转动范围广、响应速度快；视野摄像头采用的是无线摄像头，线材更少，使整体结构更加简洁，用户体验更佳。

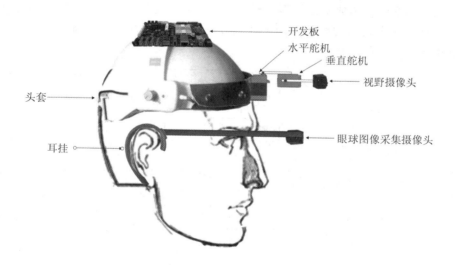

图 5　眼动仪外观设计

　　在头部的右侧我们设计了耳挂式支架，支架的尾部延伸到双目前方，用于放置眼球图像采集摄像头。耳挂式支架的设计可以使得眼动仪在保证虹膜识别的效果以及不遮挡视野摄像头的情况下，最大限度地提升眼动仪使用的便捷性。

另外，由于开发板本身的体积较大，加上我们的眼动仪为穿戴式设计，故考虑将其固定在头套之上，这样也可以缩短外设必要的排线长度，使得整个系统更为简洁。

2.6.2　系统的软件设计

1）眼球追踪的设计与计算

我们将摄像头捕捉到的图像放入直角坐标系中，以图像左上角为原点，向右、向下为 X、Y 轴正方向。根据眼眶在面部的比例应为双眼间距占面宽 40%～50% 的标准，换算至该坐标系中。我们选取两个大小相同的矩形区域作为左、右眼球的待识别区域，在该区域中进行圆形适配以匹配眼球虹膜。圆形匹配完成后，返回圆心坐标位置，以便后续处理。

2）舵机控制方案的设计与计算

为了实现摄像头向某一个角度进行偏转，我们采用两个舵机进行联动控制，通过调节舵机的占空比来定位舵机的角度。我们将摄像头的运动方向作正交分解，投影到两个坐标轴上，以此为标准来求解舵机的转动角度比，即利用摄像头偏转角度的正切值作为参考依据，求解舵机的转动角度比。

对于每一个运动的方向，我们考虑其上下界之间的关系，以左右为例，如果人眼看向极左时对应舵机转动角度的 PWM 波占空比为 a，看向极右和看向极左之间 PWM 波占空比之差为 c，目前虹膜中心距离识别区域最左端和整个横向区域长度比值为 b，那么我们设置 PWM 占空比为 $a+c\times b$。

2.7　软件流程

2.7.1　虹膜识别的算法流程

我们利用库中已有函数结合例程进行虹膜识别，首先通过摄像头捕捉眼部附近画面，再通过两次精度逐渐提高的虹膜识别来确定虹膜的位置。最后返回虹膜的中心位置坐标。虹膜识别算法流程如图 6 所示。

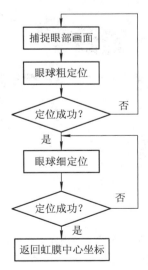

图 6　虹膜识别算法流程图

（1）利用摄像头捕捉眼部画面。

（2）尝试进行眼球粗定位。

（3）若定位成功，继续下一步，否则回到(1)。

（4）尝试进行眼球细定位。

（5）若定位成功，返回虹膜中心坐标，否则回到(4)。

2.7.2 舵机运动模式求解的算法流程

对于舵机运动的操控，首先确定虹膜中心相对眼部中心的偏移位置，然后由此得出舵机的转速比，流程如下：

（1）设置、调取各类参数。

（2）通过各类参数判断眼球中心的相对位置。

（3）按照算法求解舵机参数。

3. 作品测试与分析

3.1 总述

在本作品中，人眼图像的获取与处理以及舵机的控制是系统运转的核心步骤。系统能否正常运行、系统性能的高低等都主要取决于系统在运行这两步时的表现良好与否。因此，以下所设计的测试方案主要围绕眼动仪在人眼图像的获取及处理、舵机的控制这两个环节展开。

3.2 测试

3.2.1 眼球图像的采集及处理

在眼球图像采集和处理的过程中，能否快速准确地识别出眼眶和虹膜以及确定它们的相对位置，对眼动仪上的眼球图像采集摄像头能否快速响应眼球的运动来说是关键的因素。眼动仪识别眼眶和虹膜的速度的测试，我们将从以下两点进行考虑。

1. 眼球采集摄像头到用户眼睛的距离

眼球图像采集摄像头与人眼之间的距离对摄像头采集到的画面丰富度以及人眼图像的大小有着很大的影响。由于程序中调用了DRP库中的Circle Detection Function来确定虹膜的位置，因此摄像头所采集到的画面中的其他圆形图像对人眼的识别是有一定影响的。此外，采集到的人眼球图像的大小对识别的准确度也有着一定的影响，理论上来说，虹膜越大越容易被识别到，但也需要考虑眼眶的识别以及虹膜中心坐标的识别精度等问题。我们在测试中综合考虑这些因素，找到眼球图像采集摄像头与用户眼睛之间相对最佳的距离。

1）测试方案

按照测试环境搭建，被测试者持续目视前方，开发板通电，秒表开始计时，当显示眼睛局部画面的时候，即虹膜识别成功时，秒表停止计时，记录下虹膜成功识别所花费的时间。

2）测试设备

测试设备包括本作品、尺子、秒表、显示器。

3）测试环境

在背景较暗、面部特征较为清晰的环境下，被测试者佩戴本作品，其中眼球图像采集摄像头距离眼睛分别为 5 cm、10 cm、15 cm、20 cm、25 cm，并且外接一显示器显示虹膜识别的过程。

4）测试数据

不同距离下测试数据如表 1 所示，测试现场如图 7 所示。

表 1　不同距离下虹膜识别用时测试数据

距离/cm	虹膜成功识别所花费的时间/s
5	>10
10	5
15	2
20	1
25	>10

图 7　虹膜识别测试实验

5）结果分析

根据实验结果可知，当拍摄的眼球图像采集摄像头距离过大或者过小（对应 5 cm 和 25 cm 眼睛的距离）时，虹膜识别不能成功；当距离适中（对应 15 cm 和 20 cm）时，虹膜识别的速度比较快。在本次实验中，当眼球图像采集摄像头与人眼之间的距离为 20 cm 时，虹膜识别效果最佳。因此，在后续作品设计及其他测试中，均沿用 20 cm。

2．用户使用的环境光照情况

用户在不同的条件下使用眼动仪时，其所在的环境的光照情况一般有所不同。在不同的光照条件下，眼球图像采集摄像头所拍摄到的画面的效果也不一样。由于摄像头在拍摄到图像以后会将图像由原先的拜耳阵列（Bayer Array）转换为灰度图，而在不同的光线条件下，图像的灰度值会有所不同，进而对眼球的识别会产生影响。因此我们将在测试中找到相对较佳的光线条件使得眼球的识别速度相对最快。

1）测试方案

按照测试环境搭建，被测试者持续目视前方，开发板通电，秒表开始计时，当显示眼睛局部画面的时候，即虹膜识别成功时，秒表停止计时，记录下虹膜成功识别所花费的时间。

2）测试设备

测试设备包括本作品、秒表、显示器。

3）测试环境

在不同的光线条件下，被测试者佩戴本作品，其中眼球图像采集摄像头距离眼睛为固定值 20 cm，并且外接一显示器显示虹膜识别的过程。

4）测试数据

不同光线条件下的虹膜识别用时测试数据如表 2 所示。

表 2　不同光线条件下虹膜识别用时测试数据

光线条件/lx	虹膜成功识别所花费的时间/s
明朗的室内(500)	6
白炽灯(20)	9
夜间(0.2)	>10
夜间＋面部补光(10 000)	1

5）结果分析

实验结果表明，在相同的距离下，从虹膜识别的时间来看，"夜间＋面部补光"优于"明朗的室内"优于"白炽灯"优于"夜间"。分析该结果可知，虹膜识别效果的好坏关键在于图像中面部的特征是否清晰，以及面部以外的背景中是否有杂物。由于夜间使得背景呈现黑色，面部的补光又使得用户的面部特征更为清晰，因而在"夜间＋面部补光"的测试组中，虹膜识别的效果最佳。在比较明朗的室内或纯夜间环境下，前者面部特征清晰但背景杂乱，后者相反，因而二者的虹膜识别速度要稍慢一些，但光线明朗的测试组相对来说还是快一些。可见，面部特征清晰相较背景干净更为重要。因此我们建议使用者在使用本产品时最好处于纯色的背景下。

3.2.2　设备协同性验证实验

在眼动仪的使用过程中，为了使舵机驱动摄像头协同眼球的运动，要求舵机拥有较高的转速，转动角度上较高的灵敏度。速度、准确度共同决定了协同性的效果。

在实际测试过程中，我们发现，在不使用 PID 算法的情况下，舵机的转速较为令人满意，在正常使用中，基本可以满足协同眼球运动的需求。因此，测试的主要工作重点在不同方向的转动准确度上。

实践表明，舵机的转动角度主要由一个 PWM 波的占空比来决定，不同占空比的 PWM 波决定了不一样的舵机旋转角度。利用编程可以得到较为精确的 PWM 波的占空比。主要的问题在于，在当前算法下，视野的不同朝向下，虹膜识别稳定性无法保证，一旦算法作微小运动，舵机的运动相对于眼球的运动会放大很多，可能导致机器故障或是降低舵机运动关于眼球运动的准确性。因此，我们考虑进行如下测试。

1）测试方案

按照测试环境搭建，开发板通电，被测试者首先目视前方，待虹膜识别成功、显示器画面稳定后，被测试者开始依次注视上、右、下、左四个方位，观察摄像头的稳定程度。

2）测试设备

测试设备包括本作品、显示器。

3）测试环境

在明朗的室内，被测试者佩戴本作品，其中眼球图像采集摄像头距离眼睛为固定值20 cm，外接一显示器显示视野摄像头拍摄的画面。

4）测试数据

舵机控制稳定程度测试如表3和图8所示。

表 3 舵机控制稳定程度测试

注视方位	舵机控制摄像头稳定程度
上视	稳定
右视	较不稳定
下视	稳定
左视	较为稳定

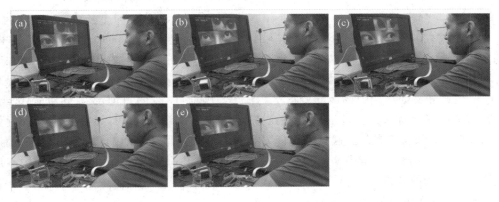

图 8 设备协同性验证实验
（a）正视；（b）上视；（c）右视；（d）下视；（e）左视

5）结果分析

从测试结果可以看出，在人眼视野的四个方位中，上视和下视是较为稳定的，准确度也最高，而左视次之，右视最为不稳定。主要原因在于虹膜识别算法对于眼球处于左右方位的捕捉准确度不高，容易出现"误判"。在大部分情况下，此设备的协同性还是有保证的。

4. 创新性说明

从作品设计上来说，第一，关于视野摄像头要实现平面内所有角度的覆盖，我们选择使用两个舵机控制该摄像头在水平方向和垂直方向的移动，构建了关于两个舵机以及视野摄像头的结构。第二，我们设计了关于舵机控制的算法。用眼球图像采集摄像头采集到的虹膜位置，两个舵机根据虹膜所处算法已经划分好的区域的位置，确定转向和转速比，再通过 PWM 算法实现移动至目标方向的动作。

　　从用户体验上来说，不同于市面上的商用眼动仪，本作品不受空间和设备的限制。市面上的眼动仪大多要求被测试者坐在电脑前配合显示器使用，最终的眼动监测结果也只能在与眼动仪匹配的显示器上呈现，在原有显示画面的基础上标注出人眼注视的区域。相较之下，我们所设计的头戴式眼动仪使得其对人眼球运动的捕捉不再局限于显示器前，灵活性得到了显著的提升。此外，由于我们将眼动仪使用者所看到的实时画面通过摄像头采集下来，可以将其显示在任意一个或几个显示器上，使得眼动仪监测结果的呈现方式更为丰富。

　　从应用场景来说，本作品有更多的可能性。最具体的是作为线上测试的监考方案，虚拟现实（VR）、增强现实（AR）也都是可以畅想的领域。另外，本作品还可以为心理学、医学等领域的研究助力。心理学研究学者可以通过本作品得到受试者眼球的运动情况从而推断其心理活动；渐冻症患者也可以通过本作品与家人、医生构建起交流的桥梁。

5. 总结

　　基于 RZ/A2M 开发板，经历了方案的设计、软硬件算法的实现到后续的测试调整这一过程，我们最终实现了头戴式眼动仪这一作品。

　　在完成作品的过程中，我们在虹膜识别、眼动仪结构框架的设计、舵机控制算法等几个方面做了主要的工作。在虹膜识别的部分中，我们基于 DRP 的虹膜识别算法，获取了眼球运动的关键信息，并且还以此开发了"区块式坐标划分"的舵机控制算法，使得视野摄像头的运动与眼球的运动同步性更佳。此外，我们还根据虹膜识别的效果对眼动仪的整体框架进行了反复的测试与调整，最终得到了最佳的结构设计。在框架设计的部分中，我们对开发板的放置位置、眼球图像采集摄像头的支架、舵机框架等进行了精心的设计，并在众多的方案中进行了多次的测试和筛选，综合考虑用户的使用体验和精度效果，最终得到了报告中所提供的设计方案。在舵机的控制算法部分，我们根据虹膜识别过程中得到的参数，综合考虑用户的体验，开发出了"区块式坐标划分"的舵机协同控制算法，使得舵机的转动幅度和精度都达到了我们设计的要求。

　　我们以线上考试监考盲区问题的解决为出发点，设计实现了头戴式的眼动检测仪，其在空间灵活性和便捷性上都相较于市面上现有的产品更有优势，解决了线上考试监考的盲区问题。除此之外，不局限于线上监考，本作品在现实的生产生活中也可以有各种其他的应用，在未来高度发达的互联网时代，其应用场景也必然更加丰富。

　　当然，我们所设计的作品也并不是完美的，在结构、算法等部分还可以继续进行优化，例如眼球图像采集摄像头还可以设计为平面镜反射的潜望式设计，使得眼动仪更为小巧精致，在虹膜识别上则需要更加精确快速的算法，这些还都需要后期的优化。

参考文献

[1]　陈金鑫，沈文忠. 基于 EL-YOLO 的虹膜图像人眼定位及分类算法[J]. 计算机工程与应用，2020：1 - 11.

[2]　陈英. 虹膜定位和识别算法的研究[D]. 吉林大学，2014.

［3］　王春，叶虎年.虹膜识别算法的研究［J］.贵州工业大学学报（自然科学版），2000(03)：48-52.

［4］　时玮.利用单片机 PWM 信号进行舵机控制［J］.今日电子，2005(10)：80-82.

［5］　黄雪梅，范强，魏修亭.舵机控制用 PWM 信号的研究与实现［J］.微计算机信息，2010，26(05)：28-30.

　　该作品利用瑞萨 RZ/A2M 微处理器和虹膜识别技术，设计开发了一套适用于在线考试的远程监考系统，完成了全自动的眼球图像捕捉和用户视野拍摄，并在远程显示器上进行实时展示，较好地实现了作品的预设功能。建议拓展测试场景，结合测试结果对设计方案进行进一步的完善与优化。

作品 9　基于 e-AI 的表情识别辅助购物满意度系统

作者：李哲、王友诚、相世杰（东南大学）

作品演示　　文中彩图 1　文中彩图 2　文中彩图 3　作品代码

摘　要

本文描述了一种基于表情识别的购物满意度辅助评价系统。购物满意度一直是商家改良产品、把握市场的重要参考，现有的购物满意度评价系统往往要求消费者主动评价，时效性不好。本作品利用表情识别检测消费者的表情，据此对消费满意度进行评估。本作品具有成本低、体积小、速度快、准确率高的特点，可以广泛灵活应用于商场等场景。本作品的创新之处在于，将嵌入式人工智能应用于购物满意度评价，相比于人工评价，有了客观性、时效性的提升，可以作为商家的重要参考。本作品可以被安装在商店的出入口处，自动售货机内部，以及店内视野开阔处，商店、餐厅等场景。

关键词：嵌入式人工智能；购物满意度辅助评价；人脸表情识别

An Assistant Evaluation System for Shopping Satisfaction Based on Facial Expression Recognition

Author：Zhe LI，Youcheng WANG，Shijie XIANG（Southeast University）

Abstract

This paper describes an assistant evaluation system for shopping satisfaction based on facial expression recognition. Shopping satisfaction has always been an important reference for merchants to improve their products and grasp market. Existing shopping satisfaction evaluation systems often requires consumers to evaluate，which has poor timeliness. This work uses facial expression recognition to detect consumers′ facial expressions，so as to evaluate consumer satisfaction. This work is characterized by low cost，small size，fast identification speed and high identification accuracy，which can be widely and flexibly applied in shopping malls and other scenes. The innovation of this work lies in the application of embedded Artificial Intelligence in shopping satisfaction evaluation. Compared with artificial evaluation，it has objectivity and improved timeliness，which can be used as an important reference for merchants. This work can be installed in the entrance and exit of the store，inside vending machine, and in the open view of the store namely，a shopping store，a restaurant and other scenes.

Keywords：Embedded Artificial Intelligence；Assistant Evaluation of Shopping Satisfaction；Facial Expression Recognition

1. 作品概述

1.1 背景分析

改革开放以来，我国社会主义市场经济得到了极大的发展。在经济发展的过程中，商家为了迎合市场，改良产品，研究了一些消费满意度调查的方法，例如，建立投诉与建议系统，设立建议箱，发放问卷调查等。在对购物满意度调查方法的调查中，我们发现，虽然有投诉与建议渠道，但是并非所有满意度不高的顾客都会提出建议，同时几乎所有满意度不高的顾客都会减少在该店的消费。因此传统的满意度调查方法存在着时效性不高、调查率不高的缺点。

人工智能高速发展，给购物满意度调查带来了新思路。嵌入式图像处理人工智能可以采集消费过程中消费者的面部图像，将之分类为 7 种表情，从而即时分析消费者的满意程度，作为商家进一步调查的重要辅助。

1.2 相关工作

本作品主要分为两大部分，表情识别模型和基于表情识别的购物满意度辅助评价系统。我们采用 Keras 框架的表情识别模型，模型由四个卷积层，三个池化层，两个全连接层组成，训练时接收 48×48 像素的灰度图片输入，输出则分为愤怒、厌恶、恐惧、开心、难过、惊讶和中性。训练数据集使用了 fer2013 人脸表情数据库，经过 50 次训练后，测试集准确率达到了 65%。

基于购物满意度的辅助评价系统使用了训练好的表情识别模型，使用 e-AI 转换器，转换为可执行的 C 语言文件。将显示屏幕分为两部分，一部分显示摄像头采集到的图像数据，另一部分显示存储在 SD 卡中的商品图片。用户盯着商品图片看时，会产生不同的表情，而表情识别模块会根据用户表情来判断其对商品的满意度。

1.3 特色描述

本作品能够相对准确地识别表情，并给出满意度评价。本作品具有主动检测顾客满意度、检测速度快、检测人数多、隐蔽性高的特点。在 Keras 框架下，使用 Python 语言搭建了基于卷积神经网络的表情识别模型。模型使用的训练集和测试集是 kaggle 的 fer2013 数据集，在测试集中达到了较高的准确度。作品应用的场景在无人售货商店、自动售货机等面向未来的购物场景，未来随着无人售货商店的增多，此技术能够发挥出更大的作用。使用满意度评价指标，可以量化地得出消费者对一件商品的满意程度，便于商家根据数据来进行商品的调整。

1.4　应用前景分析

本作品可以作为购物满意度的辅助评价系统，广泛应用于实体店内，根据商店种类不同，可以放置于出入口处、货架上、视野开阔处等位置，在第一时间提供商家满意度评价，为后续调查市场、优化产品提供方向。作品还可以应用于无人售货机，无人商店等场景，助力智能化管理，第一时间提供顾客满意度评价。

2. 作品设计与实现

2.1　系统方案

使用 RZ/A2M 单片机，搭配 Raspberry Pi V2 Camera 采集图像，使用 Sub Broad 自带的 HDMI 输出子板连接显示器。摄像头采集图像数据后送入 RZ/A2M CPU 进行处理与表情识别，再用 HDMI 输出至屏幕显示。

2.2　实现原理

本作品的主要部分是卷积神经网络的构建。下面详细讲述卷积神经网络的实现原理。

2.2.1　卷积神经网络

卷积神经网络（Convolutional Neural Network，CNN）是深度学习算法应用最成功的领域之一。卷积神经网络包括一维卷积神经网络、二维卷积神经网络以及三维卷积神经网络。一维卷积神经网络主要用于序列类数据的处理，二维卷积神经网络常应用于图像类文本的识别，三维卷积神经网络主要应用于医学图像以及视频类数据的识别。

神经网络也指人工神经网络（Artificial Neural Networks，ANNs），是一种模仿生物神经网络行为特征的算法数学模型，由神经元、节点与节点之间的连接（突触）所构成，神经元如图 1 所示。

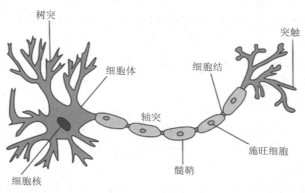

图 1　神经元

每个神经网络单元抽象出来的数学模型如下，也叫感知器，它接收多个输入（x_1，x_2，x_3，…），产生一个输出，x 为输入信号，这就好比是神经末梢感受各种外部环境的变化（外部刺激），然后产生电信号，以便于转导到神经细胞（又叫神经元）。

单个的感知器就构成了一个简单的模型（见图 2），但在现实世界中，实际的决策模型则要复杂得多，往往是由多个感知器组成的多层网络，如图 3 所示，这也是经典的神经网络模型，由输入层、隐含层、输出层构成。

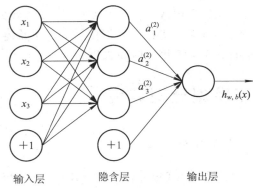

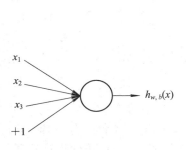

图 2　单个感知器　　　　　　　图 3　多个感知器

CNN 的基本结构包括两层，其一为特征提取层，每个神经元的输入与前一层的局部接受域相连，提取该局部的特征。一旦该局部特征被提取后，它与其他特征间的位置关系也随之确定下来。其二是特征映射层，网络的每个计算层由多个特征映射组成，每个特征映射是一个平面，平面上所有神经元的权值相等。特征映射结构采用影响函数核小的 Sigmoid 函数作为卷积网络的激活函数，使得特征映射具有位移不变性。此外，由于一个映射面上的神经元共享权值，因而减少了网络自由参数的个数。卷积神经网络中的每一个卷积层都紧跟着一个用来求局部平均与二次提取的计算层，这种特有的两次特征提取结构减小了特征分辨率。

CNN 主要用来识别位移、缩放及其他形式扭曲不变性的二维图形，该部分功能主要由池化层实现。由于 CNN 的特征检测层通过训练数据进行学习，所以在使用 CNN 时，避免了显式的特征抽取，而隐式地从训练数据中进行学习；再者由于同一特征映射面上的神经元权值相同，因此网络可以并行学习，这也是卷积网络相对于神经元彼此相连网络的一大优势。卷积神经网络以其局部权值共享的特殊结构在语音识别和图像处理方面有着独特的优越性，其布局更接近于实际的生物神经网络，权值共享降低了网络的复杂性，特别是多维输入向量的图像可以直接输入网络这一特点避免了特征提取和分类过程中数据重建的复杂度。

2.2.2　图像输入

如果采用经典的神经网络模型，则需要读取整幅图像作为神经网络模型的输入（即全连接的方式，见图 4（a）），当图像的尺寸越大时，其连接的参数越多，从而导致计算量非常大。

而我们人类对外界的认知一般是从局部到全局，即先对局部有感知的认识，再逐步对全体有认知，这是人类的认识模式。在图像中的空间联系也是类似，局部范围内的像素之间联系较为紧密，而距离较远的像素则相关性较弱。因而，每个神经元其实没有必要对全局图像进行感知，只需要对局部进行感知，然后在更高层将局部的信息综合起来就得到了全局的信息。这种模式就是卷积神经网络中降低参数数目的重要神器，即采用局部连接模式的局部感受野（见图 4(b)）。

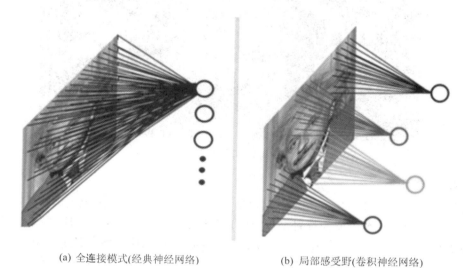

(a) 全连接模式(经典神经网络)　　　　　(b) 局部感受野(卷积神经网络)

图 4　全连接模式与局部连接模式

2.2.3　特征提取

如果字母 X、字母 O 是固定不变的，那么最简单的方式就是将图像之间的像素一一比对。但在现实生活中，字体都有形态上的变化（如手写文字识别），例如平移、缩放、旋转、微变形等等，如图 5 所示。

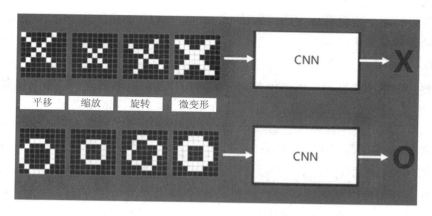

图 5　特征提取

CNN 对一小块一小块像素进行比对，在两幅图像中大致相同的位置找到一些粗糙的特征(小块图像)进行匹配，相比起传统的整幅图逐一比对的方式，CNN 的这种小块匹配方式能够更好地比较两幅图像之间的相似性，如图 6 所示。

特征提取包括卷积、池化、激活函数。

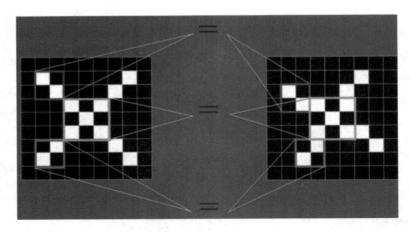

图 6　小块匹配

2.2.4　卷积层

当给定一张新图时，CNN 并不能准确地知道这些特征到底匹配原图的哪些部分，所以它会在原图中把每一个可能的位置都进行尝试，相当于把这个 feature（特征）变成了一个过滤器。这个用来匹配的过程就被称为卷积操作，这也是卷积神经网络名字的由来。

要计算一个 feature（特征）和其在原图上对应的某一小块的结果，只需将两个小块内对应位置的像素值进行乘法运算，然后将整个小块内乘法运算的结果累加起来，最后再除以小块内像素点总个数即可。

2.2.5　池化层

为了有效地减少计算量，CNN 使用的另一个有效的工具被称为池化（Pooling）。池化就是将输入图像缩小，减少像素信息，只保留重要信息。

池化的操作也很简单，通常情况下，池化区域是 2×2 大小，然后按一定规则转换成相应的值，例如取这个池化区域内的最大值（max-pooling）、平均值（mean-pooling）等，以这个值作为结果的像素值。

2.2.6　全连接层

全连接层在整个卷积神经网络中起到分类器的作用，即通过卷积、激活函数、池化等深度网络后，再经过全连接层对结果进行识别分类。由于神经网络是属于监督学习，在模型训练时，根据训练样本对模型进行训练，从而得到全连接层的权重（如预测字母 X 的所有连接的权重）。全连接层也可以有多个。

2.2.6　CNN 总结

以上所有结构连接起来后，就形成了一个卷积神经网络结构。卷积网络在本质上是一种输入到输出的映射，它能够学习大量的输入与输出之间的映射关系，而不需要任何输入和输出之间的精确的数学表达式，只要用已知的模式对卷积网络加以训练，网络就具有输入输出对之间的映射能力。

2.3　设计计算

在多次尝试了不同的模型并不断调整之后，最终的模型结构如表 1 所示。

表 1　卷积神经网络层级

种类	核	步长	填充	输出	丢弃
输入				48 * 48 * 1	
卷积层 1	1 * 1	1		48 * 48 * 32	
卷积层 2	5 * 5	1	2	48 * 48 * 32	
池化层 1	3 * 3	2		23 * 23 * 32	
卷积层 3	3 * 3	1	1	23 * 23 * 32	
池化层 2	3 * 3	2		11 * 11 * 32	
卷积层 4	5 * 5	1	2	11 * 11 * 64	
池化层 3	3 * 3			5 * 5 * 64	
全连接层 1				1 * 1 * 2048	50%
全连接层 2				1 * 1 * 1024	50%
输出				1 * 1 * 7	

2.4　硬件框图

　　图 7 是 CPU Board 的框图，MIPI 接口连接 Raspberry Pi V2 Camera，下方的金手指（金黄色的导电触片）连接 Sub Borad。

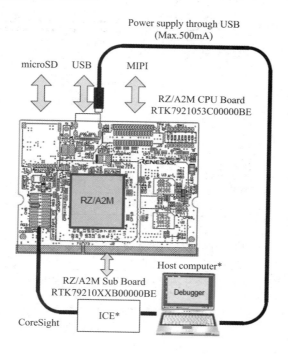

图 7　CPU Board

　　图 8 是 Sub Broad 的框图，上方金手指连接 CPU Broad，VDC6 连接 HDMI 扩展板，CPU 将要显示的图像传输到子板后，子板再将图像传输到 HDMI 扩展板。

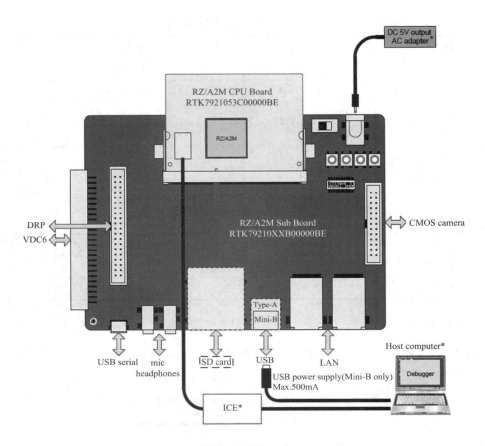

图 8　Sub Broad

2.5　软件流程

软件流程如图 9 所示。

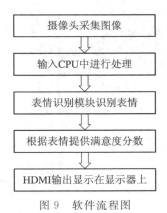

图 9　软件流程图

2.6　功能指标

本方法可以提高表情识别分类器在空间上对局部位移和轻微形变的鲁棒性，可以有效提高表情识别系统分类的准确率。表情识别准确率如表 2 所示，本作品最终采用模型 3，由表可见最终模型在测试集上的准确度为 70.2%。

表 2　表情识别准确率

模型	模型 1	模型 2	模型 3	模型 4
处理前的准确率（/%）	65.5	62.3	68.4	67.37
处理后的准确率（/%）	67.6	64.1	70.2	69.4

3. 作品测试与分析

3.1　模型测试方案

表情识别模型测试采用 Python 语言编写代码，利用 Pycharm 软件运行，分为两个部分，图片表情识别测试与 PC 端摄像头实时表情测试，测试设备借助电脑以及电脑自带摄像头。表情分为七种，"angry""disgust""fear""happy""sad""surprise""neutral"，使用公开库 OpenCV 实现人脸识别，然后对识别到的人脸进行裁切以及翻转，处理之后将图像进行几何归一化，通过双线内插值算法将图像统一重塑为 48×48 像素，然后使用之前训练好的模型进行同时预测，对多个处理过的脸部预测结果进行线性加权融合，最后得出预测结果，取七种表情中预测值最高的为表情识别结果。

3.2　图片表情测试结果

1）happy（开心）表情

happy（开心）表情（见图 10）测试结果与预测值如表 3 所示。

图 10　happy（开心）

表 3　happy(开心)表情测试

表情	预　测　值
angry	0.007 789 159 215 462 86
disgust	0.000 706 418 943 082 098 8
fear	0.002 751 621 484 094 357 6
happy	5.769 233 345 985 413
sad	0.006 965 866 174 141 411
surprise	0.010 442 496 313 771 699
neutral	0.202 111 272 606 998 68
测试结果 Emotion：happy	

2) angry(生气)表情

angry(生气)表情(见图 11)测试结果与预测值如表 4 所示。

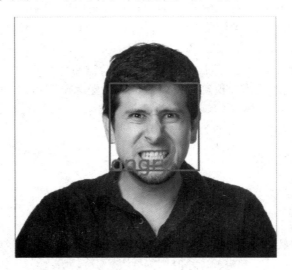

图 11　angry(生气)

表 4　angry(生气)表情测试

表情	预　测　值
angry	4.143 814 772 367 477
disgust	1.315 479 293 465 614 3
fear	0.409 667 761 996 388 44
happy	0.032 068 546 053 778 846
sad	0.020 800 567 137 484 904
surprise	0.006 834 557 287 220 377 5
neutral	0.071 334 497 944 917 53
测试结果 Emotion：angry	

3）disgust（厌恶）表情

disgust（厌恶）表情（见图 12）测试结果与预测值如表 5 所示。

图 12　disgust（厌恶）

表 5　disgust（厌恶）表情测试

表情	预 测 值
angry	2. 296 600 647 270 679 5
disgust	3. 626 783 579 587 936 4
fear	0. 043 306 148 611 009 12
happy	$8. 354\ 636\ 833\ 018\ 958 \div 10^{-6}$
sad	0. 025 687 908 113 468 44
surprise	0. 000 127 860 646 898 625 42
neutral	0. 007 485 443 056 793 883 4
测试结果 Emotion：disgust	

4）surprise（惊讶）表情

surprise（惊讶）表情（见图 13）测试结果与预测值如表 6 所示。

图 13　surprise（惊讶）

表6　surprise(惊讶)表情测试

表情	预 测 值
angry	0.000 103 159 328 659 785 39
disgust	2.768 554 709 930 981 5×10⁻⁵
fear	0.008 759 104 879 572 988
happy	2.906 036 451 458 931
sad	0.000 172 255 882 489 480 43
surprise	3.082 722 842 693 329
neutral	0.002 203 386 025 939 835 2
测试结果 Emotion：surprise	

从图片测试结果可看出，几种表情识别的精度不错。在多次测试中，准确度在70%左右。

3.3　摄像头实时表情测试结果

对中性、惊讶、开心、伤心、生气等表情进行实时测试，分别如图14～图18所示。从实时摄像头测试结果来看，几种表情在实时状态下基本可以准确识别，精度在65%左右。

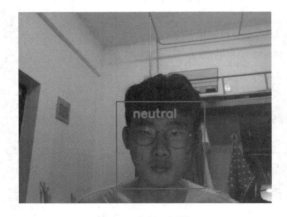

图14　中性(实测)

图15　惊讶(实测)

图16　开心(实测)

图17　伤心(实测)

图 18　生气（实测）

4. 创新性说明

本作品实现了用表情识别对购物的产品进行满意度评价。在越来越多无人超市、无人售货机被投入使用的智能时代，商家可能根据商品的销量高低来判断商品是否受欢迎，但此依据是不够的，比如消费者可能对所有商品都不喜欢，或者只是选择了摆在显眼位置的商品。这都可能会导致商家对商品欢迎程度的错误判断。如果在评价过程中采用人脸表情识别系统，就能够辅助判断消费者对商品的态度，本系统能够判断 7 种表情，分别是生气、厌恶、害怕、开心、伤心、惊讶和中性。当消费者表现出高兴的表情时，说明对此商品有所喜爱，也许这正是想买的商品，商家可以将此商品摆在显眼位置；而当消费者表现出厌恶的表情时，说明不喜欢此商品，之前的购买经历可能带来了不好的体验，商家可以适当优化此商品。

本系统创新性在于：

（1）使用了人工智能技术。在 Keras 框架下，使用 Python 语言搭建了基于卷积神经网络的表情识别模型。模型使用的训练集和测试集是 kaggle 的 Fer2013 数据集，在测试集中达到了较高的准确度。

（2）应用的场景在无人售货商店、自动售货机等，是面向未来的购物场景，未来随着无人售货商店的增多，此技术能够发挥出更大的作用。

（3）使用满意度评价指标，可以量化地得出消费者对一件商品的满意程度，便于商家根据数据的大小来进行商品的调整。

5. 总结

本作品在 RZ/A2M 上实现了表情识别功能，表情识别是人工智能领域研究一项得到了相对深入研究的技术，但以往只是在 PC 端实现，本作品的创新性是在单片机上实现此功能，并达到良好的准确度。同时，购物领域的推荐系统发展迅速，但大多数是在线上、移动端或电脑端，根据用户的点击量等来推荐商品。而线下仍然采用传统的售货方式，据此，有必要将迅速发展的人工智能技术运用到线下实地中去。

本作品使用了卷积神经网络，充分考虑了 RZ/A2M 的性能以及内存容量，在可实现的范围内尽可能提高准确率，使用了 4 层卷积层，经过测试，准确率在 70% 以上，并且能够在低延时的情况下及时判断出表情的变化，给出新的结果。

在 UI 设计上，本作品的界面能够清晰展现消费者的脸部表情，使用的高分辨率摄像头，HDMI 输出。调用存储在 SD 卡中的商品图片模拟消费者实际看到的商品，消费者对每件商品的满意度显示在界面上，清晰易懂。

本作品的应用场景广泛，体积小等特点可以让其摆放位置不受太大限制，空间利用率高，可以摆放商品货架上，自动售货机内部等。

参考文献

[1] JEON J, PARK J C, JO Y J, et al. A Real-time Facial Expression Recognizer using Deep Neural Network[J]. Association for Computing Machinery, 2016: 1 - 4.

[2] HE K, ZHANG X, REN S, et al. Deep Residual Learning for Image Recognition[C]. IEEE Conference on Computer Vision and Pattern Recognition. IEEE Computer Society, 2016: 770 - 778.

[3] KRIZHEVSKY A, SUTSKEVER I, HINTON G E. ImageNet classification with deep Convolutional Neural Networks[C]. International Conference on Neural Information Processing Systems. Curran Associates Inc. 2012: 1097 - 1105.

[4] ZEILER M D, FERGUS R. Visualizing and Understanding Convolutional Networks[C]. European Conference on Computer Vision. Springer, Cham, 2014: 818 - 833.

[5] SZEGEDY C, LIU W, JIA Y, et al. Going Deeper with Convolutions[C]. IEEE Conference on Computer Vision and Pattern Recognizution(CVPR). 2015.

专家点评

该作品利用瑞萨 RZ/A2M 微处理器和深度学习人脸表情识别模型，设计开发了一套购物满意度辅助评价系统。作品较好地使用了 RZ/A2M 嵌入式人工智能功能，设计思路符合信息科技前沿技术服务产业需求的发展趋势。建议结合满意度调查的实际需求拓展并细化人脸表情识别的内容，进一步提升作品的实用性。

作品 10　针对手机语音助手的超声黑客攻击与防御

作者：宋凯、沈力、胡洪宇（上海交通大学）

作品演示　　　文中彩图 1　　　文中彩图 2　　　作品代码

摘　要

麦克风非线性导致手机语音助手存在安全漏洞，在手机用户无法察觉的情况下，手机语音助手会被黑客用超声波控制。本作品以超声攻击的数学原理为基础，对攻击信号的生成进行了一定改进，以便模拟实际场景下的超声攻击和进一步研究超声攻击的防御，同时针对这一类攻击方式设计了一种有效的防御方法。本组作品包括超声波攻击装置和基于 RZ/A2M 开发板的防御装置。攻击装置实现了在 1.2 m 左右的距离唤醒语音助手，并利用语音助手控制手机；防御装置能够监听环境中的超声波攻击信号并告警，同时能将超声攻击内容转为可以被人耳听见的音频信号。

关键词：语音助手；超声攻击；超声防御；RZ/A2M 开发板

Ultrasonic Hacker Attack and Defense Against Mobile Phone Voice Assistant

Author：Kai SONG, Li SHEN, Hongyu HU (Shanghai Jiao Tong University)

Abstract

The security vulnerabilities of the mobile phone voice assistant caused by the nonlinearity of the microphone can be used by hackers to control the mobile phone voice assistant using ultrasound without the mobile phone user's notice. Based on the mathematical principles of ultrasonic attacks, this work has made certain improvements to the generation of attack signals in order to simulate ultrasonic attacks in actual scenarios and further study the defense of ultrasonic attacks. At the same time, an effective defense system is designed for this type of attack. This work includes ultrasonic attack device and defense device based on RZ/A2M development board. The attack device can wake up the voice assistant at a distance of about 1. 2 meters，and use the voice assistant to control the mobile phone；the defense device can monitor the ultrasonic attack signal in the environment and alert，and at the same time can convert the ultrasonic attack content into an audio signal that can be heard by human.

Keywords：Voice Assistant；Ultrasonic Attack；Ultrasonic Defense；RZ/A2M Board

1. 作品概述

本作品利用了超声波对手机语音助手的攻击设计了相应的防御方法，并完成了攻击装置和基于瑞萨 RZ/A2M 开发板的防御装置的实物。

1.1　背景介绍

智能手机自问世以来就得到了人们的广泛欢迎，而近年来，语音助手几乎成为了所有智能手机的标配。最近几年，随着机器学习和人工智能的快速发展，手机语音助手对语音的识别能力和语义理解能力越来越强，新上市手机的语音助手功能更加强大，能够完成翻译、打开应用、拨打电话、发送消息等任务，还能够连续工作且不需要使用者多次唤醒。

然而，虽然语音助手的功能越来越强大，但是安全性并没有得到较高的关注。麦克风非线性导致语音助手存在安全漏洞。黑客可以通过无声的超声信号，在不被用户察觉的情况下攻击语音助手，进而通过语音助手操控手机。如果语音助手被黑客所利用，用户手机的应用权限、通话记录、支付信息等个人隐私都可能被窃取。如何检测并防御黑客的攻击，防止语音助手被不法分子利用，确保用户的隐私安全是值得研究的话题。

1.2　相关工作

相关工作分为以下四部分。第一，本作品以超声攻击的数学原理为基础，对攻击信号的生成做了部分改进，以模拟实际场景下的超声攻击和研究超声攻击的防御；第二，本作品从超声攻击的原理出发，设计了防御超声攻击的方法；第三，本作品搭建了基于 PC 的超声攻击装置和基于 RZ/A2M 开发板的超声攻击防御装置；第四，本作品测试了超声攻击装置(简称攻击装置)的性能和超声防御装置的性能。

1.3　特色描述

本作品的主要特色如下：

(1) 攻击装置能够发出超声攻击信号，在人耳无法察觉的情况下实施对手机语音助手的攻击，利用语音助手控制手机执行某项指令。

(2) 防御装置能够检测到环境中的攻击信号并报警，同时能将超声攻击内容转换为人耳可以听到的音频信号并实时输出。

(3) 本作品结构简单，操作方便，且经过优化设计和元器件定制，有望极大地缩小作品体积，实现整体便携。

1.4　应用前景

目前,麦克风非线性导致的语音助手安全漏洞问题广泛存在,这一漏洞很可能被不法分子利用,造成用户的隐私泄露和其他损失。本作品的防御装置能检测到环境中的超声攻击信号并报警,提醒用户及时采取必要的防护措施,最大程度减小用户的损失。同时防御装置还能实时处理超声攻击信号,将攻击内容以人耳可以听到的音频信号播放出来,这有助于用户确认攻击者的身份和攻击目的。本作品的攻击装置可以成为国家安全方面一个新的技术手段,国家安全人员、公安人员能够在刑侦过程中使用超声攻击获取证据,加速破案过程。

2.　作品设计与实现

本部分主要介绍超声攻击和防御装置的具体实现过程。

2.1　系统方案

本作品分为超声攻击装置和超声攻击防御装置,这两部分相互独立,分别代表攻击方和防御方,如图 1 所示。攻击装置(见图 1(a))能够在一定距离内唤醒语音助手并通过语音助手操控手机;而防御装置(见图 1(b))能够检测出超声信号的攻击并报警,同时将超声攻击信号转变为人耳可以听到的音频信号。

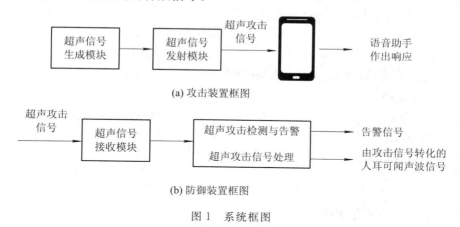

(a) 攻击装置框图

(b) 防御装置框图

图 1　系统框图

2.2　攻击装置的数学原理

2.2.1　麦克风的非线性效应

麦克风是语音控制系统的核心部件,主要由功率放大器、低通滤波器组成,如图 2 所示。

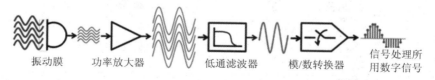

振动膜　　功率放大器　　低通滤波器　　模/数转换器　　信号处理所用数字信号

图 2　麦克风工作流程示意图

在低频工作段(输入信号频率低于 20 kHz),放大器可以被当作线性元件,即输出是输入的线性组合。但是在超声频段(输入信号频率高于 25 kHz),功率放大器会展现出非线性。

$$s_{\text{out}} = \sum_{i=1} A_i s(t)^i = A_1 s(t) + A_2 s(t)^2 + A_3 s(t)^3 + \cdots \approx A_1 s(t) + A_2 s(t)^2 \qquad (1)$$

式中,$s(t)$ 为输入信号,$s_{\text{out}}(t)$ 为输出信号,A_i 为对应次数项的系数。由于 A_3 及更高次的系数相比于 A_1,A_2 较小,近似处理后可以忽略。

2.2.2 超声攻击

超声攻击利用了 2.2.1 中麦克风在高频信号下的非线性效应。由于人耳的局限性,人无法听到超声信号。但是在非线性效应下,超声很容易被麦克风接收并被语音助手识别。假设一个超声发生装置能够发射两个频率的超声信号:

$$s_1(t) = \cos(2\pi f_1 t),\ s_2(t) = \cos(2\pi f_2 t)。$$

当超声信号经过麦克风的非线性效应后:

$$
\begin{aligned}
S_{\text{out}} &= A_1(s_1(t) + s_2(t)) + A_2(s_1(t) + s_2(t))^2 \\
&= A_1 \cos(2\pi f_1 t) + A_1 \cos(2\pi f_2 t) + \\
&\quad A_2 \cos^2(2\pi f_1 t) + A_2 \cos^2(2\pi f_2 t) + \\
&\quad 2 A_2 \cos(2\pi f_1 t)\cos(2\pi f_2 t)
\end{aligned} \qquad (2)
$$

对输出信号利用积化和差进行化简:

$$
\begin{aligned}
S_{\text{out}}(t) &= A_1 \cos(2\pi f_1 t) + A_1 \cos(2\pi f_2 t) + \\
&\quad A_2 + 0.5 A_2 \cos(2\pi 2 f_1 t) + 0.5 A_2 \cos(2\pi 2 f_2 t) + \\
&\quad A_2 \cos(2\pi(f_1 + f_2)t) + A_2 \cos(2\pi(f_2 - f_1)t)
\end{aligned} \qquad (3)
$$

经过低通滤波器后,被语音助手识别的信号则为 $A_2 + A_2 \cos(2\pi(f_2 - f_1)t)$。而在更普适的情况下,攻击信号为

$$s(t) = (m(t) + \alpha)\cos 2\pi f_c t \qquad (4)$$

式中,$m(t)$ 为带有攻击信息的语言信号,α 为直流分量,f_c 为调制的频率。

调制后的攻击信号经过非线性和低通滤波器之后,被识别的部分为

$$s_{\text{recognized}}(t) = A_2 \alpha m(t) + \frac{A_2}{2} m(t)^2 \qquad (5)$$

整个过程的频谱变化如图 3 所示。

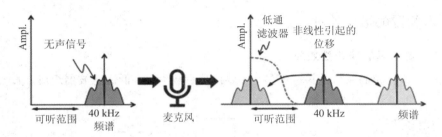

图 3 非线性导致的频谱变化

由此,攻击信号在介质中传播时,被加载到人耳无法听到的超声频道,但在最后输入语音助手时,却恢复为原有的低频攻击信号,从而完成了对语音助手的攻击。

2.3　防御装置的数学原理

由 2.2 节中攻击的原理可知，攻击信号主要利用了麦克风的非线性效应将高频"无声"的攻击信号转换为能被识别的信号。在防御端，我们也采用了相同的策略，利用麦克风的非线性效应来进行防御。

人为产生高频正弦信号作为防御信号，$s_{\text{guard}}(t)=\cos(2\pi f_g t)$，$f_g$ 为防御频率。防御信号和攻击信号混合后，一同经过麦克风的非线性效应和低通滤波器。忽略直流分量后的输入信号为

$$s_{\text{in}}(t)=\frac{1}{2}m^2(t)+m(t)+(m(t)+1)\cos[2\pi(f_g-f_c)t],\quad(|f_g-f_c|<20\text{ kHz})$$

(6)

此时，攻击信号在基带（$f=0$）和较高频段（$f=|f_g-f_c|$）都有分布。再让信号通过一个高通滤波器，即可提取出较高频段的攻击信号 s_{high}，同时防止环境杂音和人声（都为基带附近的信号）的影响。

$$s_{\text{high}}=(m(t)+1)\cos[2\pi(f_g-f_c)t]$$

(7)

在进行防御装置的报警时，通过对比信号 s_{high} 和 s_{in} 的能量比值和阈值 δ，即可判断是否受攻击：$\sum s_{\text{high}}^2(t)/\sum s_{\text{in}}^2(t)>\delta$，代表高通滤波器提取出的高频信号足够大，即代表正在被攻击。

2.4　攻击装置的硬件设计

2.4.1　攻击装置的组成

在本作品中，RZ/A2M 开发板用于超声防御装置的构建，因此，攻击信号来源选择为 PC。由于需要的攻击信号的传播距离较大，需要对攻击信号的电压进行放大，因此，我们选择在攻击装置中使用一级功放。功放的负载即为超声探头阵列，用来将电能转换为声能。

综上所述，攻击装置的硬件框图如图 4 所示。

图 4　超声攻击装置框图

2.4.2　功放部分的设计

功率放大电路选用成品功放模块，其核心器件为 LM3886 芯片。功放电路的输入和输出电路中均接入了 RC 高通滤波网络，滤去信号中的直流成分，实现交流耦合。功放电路采用两级串联方式放大，可以通过改变板上电阻元件的取值改变实际放大倍数。

通过技术摸底试验，用示波器观测，当实验用 PC 机音量调至 100% 时，其音频输出峰值约达 1 V。因此，为达到有效攻击效果，可将功放电路增益设计为 20 dB 左右。

2.4.3 供电部分的设计

在攻击装置中,功放的电压放大倍数约为 20 倍,而 PC 输出音频的最大峰值为 1 V,即功放输出的幅值最大约为 20 V。为保留一定余量,我们选择使用电压为 ±24 V,最大功率为 50 W 的开关电源为攻击装置供电,如图 5 所示。

图 5　24V/50W 电源模块

2.4.4 探头阵列的设计

超声波探头(如图 6 所示)是能够将超声频段的电压信号转为超声波的器件。超声波探头具有特定的工作频率,即在该频率附近工作时,产生的声音强度最大。

图 6　超声波探头

超声波探头常用于超声测距仪和驱狗器中,这些应用场景所需的带宽并不大,而我们需要用超声波探头产生包含音频的超声信号,所以我们需要使用的探头数量较多,且探头特征频率较多,以使整个探头阵列在较宽的频带上有平坦的频率响应。最终,探头的频率和数量如表 1 所示。

表 1　攻击装置使用的探头数量和频率

特征频率/kHz	数量
21	4
23	4
25	4
27	8
32	8
40	8

为了方便探头位置调整，我们制作了可以拆卸组合的探头底板，底板上安装有插座，探头可以通过插座固定在底板上，如图 7 所示。

图 7 探头阵列实物图

2.4.5 攻击装置实物设计

我们将功放、电源布置在一块洞洞板上，将探头阵列固定在另一块洞洞板上。攻击装置的输入包含 220 V 交流电和单声道音频信号，分别采用带三相插头的电源线和 3.5 mm 音频线提供。最终的攻击装置实物如图 8 所示。

图 8 攻击装置实物图

2.5 防御装置的硬件设计

2.5.1 防御装置的组成

根据超声攻击防御的原理，超声攻击防御需要两个单频正弦波超声信号作为警戒信号。同时，我们需要一个能够尽可能模仿手机麦克风非线性的音频接收装置。另外，需要对音频接收装置接收到的音频信号进行滤波、自卷积等信号处理，所以我们需要使用具有运算能力的处理器。

防御装置主要包含以下部分。

（1）DDS(Direct Digital Synthesizer，直接数字式频率合成器)模块：用于产生两路正弦波作为警戒信号。

（2）双麦降噪拾音模块：包含一个主麦和一个副麦，能够模拟手机内的双麦克风降噪。

（3）RZ/A2M 开发板：驱动 DDS 模块，驱动防御装置的显示屏，接收硅麦模块接收到的音频信号，进行信号处理并输出人耳可听的音频。

（4）超声探头：发射警戒信号模块。

（5）音响：输出开发板处理得到的音频信号。

2.5.2 防御装置系统框图

防御装置的系统框图如图 9 所示。

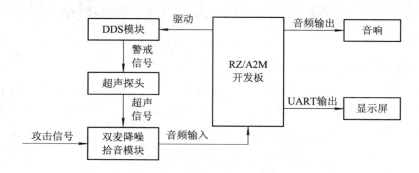

图 9　防御装置系统框图

2.5.3 DDS 模块的设计

本作品使用的 DDS 模块基于 AD9851 芯片，可以通过开发板的 GPIO 管脚进行控制。AD9851 模块的管脚名称和功能如表 2 所示。其中，VCC 和 GND 接供电部分，其他管脚都接开发板的 GPIO 管脚。

表 2　AD9851 模块的管脚名称和功能

管脚类型	管脚名	功能
供电	VCC	供电（5 V 或 3.3 V）
	GND	接地
控制	W_CLK	初始化时钟
	RST	复位
	FQ_UP	频率
	DATA	串行数据输入

根据防御的数学原理，需要频率分别为 20 kHz 和 38 kHz 的警戒信号，所以总共需要两个 DDS 模块。两个 DDS 除了初始化时钟 W_CLK 管脚需要分开使用，其余管脚都可以共用，因此，共需要 5 个 GPIO 管脚，通过查阅 RZ/A2M 开发板子板数据手册，可以使用 CN2 上的 GPIO 管脚，管脚对应关系如表 3 所示。

表 3　DDS 管脚与开发板 GPIO 管脚对应关系

DDS 管脚名	GPIO 管脚名
W_CLK(20 kHz 正弦波对应 DDS)	P0_1
W_CLK(38 kHz 正弦波对应 DDS)	P0_3
RST	P0_4
FQ_UP	P0_6
DATA	P0_5

2.5.4　音频接收部分的设计

　　根据防御原理的要求，防御装置的双麦降噪拾音模块需要同时接收警戒信号和可能存在的攻击信号。另外，双麦降噪拾音模块需要额外的 5 V 电源供电。

　　我们采用的双麦降噪拾音模块(如图 10 所示)使用硅麦作为声音采集装置，同时其具有自动增益控制和 DSP 双麦降噪功能，这些功能都和智能手机自带的声卡很相似。该麦克风能够较好地模仿手机麦克风的非线性，让我们能够利用非线性进行防御。

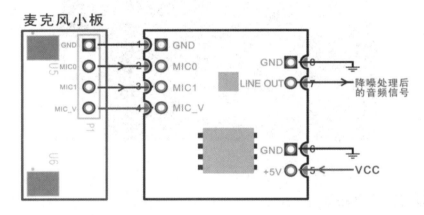

图 10　双麦降噪拾音模块的电路示意图

　　我们将产生警戒超声信号的探头和硅麦模块固定在一起，保证探头始终朝向硅麦，且探头朝向与硅麦方向呈 45°夹角。这样可以让探头接收到最大功率的警戒信号，同时使硅麦能够接收到攻击信号。我们将硅麦、探头都固定在一起，这样得到的音频接收部分如图 11 所示。

图 11　音频接收部分实物图

2.5.5 显示器部分的设计

我们采用的触控显示屏型号为 OCM800480T700‑1A，分辨率为 800×480，其供电电压范围较大，为 $9 \sim 24$ V。显示屏的控制可以采用 URAT 来实现。

2.5.6 供电部分的设计

防御装置的供电使用了一个带有 USB 接口的拖线板，分别用于 RZ/A2M 开发板、DDS 模块、降噪麦克风以及 20 V 直流开关电源的供电，其中除直流开关电源外均通过 USB 接口提供 5 V 的供电。直流开关电源与攻击装置使用的开关电源完全相同，该电源专门用于显示屏的供电。

2.5.7 防御装置的实物图

将防御装置的各部分合理布局，最终得到的防御装置实物如图 12 所示。

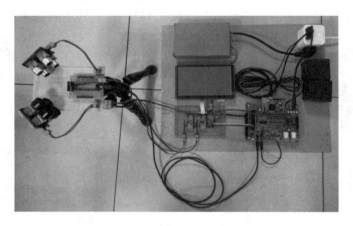

图 12 防御装置实物图

2.6 防御装置的算法设计

2.6.1 软件整体结构

我们的软件是以 GitHub 上的开源工程 RZ_A2M_Mbed_samples 为模板实现相关功能的。软件的整体结构如图 13 所示，其中 mylibs 包括了我们用到的硬件驱动和相关函数，而单片机的主要功能在主函数中实现。

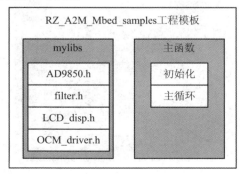

图 13 软件整体结构图

2.6.2　主函数流程

主函数的执行流程如图 14 所示，主函数首先进行相关外设（如音频模块、显示屏等）的初始化，然后函数进入主循环。在主循环中，程序首先读入接收到的音频信号，并使用 IIR滤波器进行数字高通滤波，随后对滤波后的信号进行超声攻击判定，若是，我们根据用户控制信号（由用户控制是否输出攻击信号的内容），对滤波后的信号做进一步的处理，包括频谱搬移、低通滤波等，使得超声信号转换为人耳可听的声音信号，再决定是否输出；若否，则直接刷新用户交互界面，并进入下一次循环。

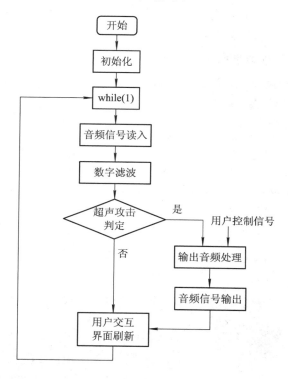

图 14　主函数流程图

2.6.3　攻击判定算法

如 2.3 节所述，防御装置接收到的攻击信号在较高频段有分布，那么在通过高通滤波器后，其能量能被有效保留，因此，我们定义一个变量 PRR（Power Rejection Ratio，功率抑制比），其表达式为

$$PRR = \frac{P_{high}}{P_{in}} \tag{8}$$

式中，P_{in} 为输入防御装置的信号功率，P_{high} 为经过高通滤波后的信号功率。

在理想状态下，有攻击信号时 PRR 应接近于 1，而在没有攻击信号时 PRR 应趋向于0，因此我们可以通过设定阈值来进行攻击判定。

2.6.4　输出音频处理算法

我们希望将位于较高频段的攻击信号转换为人耳可听的声音信号，因此需要进行频谱搬移。将数字高通滤波器后的数字信号与一个同频段的正弦波信号相乘，再通过一个数字

低通滤波器后输出，来实现简单的频谱搬移。

3. 作品测试与分析

3.1 攻击、防御装置的性能指标

3.1.1 攻击装置的性能指标

能实现对开启语音助手的智能手机的超声攻击，能在 1.2 m 左右距离唤醒语音助手，并通过语音助手操控手机执行某项任务。

3.1.2 防御装置的性能指标

能在 1.2 m 左右距离成功检测到攻击信号并告警，同时由用户选择是否要将攻击信号处理成人耳可听的声音信号并播放出来。

3.2 测试环境搭建

3.2.1 测试设备

攻击与防御装置、支持 96 kHz 及以上音频采样率输出的电脑、带有语音助手的智能手机、测距仪等。

3.2.2 测试环境

测试环境为较空旷和安静的场地（环境噪声过大会导致手机语音助手无法正常使用）。测试设备摆放如图 15 所示。

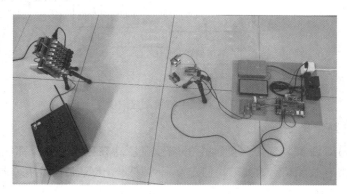

图 15　测试设备摆放示意图

3.3 测试方案

3.3.1 攻击装置性能测试

（1）开启智能手机的语音助手功能，采集一段语音助手的控制指令，经攻击装置调制后发出。

（2）在攻击装置前方不同距离的位置测试攻击成功的概率，如图 16 所示，在 d 的不同位置放置智能手机，多次攻击，统计攻击成功的概率。

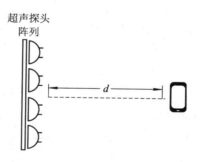

图 16 攻击装置测试示意图

3.3.2 防御装置性能测试

（1）开启攻击装置。

（2）方法同 3.3.1 节中攻击装置性能测试。将智能手机换成防御装置，统计防御装置能成功告警的概率，同时选择播放处理后的攻击信号，观察此声音信号的效果以及是否与采集到的控制指令一致。

3.4 测试数据记录

3.4.1 攻击装置测试结果

攻击装置性能测试时环境噪音约为 52 dB，在每个距离下均进行 100 次攻击尝试。测试结果如表 4 所示。

表 4 攻击装置测试结果

距离 d/m	攻击成功次数	成功率/%
0.8	100	100
1.0	100	100
1.2	100	100
1.4	99	99
1.6	96	96

3.4.2 防御装置测试结果

防御装置性能测试时环境噪音约为 52 dB，在每个距离下均进行 100 次攻击尝试。测试结果如表 5 所示。

表 5 防御装置测试结果

距离 d/m	成功告警次数	成功率/%
0.8	100	100
1.0	100	100
1.2	100	100
1.4	100	100
1.6	97	97

播放处理后的攻击信号，能较清楚地分辨出攻击信号对语音助手的控制指令，同时环境中的人声被有效压制，在有攻击信号输出时几乎无法被听到，但输出的声音信号中还包含一定的高频杂音。

3.5 极限场景下的测试

3.5.1 极限距离下的测试

我们在 2 m 左右的距离进行攻击与防御测试，发现此时仍有一定概率可实现攻击，但防御装置此时已无法做出有效反应。

3.5.2 高环境噪音下的测试

我们在较高的环境噪音下进行攻击与防御测试，攻击距离为 1.2 m，发现此时语音助手已无法对攻击信号做出反应，同时防御装置无论是否有攻击信号，一直处于报警状态。

3.6 结果分析

通过实际测试，我们可以看出，在 1.2 m 左右的距离，攻击装置都以 95％ 以上的概率完成对语音助手的控制，这说明攻击装置在与手机的距离为 1.2 m 左右时，就能够对手机的语音助手产生较大的干扰，在现实的室内环境中，1.2m 的距离已经较远，这意味着攻击装置可以被放置在远离用户视线的区域内，使得攻击的隐蔽性得到提升。

对于防御装置，其也能够在 1.2m 的距离内对超声攻击信号做出报警，并将攻击信号转换为人耳能够听到的声音，而高频杂音可能是数字滤波算法没有做到理想滤波导致的。在实际使用中，我们可以将防御装置的声音接收装置放置于手机附近，如果防御装置报警，而且其输出的声音中明显含有人声，则说明存在超声攻击，需要做出必要应对。

在一些极限场景下，如较远距离下的攻防，此时攻击信号已经经过较大的衰减，而智能手机的语音助手凭借强大的语音识别和处理算法可能可以将攻击指令恢复出来并做出反应，但此时防御装置已无法对此进行有效的检测，这是本作品日后的一个改进方向。而在高环境噪音的场景下，虽然防御装置会出现虚警的现象，但此时语音助手也无法对攻击信号做出反应，我们认为此时已不满足成功攻击的条件，也不用担心语音助手的安全问题。

4. 创新性说明

为了提升防御装置的有效性以及模拟更真实的攻击场景，本作品在硬件和算法上尝试了一些较新的设计并不断地进行改进，其中包括提升超声黑客攻击的有效性、成功设计有效的防御装置以及攻击和防御装置一手性能数据的获取。

4.1 提升了超声黑客攻击的有效性

本作品使用普通型超声发射探头实现了对手机较远距离的黑客攻击。

在硬件上，我们使用了功放来进行电压和电流放大，将电脑产生的低幅值攻击信号转换为高幅值信号。另外，我们设计了可拆卸组合的超声探头底板，使用更多的超声波探头，从而增大了攻击的范围，使超声攻击的实用性更强。

在算法上，我们使用了新的攻击信号生成方式，不仅考虑了手机麦克风的非线性，还考虑了手机麦克风对超声信号的线性效应，使得超声攻击信号经过手机麦克风后得到的音频信号失真更小，甚至能够接近手机用户的声音，突破手机的声纹识别。

4.2　设计了有效的防御装置

本作品基于超声攻击的原理设计了一个有效的防御装置，能够检测环境中的超声攻击信号并能将攻击内容转换为人耳可听的声音信号输出。

在硬件上，我们的作品在防御装置中使用了瑞萨公司的 RZ/A2M 开发板，该开发板使用 Arm© Cortex© - A9 内核，运算能力十分强大，能够快速完成 IIR 数字滤波、自卷积等复杂运算，还能够同时驱动 DDS 模块、显示屏和音频模块。

在算法上，我们通过数字滤波、频谱搬移等操作实现了从有人声的环境中过滤出超声攻击信号，并将超声攻击信号转变为人耳可以听到的声音信号，防御装置能够对超声攻击做出报警，同时又不会对正常的人声和环境噪声做出响应。因此，本装置对攻击信号具有较高的灵敏度，对有环境干扰具有较高的鲁棒性。

4.3　获取了攻击和防御装置一手性能数据

为了充分介绍本作品的性能，本文设计了一些能够评定超声攻击装置和防御装置性能的参数，包括超声黑客攻击的最大距离、攻击或防御成功的概率等参数，同时还进行了极限距离和高环境噪音等极限场景下的性能测试，并通过多次重复试验获取了本作品的一手性能数据。这些数据为进一步有效应用相关技术提供了重要参考。

5.　总结

本作品基于 RZ/A2M 开发板，利用麦克风非线性效应，设计并实现了超声波攻击手机语音助手的攻击装置以及对应的防御装置。

本产品的超声攻击装置能够实现较远距离的攻击，并且能够以一定概率通过声纹识别直接唤醒语音助手，攻击过程简单高效。对于攻击装置的研究是为了研究出更好的防御装置。攻击装置本身并未在非实验环境下进行非法的攻击。

本作品的主要贡献在于防御装置能够进行实时检测并告警。当防御装置检测到环境中的超声攻击时，会立即报警，提醒用户关掉语音助手。用户也可通过防御装置监听攻击信号内容，主动做出对应的防御措施。

在未来的研究中，本产品将进一步提升有效的防御距离，并将防御装置集成在更小型和轻便的设备上，使产品使用起来更简捷方便。

参考文献

[1] YAN C, ZHANG G M, JI X Y, et al. The Feasibility of Injecting Inaudible Voice Commands to Voice Assistants[J]. IEEE Transactions on Dependable and Secure Computing, 2021, 18(3): 1108 - 1124.

[2] ZHANG G M, YAN C, JI X Y, et al. Dolphin Attack: Inaudible Voice Commands[C]. In

Proceedings of the 2017 ACM SIGSAC Conference on Computer and Communications Security. New York：Association for Computing Machinery，2017：103 - 117.

[3] ROY N，SHEN S，HASSANIEH H，et al. Inaudible Voice Commands：The Long-Range Attack and Defense[C]. 15th ｛USENIX｝ Symposium on Networked Systems Design and Implementation (｛NSDI｝ 18). Renton：｛USENIX｝ Association，2018：547 - 560.

[4] SONG L，MITTAL P. POSTER：Inaudible Voice Commands[C]. Proceedings of the 2017 ACM SIGSAC Conference on Computer and Communications Security. New York：Association for Computing Machinery，2017：2583 - 2585.

[5] DIAO W，LIU X，ZHOU Z，et al. Your Voice Assistant is Mine：How to Abuse Speakers to Steal Information and Control Your Phone[C]. In Proceedings of the 4th ACM Workshop on Security and Privacy in Smartphones & Mobile Devices. New York：Association for Computing Machinery，2014：63 - 74.

专家点评

　　该作品使用 RZ/A2M 开发板，设计并实现了超声波攻击手机语音助手的攻击与防御装置。作品较好地使用了开发板资源，以超声攻击的数学原理为基础，对攻击信号生成进行了一定的改进，模拟了实际场景下的超声攻击并进一步设计实现了超声攻击防御。建议结合最新相关研究进展和实际应用场景需求进一步优化作品。

作品 11　基于瑞萨开发平台的车内防窒息及防盗报警系统

作者：石雅琪、牛菩濡、杜遇林（四川大学）

作品演示　　　　文中彩图　　　　作品代码

摘　要

随着人们生活水平的日益提高，私家车逐渐普及，然而车内儿童安全问题却也不断出现。一项对美国儿童车内非交通死亡原因的统计显示，滞留车内导致的热窒息儿童死亡人数占非交通死亡总人数的 58%。为了解决这一问题，有效保护儿童的人身安全，本作品提出了一种基于瑞萨 RZ/A2M 开发平台的车内防窒息及防盗报警系统的设计方案。该方案的主要工作流程如下：（1）检测到车主离开汽车且后排还有儿童滞留时，系统将通过闪灯、鸣笛、发送短信的方式通知车主。（2）若车主仍未返回，AMG8833 红外摄像头和 CCS811 空气质量传感器将持续监测车内环境，一旦相关参数超过安全值，则除了向车主发送通知之外，还将降下车窗进行换气。（3）摄像头开始监控汽车周围情况，只要检测到人脸，就会关小车窗，并将人脸图像上传至云端作人脸比较。（4）如果识别结果为陌生人，就会再次向车主发送警报。

本系统使用瑞萨嵌入式 DRP 处理器实现人脸检测功能，集成 Amazon Rekognition 服务实现云端人脸比较功能，具有较好的实时性和较高的准确度，满足系统防盗功能的需求。系统的所有功能均基于瑞萨 RZ/A2M 开发平台设计并在瑞萨 RZ/A2M 开发平台实现，且已完成了流程测试和部分性能测试，系统表现良好。

经调研，目前市场上尚无能够提供全流程人身安全和财产安全保护的解决方案。未来可以将本系统与汽车车机系统更深层次地融合，进一步增强系统的实用性。

关键词：物联网技术；车内儿童安全；瑞萨 RZ/A2M；DRP；人脸检测；Amazon Rekognition；人脸比较；Amazon Web Service

In-car Anti-asphyxia and Anti-theft Alarming System Based on the Renesas Development Platform

Author：Yaqi SHI, Ru Jun NIU, Yulin DU (Sichuan University)

Abstract

As people's living standards are improving, private cars are becoming more popularized, yet car-related child safety problems are emerging. A statistic of the causes of non-traffic deaths of children in the US shows that up to 58 percent of children die from heat asphyxiation caused by being left in vehicles. In order to address the problem and effectively protect the safety of children, we have proposed the design of in-car anti-asphyxia and anti-theft alarming system based on the Renesas RZ/A2M development platform. Four steps are included to work. (1) When the driver is detected leaving the car and there are children stranded in the backseat, the system will notify the driver by flashing lights, tooting and sending messages. (2) If the driver still does not return, the AMG8833 infrared camera and CCS811 air quality sensor will continuously monitor the in-car microclimate, and once the relevant parameters exceed the safety value, in addition to sending messages to the driver and lowering the window to ventilate, the camera also starts monitoring the situation around the car. (3) As soon as the face is detected, it will raise the window and upload the face image to the cloud for a face comparison. (4) If it is identified as a stranger, an alert will be sent to the driver again.

In our system, face detection is implemented with Renesas embedded DRP processors, face comparison in the cloud is implemented with Amazon Rekognition services, both of which have good real-time performance and high accuracy to meet the needs of system's anti-theft function. All functions are based on the Renesas RZ/A2M development platform and implemented on it, with process testing and some performance testings completed and the system performs well.

Currently there is no solution on the market that provides full-process personal safety and property security protection. If our system converges deeper with car's original electronic control unit and enhances the usefulness of the system, we believe there will be very broad prospects for application.

Keywords: Internet of Things; In-car Child Safety; the Renesas RZ/A2M; DRP; Face Detection; Amazon Rekognition; Face Comparison; Amazon Web Service

1. 作品概述

1.1 背景分析

近年来，儿童被滞留车内而导致的窒息事件频发，让人触目惊心。美国儿童乘车安全组织 Kids and Cars 对 2001—2010 年美国儿童车内非交通死亡原因的统计显示，车内滞留导致热窒息死亡的占比高达 58%。测试发现，车外温度为 22℃时，太阳照射 1 h 后，车内温度将上升到 40℃以上，超过人体核心温度阈值耐受极限（39.4℃）。加之儿童的体温调节机制不及成人，体温上升速率是成人的 3～5 倍，所以滞留车内的儿童极易出现脱水、中暑、热射病、窒息甚至死亡的情况。此外,在封闭狭小的车内,人体呼出的二氧化碳浓度上升,进而加速窒息的过程。高温下汽车零部件和车内装饰物还会挥发出有害气体,造成头痛、乏力等中毒症状。因此,车上防窒息与报警系统具有重要的社会和经济价值。

1.2　工作流程

基于上述需求,我们提出了一种基于瑞萨 RZ/A2M 开发平台的车内防窒息及防盗报警系统的设计方案,旨在守护儿童的人身安全。

系统的大致工作流程如下:

(1) 检测到车主离开汽车后,系统开始工作。如果红外摄像头检测到后排还有儿童,就通过闪灯、鸣笛、发送短信的方式通知车主。

(2) 若车主并未返回,则红外摄像头和二氧化碳浓度传感器开始持续采集车内环境参数并上传到云端的数据库,同时每隔一段时间发送短信继续提醒车主;一旦车内的温度或二氧化碳浓度等参数超过了设定的阈值,则除向车主发出警报之外,还降下车窗来散热和换气。

(3) 同时摄像头也开始工作,对汽车周围的情况进行监控。若摄像头检测到人脸,就会将车窗关小,并将拍摄到的照片上传至云端,和车主的人脸图像作比较。

(4) 如果识别结果是陌生人,就会再次向车主发出警报。直到车主返回汽车,工作流程结束。

此外,该系统还具备车主可在 Web 应用程序上输入自己的手机号码来订阅通知短信、实时查询车内环境参数、查看车内儿童情况以及靠近汽车的陌生人图像等功能。

1.3　特色描述

(1) 具备报警、防窒息、防盗等功能,可以有效保护车内被困儿童人身安全。

(2) 使用技术成熟的红外摄像头实现车内儿童检测,性能稳定。

(3) 通过闪灯、鸣笛、发送短信等一系列强提醒方式通知车主,具有较强的报警功能。

(4) 使用瑞萨独有的嵌入式 DRP 处理器实现人脸检测功能,满足实时检测的需求。

(5) 集成多项亚马逊 Web 服务(AWS),实现数据的快速传递和信息的实时处理。

(6) 车主可以借助 Web 应用程序订阅通知和查询数据,高效获取信息,交互功能完善。

1.4　应用前景分析

儿童被困车内导致窒息身亡的惨剧时有发生,现有解决方案多数倾向于提醒车主在锁车离开前关注车内的情况,却没有显著效果。长期以来各大汽车厂商也都没有给出相关方案来避免这一危险情况的出现。

目前市场上仅有某国产品牌的最新款车型搭载了"后排生命体征监测系统"。该系统采用一颗毫米波雷达作为传感器,成本相对较高,对睡眠甚至昏迷时微小动作的监测能力仍有待检验,另外,还容易受到非生命体运动的干扰。

本作品是通过红外摄像头来检测车内是否还有儿童,可以在降低硬件成本的同时保证检测效果;后续的警报通知功能、生命保护功能以及监控防盗功能更加完善。更重要的是此设备符合市场对于智能化、自动化的要求,如果本系统能够与汽车原本的车机系统和应用程序实现更深层次地融合，相信一定会有非常广阔的应用前景。

2. 作品设计与实现

2.1 系统方案

系统方案流程如图 1 所示。

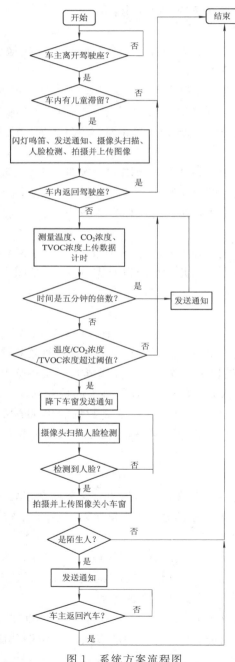

图 1 系统方案流程图

2.1.1　硬件框图

作品外观为本队自助 3D 打印的外盒(见图 2)，自助制作的 PCB 板如图 3 所示。

图 2　作品外观(自助 3D 打印制作的外盒)

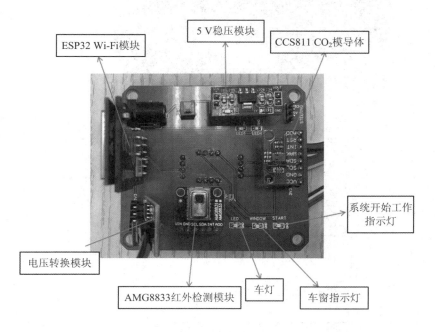

图 3　自助制作 PCB 板

硬件布局 3D 模型的主视图与俯视图如图 4(a)、(b)所示。

整个系统的框架图如图 5 所示。

整个系统分为三个模块：传感器模块、动作机关模块与 Wi-Fi 模块。

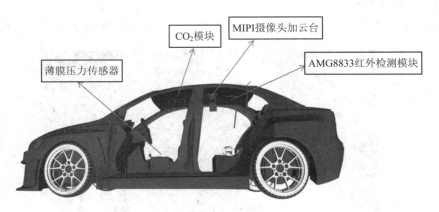

(a) 硬件布局主视图

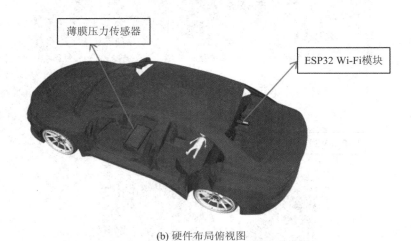

(b) 硬件布局俯视图

图 4   硬件布局 3D 模型

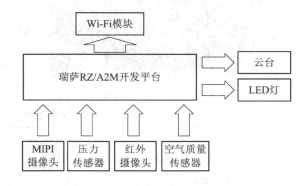

图 5   硬件框图

1) 传感器

(1) MIPI 摄像头用于拍摄车内儿童的图像以及车外靠近的陌生人的图像，并保存在瑞萨 RZ/A2M 开发平台上。

（2）压力传感器用于检测车主是否离开驾驶位。

（3）AMG8833 红外摄像头用于检测车内是否有儿童滞留，以及测量车内环境温度。

（4）CCS811 空气质量传感器用于测量车内 CO_2 浓度和 TVOC(Total Volatile Organic Compounds，总挥发性有机化合物)浓度。

2）动作机关

（1）云台用于带动其上的 MIPI 摄像头转动。

（2）LED 灯用于代表车灯和喇叭。由于条件有限，无法使用真正的车灯和喇叭进行测试，所以用两颗 LED 灯分别代表车灯和喇叭。

3）Wi-Fi 模块

Wi-Fi 模块用于将 JSON 文档发送到 AWS IoT Core，以及将拍摄到的图像发送到电脑。

2.1.2　软件流程

当 JSON 文档发送到特定主题的流程如图 6 所示。

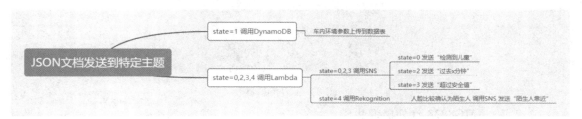

图 6　JSON 文档发送到 AWS IoT Core 流程图

Web 应用程序流程如图 7 所示。

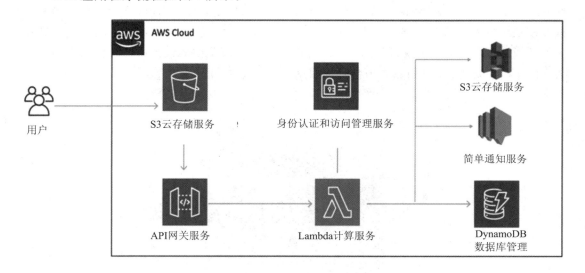

图 7　Web 应用程序流程图

2.2 实现原理

2.2.1 压力传感器

本设计系统的压力传感器是一种薄膜型触点传感器(如图 8 所示),传感器触点均匀分布在表面,当受到外部压力时,传感器产生电阻变化信号,电压转换模块再将电阻变化信号转换成数字逻辑高低电平信号,并传送给开发板。将该传感器放置在驾驶座中,当有人坐在座位上时,压力传感器的电阻值变小,电压转换模块的 D_0 口输出为低电平;当座位上没有人时,压力传感器的电阻值变大,电压转换模块的 D_0 口输出为高电平。连接电压转换模块的 D_0 口和瑞萨 RZ/A2M 开发平台的 PG_1 引脚,通过读取并判断输入的电平来检测座位上是否有人。

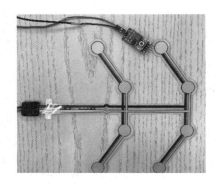

图 8　压力传感器

2.2.2 AMG8833 红外摄像头

AMG8833 红外摄像头是一个 $8×8$ 的红外热像仪传感器矩阵(如图 9 所示),温度测量范围为 $0\sim80℃$,测量精度为 $±2.5℃$,它可以检测到远达 7 m 外的人体。连接 AMG8833红外摄像头和瑞萨 RZ/A2M 开发平台的 SCL PD_6 和 SDA PD_7 引脚,使用 IIC 通信模式读取模块中寄存器存储的 64 个温度值并比较得出最大值,然后通过模块上的温度传感器测量环境温度。当摄像头视野范围内有人体时,64 个温度值中的最大值与环境温度的差值将大于 $7℃$。故利用温度值最大值与环境温度的差值来检测人体,当差值大于 $7℃$ 时,判断为有人;当差值小于 $7℃$ 时,判断为无人。

图 9　AMG8833 红外摄像头

2.2.3　CCS811 空气质量传感器

CCS811 空气质量传感器是一种低功耗数字气体传感器（如图 10 所示），集成了 CCS811 传感器和 8 位模数转换器，用来检测包括 CO_2 浓度和 TVOC 浓度等在内的空气质量指标。连接 CCS811 空气质量传感器和瑞萨 RZ/A2M 开发平台的 SCL PD_4 及 SDA PD_5 引脚，使用 IIC 通信模式读取模块中寄存器存储的 CO_2 浓度和 TVOC 浓度。

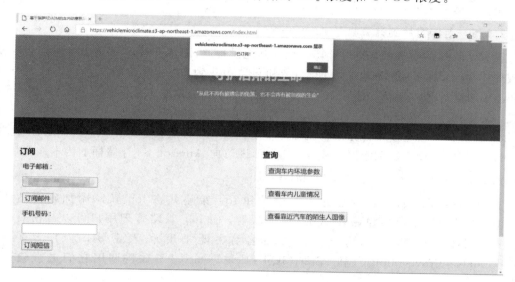

图 10　CCS811 空气质量传感器

2.2.4　MIPI 摄像头结合嵌入式 DRP 处理器实现人脸检测

人脸检测有多种实现方法，常见的方法有形状特征检测、纹理特征检测以及颜色特征检测。前两种方法所需的运算量都很大，不易实现人脸的实时检测和跟踪。考虑到人体皮肤的颜色分布一般而言与其他物体的颜色分布不同，而且不同物体的颜色除了受光照的影响较大外，与物体的大小、伸缩及姿态基本无关，因此，我们决定采用人体皮肤颜色模型进行人脸位置的粗定位。

经实验发现，虽然人体皮肤颜色在 RGB 颜色空间中分布在一个很小的范围内，但是由于亮度的影响，不同的光照条件下，皮肤颜色是不一样的；虽然归一化 RGB 模型能够减小亮度的影响，但是由于同样受亮度影响的色彩饱和度没有从该模型中分离出来，因此该模型对亮度的变化仍然比较敏感。查阅文献后发现 HSV 颜色模型更加接近于人对颜色的感知。因此，本作品选用 HSV 颜色模型作为皮肤颜色分类的特征空间。

采用 HSV 颜色模型作为皮肤颜色分类的大致思路为，将摄像头拍摄到的 Bayer 格式图像转换到 HSV 空间，分别设定 H、S、V 的阈值。对于每个像素点，如果其 HSV 值高于这个阈值，就将其像素值转换为 255；如果低于这个阈值，就将其像素值转换为 0。最终的效果就是将皮肤部分像素转换到 255，其余部分像素值都转换为 0。

具体实现时，使用 r_drp_Simple_isp_obj_det_color_6.dat 函数抽取皮肤颜色区域模型，属于肤色范围的区域标记为白色，其他区域标记为黑色。皮肤区域提取出来后，因为背景噪声等影响，一些非皮肤颜色的细小区域被判定为皮肤，可以根据噪声面积阈值参数将这些区域删除。使用 r_drp_erode. dat 以及 r_drp_dilate. dat 函数，对图像进行三次腐蚀和膨胀操作，消除背景噪声。

处理后的图像为二值化图像，皮肤区域为白色像素点，非皮肤区域为黑色像素点。为了排除环境因素引起的干扰（如背景灯光也会被识别为白色像素点），使用 r_drp_histogram. dat 函数进行像素点统计，计算图像中白色像素点占像素总数的百分比，若这个值在范围内，则判定为检测到人脸。

2.2.5　上传图片到计算机及 Amazon S3

设置计算机的防火墙，使得计算机允许其他设备通过 TCP 端口 50000 与其建立连接。在程序中填写计算机的 IP 地址，使得计算机可以被找到。在程序中填写 Wi-Fi 的 SSID 和密码，程序运行时，prvWifiConnect() 函数将调用它们并通过 AT 指令操作完成 Wi-Fi 的连接。创建 os_jpeg_send_task_t 任务，就可以将图片发送给计算机。在计算机端，运行的 Python 脚本在建立连接后首先接收图片的字节大小，然后接收数据并保存为图片。提供事先申请的 AWS 访问 ID 和密码完成身份验证，即可向 Amazon S3 存储桶上传本地图片。

2.2.6　发送 JSON 文档到 AWS IoT Core

在 AWS IoT Core 控制台创建 IoT 物品和 IoT 策略并将 IoT 策略附加到物品证书上。IoT 物品相当于硬件设备在 AWS 中的映射，而 IoT 策略管理用户可以对物品执行的操作。在程序中填写终端节点、物品名称、证书和私人密钥，程序运行时，vDevModeKeyProvisioning() 和 vStartMQTTEchoDemo() 函数将调用它们进行验证和连接。

在 vStartMQTTEchoDemo() 函数中，创建 prvMQTTConnectAndPublishTask 任务，其中的 prvPublishNextMessage 函数可以将 JSON 格式的包含 state 和车内环境参数的键值对的字符串发送到 IoT 物品的某个主题下。接收到信息后，AWS IoT Core 规则引擎将根据 state 筛选条件，判定是将其他数据写入 Amazon DynamoDB 数据表，还是触发不同的 AWS Lambda 函数。

而在 AWS Lambda 函数中，可以调用 AWS SNS 服务，这将向订阅了某主题的所有手机号码和电子邮箱发送通知；也可以调用 AWS Rekognition 服务，这将从 Amazon S3 存储桶中调用源图像（车主人脸照片）和目标图像（拍摄到的照片）进行人脸比较。如果两者的相似度低于 90%，也将调用 AWS SNS 服务发送通知。

2.2.7　在 Web 应用程序上订阅通知和实时查询

在 Amazon S3 存储桶中托管静态网页，使得其他人也拥有访问它的权限。通过单击事件调用 Amazon API Gateway 并传递参数。Amazon API Gateway 也将触发不同的 AWS Lambda 函数。包括调用 AWS SNS 服务查找订阅和创建订阅；调用 Amazon DynamoDB 数据库显示数据；调用 Amazon S3 存储桶下载其中的图片。

2.3　设计计算

2.3.1　温度阈值

查阅实验数据得知，车外温度为 36.8℃ 时，5 min 后车内温度最高将会上升到 51℃；车外温度为 31℃ 时，10 min 内车内温度会上升到 40～45℃；车外温度为 22℃ 时，1 h 后车内温度也会上升到 40℃ 以上。

资料显示，人体核心温度阈值生理安全上限为 38.5℃，耐受极限为 39.4℃，而当温度达到 42℃ 时，就会对儿童的大脑造成不可逆的损伤。

综上所述，将温度阈值设置为 38.5℃。

2.3.2　CO_2 浓度阈值

资料显示，当空气中 CO_2 含量超过 0.1% 时人就会感到疲倦、不适；达到 0.2% 时就会感到呼吸困难；超过 0.4% 时便会感到头晕头痛，还有可能呕吐；浓度达到 1% 时，人就会感到窒息。

查阅实验数据得知，车内乘坐 1 名成人，3 min 后，在封闭的车内 CO_2 浓度就达到了限量值 0.1%，16 min 后，浓度达到了 0.2%，36 min 达到了 0.3%。

综上所述，并且考虑到同一时刻，空气质量传感器周围的 CO_2 含量会小于儿童周围的 CO_2 含量，所以将 CO_2 浓度阈值设置为 0.08%。

2.3.3　人脸检测 HSV 阈值

将图像从 Bayer 颜色空间转换到 HSV 颜色空间，然后根据图像中像素的 HSV 值抽取肤色区域。据文献研究，进行皮肤检测时，一般将 HSV 阈值设置为 $0<H<14$、$30<S<150$、$60<V<255$。经过多次实验，我们将 H、S、V 三通道的阈值分别设置为 $13<H<20$、$30<S<150$、$60<V<255$，并将肤色区域标记为白色，其余区域标记为黑色。

2.4　功能

我们设计的基于瑞萨 RZ/A2M 开发平台的车内防窒息及防盗报警系统，集物联网和深度学习一体，致力于守护儿童的人身安全以及车主的财产安全，其主要功能如下。

1) 警报功能

警报功能分为声光警报和短信通知。

（1）声光警报。检测到车主离开汽车并且后排还有儿童滞留时，通过闪灯、鸣笛的方式及时通知车主。

（2）短信通知。在以下四种情况下发送短信通知车主：

◆ 检测到后排还有儿童滞留时。

◆ 从车主离开汽车开始过去 5 min、10 min、15 min……时。

◆ 车内的温度、CO_2 浓度、TVOC 浓度三者中的一个值超过了相应设定的阈值时。

◆ 车外有陌生人靠近时。

2) 防窒息功能

车内的温度、CO_2 浓度、TVOC 浓度三者中的一个超过了设定的阈值时，降下车窗来散热和换气，避免儿童窒息。

3) 防盗功能

降下车窗后，为了避免不法分子借机打开车门抱走儿童或行窃，摄像头将开始工作，对汽车周围的情况进行监控。若摄像头检测到人脸，就会将车窗关小，并将拍摄到的照片上传至云端，和车主的人脸图像比较。如果比较发现是陌生人，就会向车主发出警报。

4）订阅通知功能

在 Web 应用程序上，输入手机号码就可以订阅通知短信，输入电子邮箱就可以订阅通知邮件（订阅邮件需要打开确认邮件进行确认）。

5）实时查询功能

在 Web 应用程序上，点击按钮就可以实时查询从车主离开汽车开始过去的时间及温度、CO_2 浓度和 TVOC 浓度这些车内环境参数，还可以查看 MIPI 摄像头拍摄的车内儿童照片和靠近汽车的陌生人照片。

上述功能均已在 RZ/A2M 开发平台上实现，且信息采集快速，动作执行准确，短信通知满足实时性要求，Web 应用程序与用户交互较好。

3. 作品测试与分析

3.1 测试方案

3.1.1 流程测试

根据系统的工作流程，进行如下测试。

（1）打开 Amazon S3 控制台并打开对应的存储桶，上传"车主"（此处身份为"车主"的同学）的脸部图片。

（2）订阅通知功能。

① 打开 Web 应用程序，在"电子邮箱"栏中输入之前订阅过邮件的邮箱，点击"订阅邮件"按钮（AWS 中国区尚未上线 SMS 服务，需要使用海外的 SMS 服务，并在海外 AWS 进行短信模版的注册。由于还在等待注册的审核通过，因此暂时使用邮件进行测试，下同），查看网页是否正确显示通知。

② 在"电子邮箱"栏中输入之前未订阅邮件的邮箱，点击"订阅邮件"按钮，查看网页是否正确显示通知，指导用户完成订阅。

（3）警报功能。

① 让一位同学从压力传感器上离开，以此模拟车主离开驾驶座。打开串口助手，查看压力传感器的输出数据。让另一位同学坐在 AMG8833 红外摄像头的侧前方，以此模拟儿童滞留在车内。观察代表车灯和代表喇叭的 LED 灯是否发光，以及订阅了邮件的邮箱是否收到通知。观察搭载了 MIPI 摄像头的云台是否开始转动并且在 45°方向暂停一定时间或在 45°方向和 135°方向都暂停（最终在"儿童"所在方向停止），显示器是否实时显示二值化的摄像头拍摄到的画面。

② 运行 Python.exe，查看打印信息。打开脚本所在的文件夹，查看图片是否正常保存。打开 Amazon S3 控制台并打开对应的存储桶，查看图片是否正常上传。在 Web 应用程序上点击"查看车内儿童情况"按钮，查看网页是否正常显示图片。

（4）实时查询功能。

① "车主"不坐回压力传感器上，以此来模拟车主并未返回车内。打开串口助手，查看 AMG8833 红外摄像头和 CSS811 空气质量传感器的输出数据。

② 打开 AWS DynamoDB 控制台并打开对应的数据表,查看表中的数据是否与实际情况相一致以及数据是否会定时更新。在 Web 应用程序上点击"查看车内环境参数"按钮,查看网页是否正确显示实时数据。

(5) 计时。在第 5 min、第 10 min、第 15 min……时查看邮箱是否收到显示相同时间的通知。

(6) 防窒息功能。

① 针对温度超过阈值的情况,为了方便进行测试,将阈值降低,并用手捂住 AMG8833 红外摄像头来模拟。观察代表车窗的 LED 灯是否发光,以及邮箱是否收到通知。

② 针对 CO_2 浓度超过阈值的情况,向 CCS811 空气质量传感器呼气来模拟。打开串口助手,查看 CCS811 空气质量传感器的输出数据。以这种方式模拟,CO_2 浓度将远远超过阈值。观察代表车窗的 LED 灯是否发光,以及邮箱是否收到通知。

③ 针对 TVOC 浓度超过阈值的情况,由于条件受限,暂不进行测试。

(7) 防盗功能。

观察搭载了 MIPI 摄像头的云台是否开始循环转动并且在 0°方向和 180°方向都暂停 5 s,以及显示器上是否实时显示二值化的摄像头拍摄到的画面。

① 让一位同学站在 MIPI 摄像头的 0°方向或 180°方向,距离 1 m 左右的位置,以此模拟陌生人靠近汽车。观察云台转动到"陌生人"所在方向时是否会停下,以及代表车窗的 LED 灯是否闪烁一次。查看邮箱是否收到通知。

② 打开 Python.exe,查看打印信息。打开脚本所在的文件夹,查看图片是否正常保存。打开 Amazon S3 控制台并打开对应的存储桶,查看图片是否正常上传。在 Web 应用程序上点击"查看靠近汽车的陌生人图像"按钮,查看网页是否正常显示图片。

③ 让"车主"站在 MIPI 摄像头的 0°方向或 180°方向,距离 1 m 左右的位置,以此模拟车主靠近汽车。观察云台转动到该同学所在方向时是否会停下,以及代表车窗的 LED 灯是否闪烁一次。查看邮箱是否收到通知(正确情况下不收到通知)。

3.1.2　性能测试

由于对系统的人脸识别功能和人脸比较及发送警报功能有实时性要求,故进行如下测试。

(1) 嵌入式 DRP 处理器测试。

① 记录串口输出嵌入式 DRP 处理器处理图片所需的时间。

② 查看显示器显示第一次处理后得到的图片。

③ 查看显示器显示经过三次腐蚀和膨胀处理后得到的图片。

④ 查看串口输出直方图像素点个数统计结果。

(2) Amazon Rekognition 服务测试。

对 3.1.1 流程测试第(7)步中的①,对从"代表车窗的 LED 灯闪烁一次"到"邮箱收到通知"这一过程计时。

3.2 测试环境搭建及测试设备

3.2.1 系统环境

系统环境为 Windows 10 家庭中文版。

3.2.2 软件环境

（1）存储桶（托管网站，存储图片）：Amazon S3。
（2）串口助手：XCOM 串口调试助手。
（3）Python：Python 3.7。
（4）数据表：Amazon DynamoDB。

3.2.3 物理环境

物理环境为照明条件良好、背景无其他杂物的室内。

3.2.4 测试设备

测试设备为 HDMI 显示器、手机、电脑。

3.3 测试数据

3.3.1 流程测试

1）订阅通知功能

（1）打开 Web 应用程序，在"电子邮箱"栏中输入已订阅邮件的邮箱，点击"订阅邮件"
按钮，网页正确显示通知，如图 11 所示。

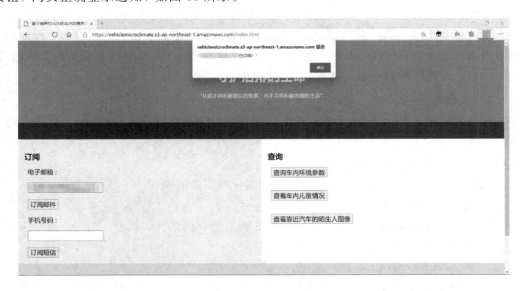

图 11　订阅邮件功能（输入已订阅的邮箱）

（2）在"电子邮箱"栏中输入之前未订阅邮件的邮箱，点击"订阅邮件"按钮，网页正确
显示通知如图 12 所示，指导用户完成订阅。

图 12　订阅邮件功能(输入未订阅的邮箱)

2）警报功能

（1）同学从压力传感器上离开，串口助手输出数据如图 13 所示。

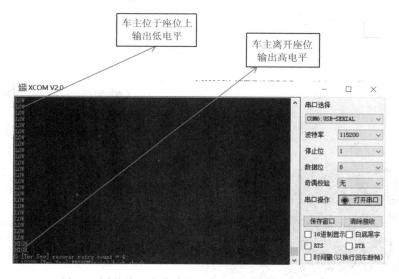

图 13　同学从压力传感器上离开时压力传感器输出

（2）AMG8833 红外摄像头的侧前方无人时，串口输出数据如图 14 所示。

图 14　无人时红外摄像头输出

body temperature(64 个温度值中的最大值)与 temperature(环境温度)的差值小于 6～7℃,判定为无人。

(3) 同学坐在 AMG8833 红外摄像头的侧前方时,串口输出数据如图 15 所示。

图 15　有人时红外摄像头输出

body temperature(64 个温度值中的最大值)与 temperature(环境温度)的差值大于 6～7℃,判定为有人。

(4) 代表车灯和代表喇叭的 LED 灯发光,订阅了邮件的邮箱收到通知,如图 16 所示。

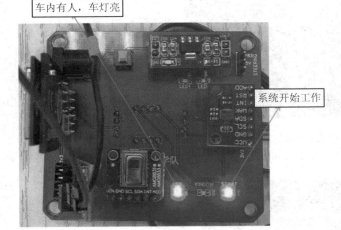

(a) LED灯发光　　　　　　　　　　　　　　(b) "检测到儿童"邮件

图 16　"检测到儿童"后闪灯、鸣笛、发送邮件

(5) 云台转动并且最终在同学所在方向停下,显示器上实时显示二值化的摄像头拍摄到的画面,如图 17 所示。

图 17　二值化的摄像头拍摄到的画面

（6）Python. exe 显示接收到数据并保存为文件。图片正常保存到脚本所在的文件夹，上传到对应的 Amazon S3 存储桶，如图 18 所示。

(a) 接收到 39092bytes 数据，保存为 demo_0.jpg

(b) 将 demo_0.jpg 保存到脚本所在文件夹

图 18　demo_0. jpg 保存到电脑

（7）在 Web 应用程序上点击"查看车内儿童情况"按钮，发生错误，如图 19 所示。

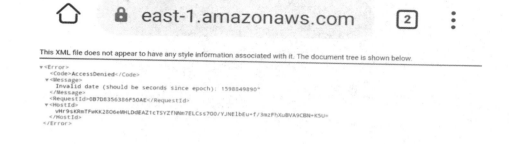

图 19　"查看车内儿童情况"失败

3）实时查询功能

（1）同学不坐回压力传感器上，串口输出数据如图 20 所示。

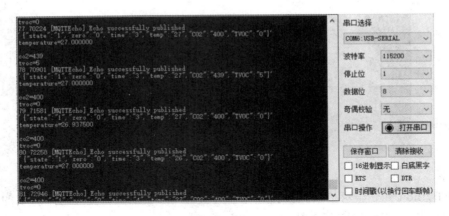

图 20 同学不返回时红外摄像头和空气质量传感器输出

（2）对应的 AWS DynamoDB 数据表中的数据与实际情况相一致并定时更新。

（3）在 Web 应用程序上点击"查看车内环境参数"按钮，网页正确显示实时数据，如图21 所示。

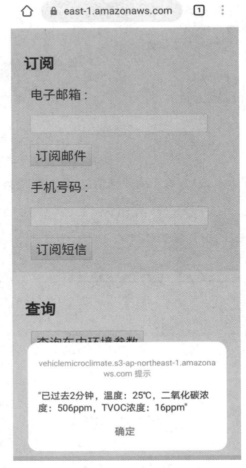

图 21 查看车内环境参数功能

4）接收信息功能

在第 5 min、第 10 min、第 15 min……时邮箱收到显示相同时间的通知，如图 22 所示。

(a) "过去 5 分钟" 邮件

(b) "过去 10 分钟" 邮件

(c) "过去 15 分钟" 邮件

图 22　"过去 x 分钟"邮件

5) 防窒息功能

(1) 针对温度超过阈值的情况，代表车窗的 LED 灯发光，邮箱收到通知，如图 23 所示。

车内温度升高，威胁儿童生命安全，模拟车窗的LED灯打开

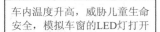

AWS Notification Message

Message Topic   显示详情

检测到您的车内温度、CO_2 含量和TVOC含量中的一项或多项已超过安全值，已为您打开车窗，请尽快返回！

—

If you wish to stop receiving notifications from this topic, please click or visit the link below to unsubscribe:
https://sns.ap-northeast-1.amazonaws.com/unsubscribe.html?SubscriptionArn=arn:aws:sns:ap-northeast-1:797721426970:Message_Topic:d81a5cdc-36fe-4cfa-81d5-ffca94e735c7&;Endpoint=2788265796@qq.com

Please do not reply directly to this email. If you have any questions or comments regarding this email, please contact us at https://aws.amazon.com/support

(a) LED灯发光   (b) "超过安全值" 邮件

图 23   温度"超过安全值"后降下车窗、发送邮件

(2) 针对 CO_2 浓度超过阈值的情况，向 CCS811 空气质量传感器呼气，串口助手输出数据如图 24 所示。

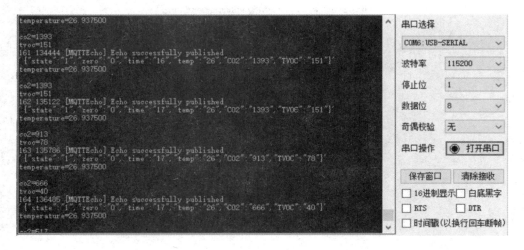

图 24   呼气后空气质量传感器输出

(3) 代表车窗的 LED 灯发光，打开车窗，邮箱收到通知，如图 25 所示。

车内空气质量威胁儿童生命安全，模拟车窗的LED灯打开

AWS Notification Message ⌄

Message Topic　　　　　显示详情

检测到您的车内温度、CO2含量和TVOC含量中的一项或多项已超过安全值，已为您打开车窗，请尽快返回！

--

If you wish to stop receiving notifications from this topic, please click or visit the link below to unsubscribe:
https://sns.ap-northeast-1.amazonaws.com/unsubscribe.html?SubscriptionArn=arn:aws:sns:ap-northeast-1:797721426970:Message_Topic:d81a5cdc-36fe-4cfa-81d5-ffca94e735c7&;Endpoint=2788265796@qq.com

Please do not reply directly to this email. If you have any questions or comments regarding this email, please contact us at https://aws.amazon.com/support

(a) LED灯发光　　　　　　　　　　　　(b) "超过安全值"邮件

图 25　CO_2 "超过安全值"后降下车窗、发送邮件

6）防盗功能

（1）搭载了 MIPI 摄像头的云台开始循环转动并且在 $0°$ 方向和 $180°$ 方向都暂停 5 s，显示器上实时显示二值化的摄像头拍摄到的画面，如图 26 所示。

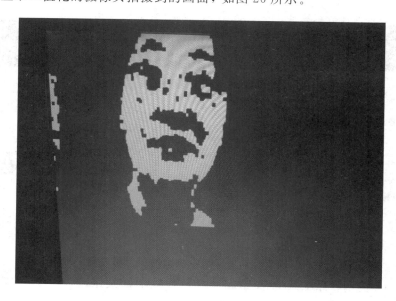

图 26　二值化的摄像头拍摄到的画面

（2）让一位同学站在 MIPI 摄像头的 0°方向或 180°方向，距离 1 m 左右的位置。云台转动到该同学所在方向时停下。代表车窗的 LED 灯闪烁一次，邮箱收到通知，如图 27 所示。

图 27 "陌生人靠近"邮件

（3）Python.exe 显示接收到数据并保存为文件。图片正常保存到脚本所在的文件夹，上传到对应的 Amazon S3 存储桶，如图 28 所示。

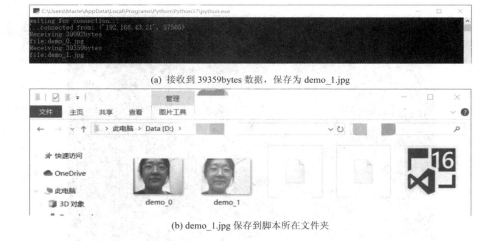

(a) 接收到 39359bytes 数据，保存为 demo_1.jpg

(b) demo_1.jpg 保存到脚本所在文件夹

图 28 将 demo_1.jpg 保存到电脑

（4）在 Web 应用程序上点击"查看靠近的陌生人图像"按钮，发生错误，如图 29 所示。

（5）让作为车主的同学站在 MIPI 摄像头的 0°方向或 180°方向，距离 1 m 左右的位置。云台转动到该同学所在方向时停下。代表车窗的 LED 灯闪烁一次，邮箱未收到通知。

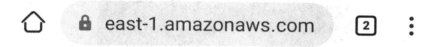

This XML file does not appear to have any style information associated with it. The document tree is shown below.

▼<Error>
　<Code>AccessDenied</Code>
　▼<Message>
　　Invalid date (should be seconds since epoch): 1598849901"
　</Message>
　<RequestId>3KDM6N4X3MBVEHFG</RequestId>
　▼<HostId>
　　Z/fg4KI56x0Q6BJnE5tf0dAltsuDq1UcTnqZgNY1Q9Y9iFH9rIzll5p3mDyKjvP1QmlPNVtEL8Q=
　</HostId>
</Error>

图 29　"查看靠近的陌生人图像"失败

3.3.2　性能测试

1）嵌入式 DRP 处理器

（1）串口输出嵌入式 DRP 处理器处理图片所需的时间计数如图 30 所示。

图 30　嵌入式 DRP 处理器处理图片所需时间

（2）显示器显示摄像头拍摄到的图片如图 31 所示。

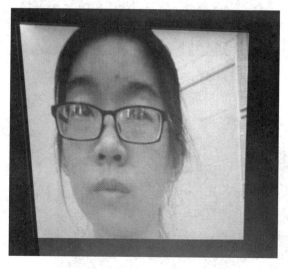

图 31　摄像头拍摄到的图片

（3）显示器显示第一次处理后得到的图片如图 32 所示。

图 32　第一次处理后得到的图片

（4）显示器显示经过三次腐蚀和膨胀处理后得到的图片如图 33 所示。

图 33　经过三次腐蚀和膨胀处理后得到的图片

（5）串口输出直方图像素点个数统计结果如图 34 所示。

图 34　直方图像素点个数统计结果

2）Amazon Rekognition 服务

从"代表车窗的 LED 灯闪烁一次"到"邮箱收到通知"，这一过程用时约 15 s。考虑到这个时间包括了发送图像到电脑、电脑上传图像到 Amazon S3 存储桶、发送 JSON 文档触发 AWS Lambda 函数、调用 Amazon Rekognition 服务从 Amazon S3 存储桶中读取源图像和目标图像并进行比较，以及调用 AWS SNS 服务发送邮件，这样的速度表现尚可，但也仍有提高的空间。况且车窗此前已经关小，儿童的安全不会因为时间较长而受到威胁。

3.4　结果分析

3.4.1　流程测试结果分析

从流程测试结果可以看出，系统可以按照工作流程完整地运行；通知邮件正确发送；数据正确上传到数据表；图片正常保存到本地并上传到云端；Web 应用程序无论是在电脑端还是手机端都正常显示并基本实现功能。

唯一的问题出现在点击"查看车内儿童情况"按钮和"查看靠近的陌生人图像"按钮时，图片无法正常显示，网页提示访问被拒绝错误，时间参数无效。但是无论是 AWS Lambda 函数返回的网址，还是 Amazon API Gateway 返回的网址，都可以正常打开图片。查阅了一些资料，也都没有发现问题的原因和解决的方法。我们推断可能是因为存储图片的 Amazon S3 存储桶部署在东京，由于存在网络延迟导致无法正常访问。

3.4.2　性能测试结果分析

从性能测试结果可以看出，嵌入式 DRP 处理器处理图片所需的时间仅为 20ms 左右，可以认为满足了人脸识别功能的实时性要求；摄像头拍摄到的图片为灰度图像；第一次处理后得到的图片为二值化图像，基本检测出了人脸所在区域，但还有一些背景噪声被转换为白色像素点；三次腐蚀和膨胀处理后得到的图片消除了背景噪声，且人脸部分白色像素点更加明显，达到了预期效果；最后使用直方图统计图像中白色像素点占像素总数的百分比，考虑到人体生理特征及车内光照情况等方面的因素，将白色像素点个数阈值范围设置为 $1 \times 10^4 \sim 1.5 \times 10^4$，就可以较好地实现人脸检测。

4.　创新性说明

4.1　具有防窒息及防盗功能，提供全流程保护

无论是市场上有的某国产品牌最新款车型搭载的"后排生命体征监测系统"，还是一些类似的检测车内是否有儿童滞留的系统设计，它们的功能暂时都还只是局限于检测到车内有儿童滞留后向车主发出警报。一旦车主没有注意到报警信息，那么车内的儿童处境仍然十分危险。而在我们的系统中，除了报警功能之外，还有降下车窗通风换气来避免窒息的功能，以及与之匹配的监控防盗功能，提供全流程的人身安全和财产安全保护。

4.2　使用 DRP 处理器，实现实时人脸检测

嵌入式 DRP 处理器是瑞萨独有的技术，它是一种硬件的处理单元可以在一个时钟之

内动态变更和配置的硬件算法电路，相较于 CPU 处理（软件）和 FPGA 或 ASCI 处理（硬件），DRP 可以更好地结合硬件的高效率和软件的灵活性。在嵌入式 DRP 处理器的帮助下，系统在 RZ/A2M 开发平台上就可以在 20 ms 的时间内完成人脸检测，极大地提升了系统的安全性，满足防盗功能的需求。

4.3　集成 Amazon Rekognition 服务，实现实时人脸比较

起初我们打算在 RZ/A2M 开发平台上完成人脸识别的任务，但是实验后发现，采集车主人脸特征相当烦琐，对用户不友好；在 CPU 上处理所需的算法也很复杂，程序运行时间较长，无法达到实时识别的要求；识别的准确率也不尽人意。因此我们决定使用 Amazon Rekognition 服务来完成人脸比较。Amazon Rekognition 是亚马逊基于深度学习的视觉分析服务，它能够每天在云端分析数十亿个图像和视频，进行持续学习，所以只需要一张源图像和一张目标图像，它就可以返回人脸比较的结果，且准确率极高，速度也可以达到实时级别，完全能够补偿传输图像所耗费的时间。

4.4　全自动化智能车载设备

设备集成度高，车内设备无需用户手动操作就可实现全过程自动检测并上传信息到云端、短信、邮件信息及时提醒，用户操作的网页界面简洁易懂，很好地实现了车载设备的智能化。

5.　总结

作品设计历经 42 天，期间我们团队三人分别负责不同的部分，虽然遇到了不少困难和挫折，但是最终也都一一克服，实现了系统的功能。比如起初我们打算使用 OpenCV，通过 MCU 读取 SD 卡中的级联检测器实现基于 Haar 算法的人脸检测。但是在实验中发现，用此方法处理图片，不仅算法复杂、效率较低，而且必须在人脸正对摄像头的情况下才能检测到人脸。于是我们决定转向相对陌生的 DRP，基于肤色特征进行人脸检测。经过一段时间的学习，基本掌握了 DRP 库，将处理一张图片所需的时间缩短到 20 ms 左右，降噪及人脸检测的效率也获得了明显提高，且对人脸的方向没有要求。经过此次比赛，我们不仅积累了宝贵的竞赛经验，还学习了不少知识；初步掌握了高级开发平台的应用，对物联网技术和图像处理的理解也进一步加深。

但是正如组委会的秘书老师所言："作品有没有，是一个逻辑问题；作品好不好，是一个算术问题。"我们解决了逻辑问题，不过在算术问题上，仍然有很大的提升空间，主要分为以下三部分。

（1）车内的温度超过设定阈值时，仅仅是降下车窗并不能起到很好的散热效果。但是根据我们的了解，目前的车载空调都必须在发动机点火之后才能启动。而发动汽车后，儿童的误操作可能会造成更大的危险。这就要求了我们的系统与汽车原本的车机系统更深层次地融合。

（2）基于皮肤颜色的对环境背景有一定要求。在我们的设计方案中，虽然使用了有关自动曝光的 ae 人脸检测函数，但是有时还是会受到环境光照的影响。目前正在研究人脸检

测背景自适应的相关算法，以提高人脸检测效率。

（3）CO_2 浓度阈值的设置有些粗糙。原来的想法是使用 fluent 构建模型，获得更加精确的 CO_2 浓度阈值。可惜时间有限，未能成行。

上述问题都需要继续学习并加以解决和完善。

最后要感谢全国大学生电子设计竞赛组织委员会和信息科技前沿专题邀请赛组委会，为我们提供了宝贵的参赛机会；感谢瑞萨电子和 Amazon Web Service 的工程师们，不厌其烦地为我们答疑解惑，给予我们莫大的帮助；感谢来自全国各地不同高校的同学们，我们在交流讨论中相互学习共同进步，解决了不少问题，只可惜无缘在杭电相会；感谢我们的指导老师和家长，全力支持我们参加此次比赛。

参考文献

[1]　李济民，刘英炎. 幼童滞留车内风险分析[J]. 山东化工，2015，44(22)：106-107.

[2]　朱航，马志雄，董丽萍，武修英，朱春嵩，张舒. 我国儿童乘员车内伤害类型及预防措施研究[J]. 佳木斯大学学报(自然科学版)，2013，31(05)：680-683.

[3]　崔昌华，朱敏琛. 基于肤色 HSV 颜色模型下的人脸实时检测与跟踪[J]. 福州大学学报，2006，34(6)：826-830.

[4]　王金云，周晖杰，纪政. 复杂背景中的人脸识别技术研究[J]. 计算机工程，2013，39(8)：196-199.

专家点评

该作品以瑞萨公司高性能处理器 RZ/A2M 为核心，设计了一套适用于车内使用的防窒息及防盗报警系统。该系统使用瑞萨嵌入式 DRP 处理器实现了人脸检测功能，集成 Amazon Rekognition 服务实现了云端人脸比较功能，设计思路符合信息科技前沿技术服务产业需求的发展趋势。建议开展该作品与车内已有电子系统的兼容性分析，进一步提升作品的实用性。

作品 12　"时光印迹"智能交互民间传统艺术表演系统

作者：崔鑫、段清原、范浩扬（西安电子科技大学）

作品演示　　　　文中彩图　　　　作品代码

摘　要

以传承民间艺术唤醒人们传统文化兴趣为目的，本团队设计了以瑞萨（Renesas）平台为核心、前沿信息科技融合的智能交互表演系统。该作品以 R7S921053VCBG 为主控核心，实现了无线智能多臂操控机器人、滑轨机械系统、灯光幕布音响、Kinect 骨骼形态提取系统、CMOS 摄像头手势识别交互系统等各子系统的相互协同工作。"无线"的设计方式免布线、增加了可靠性灵活性；可拆卸式轻便结构设计，方便舞台移动重组；多臂机器人拥有更多自由度、细腻还原老艺人动作；Kinect 骨骼点提取技术融合手势识别技术带来更多的表演趣味性。本作品将古老的皮影民间技艺与光机电一体化技术、人工智能技术结合起来，整体古朴又不失灵动，再现了精彩的民间传统艺术表演。

本作品具有科技感与传统艺术相结合的独特魅力，以先进的技术呈现质朴的传统艺术演出。作品旨在结合陕西地方特色的基础上，促进人类非物质文化遗产的传承与保护，并提供了一种未来全新视听娱乐体验。作品适用于博物馆、科技展览厅等各类文化宣传场所。

关键词：传承文化；手势识别；人机交互；机器人系统

"Time Imprint" Intelligent Interactive Traditional Folk Art Performance System

Author：Xin CUI, Qingyuan DUAN, Haoyang Fan(Xidian University)

Abstract

With the purpose of inheriting folk art and awakening people's interest in traditional culture，an intelligent interactive performance system with the Renesas platform as the core and the integration of cutting-edge information technology was designed. This work takes R7S921053VCBG as the main control core，and realizes wireless intelligent multi-arm control robot，sliding rail mechanical system，light-curtain-sound system，Kinect bone shape extraction system，and CMOS camera gesture recognition interactive system. The subsystems work together. The "wireless" design method avoids wiring and increases reliability and flexibility. Detachable and light structure design is convenient for movement and reorganization on stage. Multi-arm robots have more degrees of freedom and delicately restore the movements of old artists. Kinect skeleton point extraction technology combined with gesture puppet folk skills，recognition technology brings more fun. The work combines the ancient shadow figure with optical-mechanical-electrical integration technology and artificial intelligence technology，being simple and flexible，and it reproduces the wonderful traditional folk art performance.

This work has the unique charm of combining the sense of science and technology with the traditional art and culture，and presents the simple traditional art performance with advanced technologies. The work aims to promote the inheritance and protection of human intangible cultural heritage based on the regional characteristics of Shaanxi，and provide a new audio-visual entertainment experience in the future. The works are suitable for various cultural propaganda places such as museums，science and technology exhibition halls，etc.

Keywords：Culture Inheritance；Gesture Recognition；Human-computer Interaction；Robot System

1. 作品概述

1.1 背景分析

"一口道尽千古事，双手对舞百万兵。"隔一幕帷帐，纵时空流转，沧海桑田，灯下随鼓乐舞动的影人悠悠诉说着千古往事。朝代更迭，百态众生，一幕幕戏剧就是一部部活着的历史。如今传统文化和民间艺术日渐式微，木偶戏、皮影戏等优秀的非物质文化遗产面临后继无人的困境。我们认为前沿科技给传统文化带来的不应只是冲击，而是新的活力，因此我们充分利用了瑞萨平台提供的资源和开发支持，用现代前沿科技传承传统民间艺术。

1.2 相关工作

"时光印迹"智能交互民间传统艺术表演系统以 Renesas 平台作为核心，可实现京剧、木偶戏、皮影戏等多种民间传统艺术的表演。图像快速准确识别技术、CMOS 摄像头手势识别技术、Kinect 人机交互技术等最新的信息科技的应用，让表演系统不仅能够传承传统民间艺术，还可以进行交互式表演。本作品以传统皮影戏为载体，功能设计已全部实现完成。

以 Renesas 平台提供的 RZ/A2M 系列主控板作为整个表演系统的控制核心，机器人系统、手势识别系统、Kinect 人机交互系统等子系统在主控系统的调度下，互相协同操作，实现交互式、机电一体化的表演系统。

手势识别交互系统以 Renesas 平台提供的 CMOS 摄像头手势识别为基础，实现对表演系统启停的控制。Kinect 骨骼点提取技术融合手势识别技术带来更多的表演趣味性。

1.3 特色描述

"时光印迹"智能交互民间传统艺术表演系统是传统艺术与前沿信息科技的结合，具有现代科技感和传统艺术相结合的独特魅力。

本团队以瑞萨平台科技为核心，展开对未来生活的憧憬和探索。用手势识别、人机交互等前沿科技提供使用载体，包含 Kinect 摄像机、闭环反馈式高精度舵机、激光定位等先进工具器件，对传统文化和民间艺术进行传承和创新。

1.4 应用前景分析

"时光印迹"智能交互民间传统艺术表演系统利用前沿科技对传统艺术进行传承与创新，可以让皮影戏、木偶戏等民间传统艺术重新受到人们的关注。应用前景广阔，不仅可以在博物馆、文化展览馆等进行展出，还可以在海外文化交流活动中以及"一带一路"沿线国家展出，充分展现我国独特的文化魅力。

本作品以 Renesas 平台为核心，采用最新的前沿技术进行设计，并且会随着技术的发展，本作品可以得到不断改进，从而始终具有一定的市场竞争力。

2. 作品设计与实现

2.1 概念设计

"时光印迹"智能交互民间传统艺术表演系统是以 Renesas 平台为核心，前沿信息科技融合的智能交互表演系统，实现无线智能多臂操控机器人、滑轨机械系统、灯光幕布音响、Kinect 骨骼形态提取系统、手势识别交互系统等各子系统的相互协同工作。表演系统概念设计图如图 1 所示。

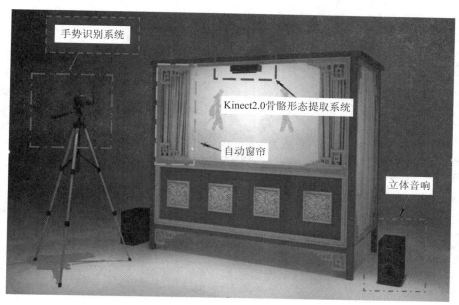

(a) 概念图正面效果

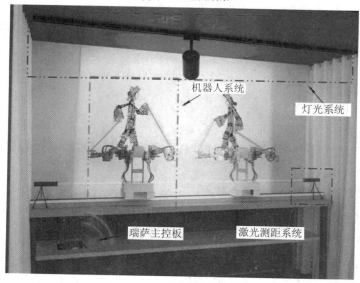

(b) 概念图背面效果

图 1 表演系统概念设计图

2.2 系统方案

"时光印迹"智能交互民间传统艺术表演系统以 Renesas 平台为主控系统,各子系统在主控系统的调度下协同操作,子系统分别为 CMOS 摄像头手势识别系统、Kinect 人机交互系统、无线智能多臂操控机器人系统等。

系统设计方案图如图 2 所示。

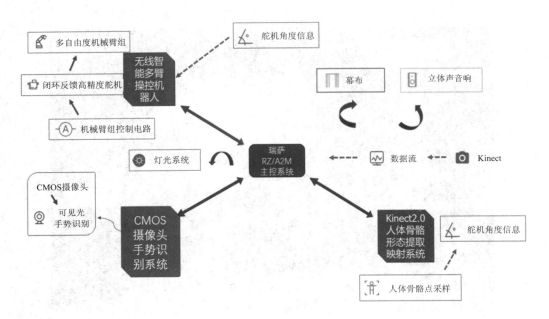

图 2　系统设计方案图

2.3　主控系统

Renesas 平台 RZ/A2M 系列的 R7S921053VCBG 是各个子系统的主控系统，是智慧表演舞台的"大脑"，是整个系统得以正常运转的关键部分。

2.3.1　实现原理

Renesas 平台 RZ/A2M 系列的开发是建立在嵌入式实时操作系统 FreeRTOS 上的，FreeRTOS 对于复杂的任务可以进行很好的任务调度，同时可以高效地利用 CPU，能够很好地满足系统的需求。

利用 FreeRTOS 操作系统多任务处理的特点，本作品将对各子系统的控制创建为不同的任务，利用 Semaphore 二值信号量实现对各任务的调度、协同处理。

2.3.2　设计过程

1）任务清单

利用 FreeRTOS 操作系统多任务处理的特点，创建 5 个任务，分别为主任务、组网任务、手势识别信息处理任务、动作序列发送及音频播放任务、人机交互信息处理任务。

（1）主任务。主任务，即完成对 CPU 板和 SUB 板的基本配置。主任务执行完毕后，会在程序中被挂起，开始执行其他的任务。

（2）组网任务。为实现主控系统对各子系统的控制、调度，实现各子系统协同操作，并保证一定的独立性，采用组建局域网的方案，让各子系统既相互独立，又能通过无线通信协同操作。在同一局域网下，通过 Renesas 平台串口通信发送 AT 指令，设置各 ESP8266 WiFi 模块进入透传模式，与各子系统建立连接，进行无线通信。

（3）手势识别信息处理任务。手势识别系统可根据不同的手势实现对表演系统启停的控制。手势识别信息处理任务便是要对手势识别系统输出的结果进行接收、处理。

应用 CMOS 摄像头采集手部图像进行识别时,手势识别信息处理任务通过 Semaphore 二值信号量获取 CMOS 摄像头手势识别任务中输出的结果。

(4) 动作序列发送及音频播放任务。利用 Renesas 平台 Sub 板上提供的的 MiniSD 卡接口,将动作序列和音频文件以 FAT 文件系统的格式存储在 SD 卡中。根据 FAT 系统的文件操作进行读取,利用 WiFi 模块将动作序列发送给机械臂组系统,将读取的音频文件输出到已设计的音频输出电路,实现音乐的播放。

(5) 人机交互信息处理任务。通过 Kinect 拍摄图像流,对图像通过已经训练好的模型,对图像进行分类,分类完成后生成角度信息。通过无线网络将角度信息发送给机器人,完成动作模仿。

2) 任务调度

利用 FreeRTOS 系统多任务并行处理及 Semaphore 二值信号量实现任务的调度。组网任务将 Renesas 主控系统和各子系统统一在局域网中,并利用传输协议建立连接,实现无线通信。手势识别信息处理任务获取手势识别系统输出的手势控制结果,改变 Semaphore 二值信号量,实现对表演系统开始、暂停、结束的控制,打开相对应的动作序列发送任务和音频播放任务。人机交互信息处理任务获取 Kinect 人机交互系统发送的人体动作信息,改变 Semaphore 二值信号量,实现交互表演。

任务调度流程图如图 3 所示。

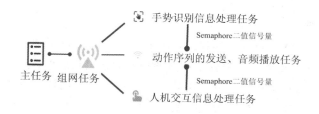

图 3　任务调度流程图

3) Renesas 平台 RZ/A2M 开发板接口使用

Renesas 平台 RZ/A2M 开发板接口使用情况如表 1 所示。

表 1　Renesas 平台 RZ/A2M 开发板接口使用情况

序号	接　口	配　置	功　能
1	CMOS 摄像头接口	外接 ESP8266 WiFi 模块	实现主控系统与各子系统间的无线通信
2	MiniSD 卡接口	插入 SD 卡	(1) 存储动作序列文件 (2) 存储音频文件
3	音频输出接口	外接音频输出电路	实现音频播放
4	图像数字信号输入输出接口	外接显示屏	手势识别结果显示
5	串行 SPI flash	内部调用	实现串行结果输出

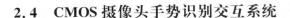
2.4 CMOS摄像头手势识别交互系统

2.4.1 系统功能

手势识别系统将手部信息进行采集、处理，实现对表演系统启停的控制，充分利用了Renesas平台提供的CMOS摄像头手势识别demo，对手势进行更精确的识别，精准地实现了对表演系统启停的控制。

2.4.2 实现原理

基于Renesas平台提供的手势识别的demo，使用CMOS摄像头采集手势图像，利用提供的Python训练程序，将采集的手势图像放入神经网络进行训练，生成训练数据集。表演系统工作时，CMOS摄像头采集人体手势图像，Renesas平台的CPU板对采集的手势图像和已生成的训练数据集进行边缘计算，实现手势识别。

2.4.3 设计过程

使用CMOS摄像头，通过Renesas平台内置的3D Camera Gesture Recording Tool工具采集手势图像。利用Python训练程序，将采集的手势图像放入TensorFlow神经网络进行训练，生成训练数据集。使用CMOS摄像头采集人体手势图像，Renesas平台的CPU板对采集的手势图像和已生成的训练数据集进行边缘计算，实现手势识别。

2.5 Kinect骨骼形态提取系统

2.5.1 设计实现

为了有更好的用户体验和表演趣味性，在设计过程中融入了体感交互技术，选择在幕布上方架设一个Kinect设备。当游客站在幕布前方，做出相应的挥手等肢体动作时，借助Kinect捕捉到的人体骨骼数据流信息，实现人体动作与皮影动作的映射，从而增加整套设备的趣味性。Kinect人机交互系统流程图如图4所示。

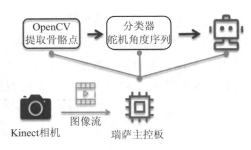

图4　Kinect人机交互系统设计流程图

2.5.2 技术实现

通过Kinect的摄像头去获取图像流，图像流传输给RZ/A2M主控板。当FreeRTOS系统接收到手势的数据时，跳转到姿态识别的任务，对于每一帧图像通过OpenCV识别骨骼点，提取出包括皮影人物多个骨骼点的坐标信息。

将坐标信息转化为相对坐标传输到建立在Renesas主控板的分类器demo上。分类器与一些自定的动作的标签建立关联。最后Renesas主控板根据动作序列实时控制舵机组完成对应的动作,完成对于人体动作的复现。

2.6 机器人系统

2.6.1 实现原理

本作品根据传统皮影表演,设计出多自由度的表演机器人。机器人系统的控制核心是机械臂组控制电路,该电路接收 Renesas 平台主控系统传来的动作序列,通过解码译码成舵机角度信息,产生相应的 PWM 波控制舵机,从而实现对机器人动作姿态的控制。

2.6.2 设计过程

1)机械臂设计

(1)结构设计。机械臂结构采用"主枝分叉"型,在尽可能减少舵机数量的情况下,增加其自由度。机械臂设计细节示意图如图 5 所示。

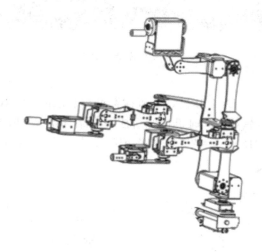

图 5 机器臂设计细节示意图

其中,机器人和皮影等表演载体可以通过 3D 打印形成的各种传动装置进行互联。机器人的每个手臂各有 4 个自由度,保证其可以完成简单的皮影表演;头部有两个自由度,可以控制皮影、木偶等完成高难度转身动作;机身有两个自由度,控制机器人的俯身和旋转;底座有一个自由度,配合轨道完成机器人水平位置的控制。最终实现机械臂组如图 6 所示。

(2)舵机选择。考虑到外界因素影响,采用大然 A15 - ST 型舵机,具有闭环反馈、高精度、PID 调节、精确速度控制等特点,满足机器人动作的精准操作和调节要求。

闭环反馈式舵机具有常规舵机没有的力矩控制匀速运动、温度保护等功能,可

图 6 机械臂组实物图

以完成保持恒力抓持等高阶任务，不易烧毁和损坏，耐用性好。

（3）支架设计。选定好舵机，规定好自由度之后，根据舵机的尺寸和分布进行支架设计。选取材质轻薄、强度较高的航空铝合金，通过 Pro/E 三维建模设计，全部采用 CNC 加工。最终实现情况如图 7 所示。

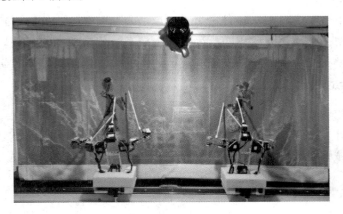

图 7　机器人系统设计实物图

2）硬件控制电路设计

使用基于机械臂组控制电路芯片设计的机械臂组控制电路–WROOM 模组，并添加外围电路实现 16 路 PWM 波输出。同时机械臂组控制电路具备 Wi-Fi 功能，因此可实现 AP 与 SAT 联网模式，实现与 Renesas 平台主控系统的无线通信。机械臂组表演系统控制电路原理图如图 8 所示。

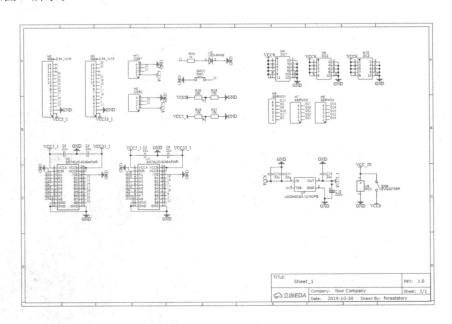

图 8　表演系统控制电路 PCB 原理图

控制电路 PCB 板图如图 9 所示。

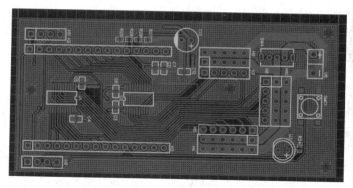

(a) TOP 层

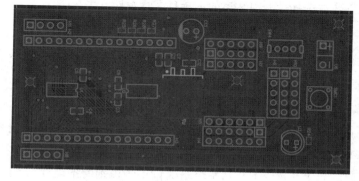

(b) Bottom 层

图 9　PCB 板图

2.7　表演舞台设计

表演舞台是按照传统戏台样式进行设计的,采用木制雕镂结构,配以吊坠进行装饰,既古风古韵,又轻巧便捷。内部支撑结构采用铝合金框架进行搭建,整体重量较轻,拆卸组装十分简单,便于运输。幕布采用全自动化的设计,可通过对 Renesas 主控系统、手势识别系统的控制呈现开场、谢幕等效果。

如图 10 所示是表演系统的舞台。

(a) 表演舞台前景图　　　　　　　　　　　　　(b) 幕布打开效果图

图 10　表演系统的舞台

3. 作品测试与分析

3.1 手势识别系统测试

1）测试指标

CMOS 摄像头图像手势识别系统是基于 Renesas 平台提供的软件支持、硬件资源和工具包实现的，通过不同的手势实现对表演系统的启停控制。测试时，应当注重 CMOS 摄像头手势识别训练集的完善性，识别结果的准确性、时效性。

2）测试设备

测试设备包括 CMOS 摄像头、Renesas RZ/A2M 系列主控板，与显示器。

3）测试方案

（1）利用 Renesas 平台提供的 3D Camera Gesture Recording Tool 工具，采集大量的手势图像，利用 Python 训练程序包，生成数据集，分析手势数据集的完善性。

（2）将 CMOS 摄像头与 CMOS 摄像头接口相连，将显示屏与图像数字信号输入输出接口相连，分别测试光源充足、不充足情况下测试手势识别的准确性。

4）测试数据

如图 11 所示是最终生成的数据包。

图 11 CMOS 摄像头手势识别系统数据包

如图 12 所示是进行图像手势识别时，显示器显示的实时识别结果。

经过多次测试，统计得到应用 CMOS 摄像头进行手势识别的测试数据如表 2 所示。

 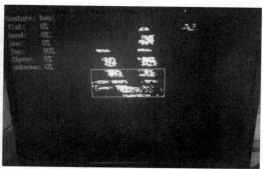

(a) 识别结果为 hand   (b) 识别结果为 two

图 12 CMOS 摄像头手势识别实时结果

表 2 CMOS 摄像头进行手势识别测试数据表

序号	光源充足				光源不充足			
	识别次数	正确识别数	识别准确率(/%)	稳定识别时间(/s)	识别次数	正确识别数	识别准确率(/%)	稳定识别时间(/s)
1	100	90	90	2	100	13	13	10
2	100	87	87	2	100	18	18	13
3	200	175	87.5	3	200	25	12.5	11
4	200	178	89	3	200	32	16	13
5	200	184	92	2	200	23	11.5	13
	平均值		89.1	2.4	平均值		14.2	12

5）测试结果

（1）由手势训练数据包可知，CMOS 摄像头手势识别训练集较为完善。

（2）由手势识别效果记录表对比分析可知，在光源充足的环境中，图像手势识别效果较好，时效性较好，满足表演系统的一般性需求。但在光源不充足的环境中，图像手势识别准确率大幅降低，稳定识别时间也加长，整体识别效果较差。

3.2 Kinect 人机交互系统测试

1）测试指标

Kinect 人机交互系统是基于 Kinect 摄像头和 Renesas 平台提供的软件支持、硬件资源和工具包实现的，通过对人的动作骨骼点的提取分类，复现动作。测试时，应当注重骨骼点提取的准确性、分类器的分类准确性和识别结果的准确性、时效性。

2）测试设备

测试设备包括 Kinect 摄像头、Renesas RZ/A2M 系列主控板、智能表演平台。

3）测试方案

（1）利用 Kinect 的摄像头采集图像通过 Renesas 主控板采集骨骼点数据，统计正确采集的次数。

（2）测试分类器对于分类的准确性，代入多组大量的骨骼点数据，统计正确分类的次数。

（3）调试整个系统，测试系统的实时效果，记录延迟时间。

4）测试数据

经过多次测试，统计得到 Kinect 人机交互系统的测试数据如表3所示。

表3　Kinect 人机交互系统测试表

| 序号 | 骨骼点正确识别率 | | | 分类器准确性 | | | 系统实时性 |
	识别次数	正确识别数	识别准确率（/%）	反解次数	正确反解数	反解准确率（/%）	延迟时间(/s)
1	150	131	87.3	100	902	90.2	2.29
2	150	127	84.7	1000	920	92	2.04
3	150	124	82.7	1000	918	91.8	2.16
4	150	132	88	1000	905	90.5	2.39
5	150	130	86.7	1000	896	89.6	1.87
	平均值		86	平均值		91.2	2.25

5）测试结果

（1）利用 Kinect 的摄像头采集图像通过 Renesas 主控板采集骨骼点的数据正确率较高。

（2）代入多组大量的骨骼点数据，总体正确率较高，鉴于规定动作区别较大，人手部姿态在三个支柱控制的皮影上类似，结果在预估范围内。

（3）延迟时间在接受范围内，系统的实时效果较好。

3.3　机器人系统测试

3.3.1　测试内容

机器人系统包括机械臂组和控制电路部分，机械臂组由 12 个闭环反馈的高精度舵机组成，控制电路与主控系统间是通过局域网无线通信，因此测试方案包括舵机的闭环反馈测试、功率测试、速率测试，Wi-Fi 信号延时测试。

3.3.2　测试过程

（1）闭环反馈测试. 经过对舵机长时间高速转动状态下测试，发现舵机由于闭环反馈特性，在长时间高速旋转情况下仍然保持着匀速稳定转动，满足测试要求。

（2）舵机功率测试. 舵机功率测试分为三步：空载测试、满载（所有舵机同时运行）测试、堵转（至少 4 个舵机同时运动）测试。测试数据如表4所示。

（3）舵机速率测试。由于 180°舵机是采用 PWM 占空比控制舵机角度的，所以直接修改 PWM 信号参数不能控制舵机转动速率，所以采用渐进 PWM 调节方式实现舵机转动速率的控制。使用 13 位 50 Hz 的 PWM 信号，通过计算，可将舵机转动角度（0～179°）与 PWM 占空比（205～1023）匹配。经过测试，我们将通过将程序的 PWM 占空比设定为每

6 ms 进行加（减）1 更新，进而实现机械臂组控制电路芯片实际输出 PWM 信号更新（PWM 波周期为 20 ms）时能有效实现舵机速率的控制（实际 PWM）。

表 4　舵机功率测试表

测试	参　　数	实 测 数 值
空载测试	电路总电流	250 mA
	总功率	1.5 W
满载测试	电路消耗的总电流	2.4～2/6 A
	舵机输入电压对比舵机空载时的压降	0.3～0.5 V
	总功率	13.2～4.8 W
堵转测试	总电流	6～7 A
	压降舵机输入电压对比舵机空载时的压降	0.8～1.2 V

（4）Wi-Fi 信号延时测试。Wi-Fi 信号延时测试的方法是，机械臂组控制电路向 Renesas 主控系统发送信息后开始计时，Renesas 主控系统收到信息后立马向机械臂组控制电路发送信息，机械臂组控制电路接收到信息后计时结束。信息的大小会影响传输延时及信息处理延时，根据项目实际需要的信息长度，我们测得 TCP 延时为 20～30 ms 不等，MQTT 与 TCP 延时几乎一致。

3.4　整机测试

在测试完各系统的性能后，进行整机装配测试。搭建整个机器人表演系统，并配以灯光系统、音响、幕布等，完成皮影戏《樊梨花》的演出片段。Kinect 摄像头对人体骨骼进行采点并用机器人模仿真人动作。手势识别系统配合机器人表演系统，以简单手势去控制表演系统的暂停与开始，控制表演进度。

4. 创新性说明

4.1　立意创新

基于 Renesas 平台与竞赛主题，以"用现代科技重现传统艺术"为方向，本作品被赋予了现代科技感和传统艺术相结合的独特魅力。

4.2　技术创新

4.2.1　多臂操控机器人

多臂操控机器人是参考传统皮影的表演进行设计的，具有多个自由度，利用对闭环反馈舵机的精确控制实现皮影表演。机器人具有 12 个自由度，由 3 根连杆控制皮影，可以表演一般性的皮影动作，甚至能实现转身、跳起等难度较大的动作，使皮影表演更具观赏性，这也是对老一辈艺术家作品真迹的保存和传承。

4.2.2 基于 Renesas 的 CMOS 摄像头图像手势识别

充分利用 Renesas 开发板的硬件资源和平台支持，本作品实现了精确的手势识别功能，可利用简单的手部动作去控制整个舞台的统筹演出，如机器人表演的开始、暂停等。

4.2.3 Kinect 人机交互系统

人机交互系统作为信息化技术发展的新一代产物，是未来发展的一大趋势。本作品利用 Kinect 提取人体骨骼点信息，以图像流的格式传送给 FreeRTOS 系统，利用 RZ/A2M 设备的高速图像处理特性，实现人机交互功能。

5. 总结

本作品以 Renesas RZ/A2M 系列的 R7S921053VCBG 作为主控核心，实现了机械臂组、Kinect 人机交互系统、手势识别交互系统等各子系统的互相协同操作；完成了基于手部微小动作图像的快速识别技术；包含基于 Kinect 的人机交互等先进功能。

5.1 基于 Renesas 平台完成的工作

5.1.1 主控系统

Renesas RZ/A2M 系列的 R7S921053VCBG 是整个表演系统的控制核心，各子系统在主控系统的调度下协同操作。基于 Renesas 平台开发所需的 FreeRTOS 系统，实现多任务并行处理。

5.1.2 手势识别系统

基于 Renesas 提供的 CMOS 摄像头可见光手势识别例程，表演系统工作时，CMOS 摄像头采集人体手势图像，Renesas 平台的 CPU 板对采集的手势图像和已生成的训练数据集进行边缘计算，实现手势识别，实现对表演系统启停的控制。

5.1.3 Kinect 人机交互系统

Kinect 人机交互系统的实现也是建立在 Renesas 平台上的，使用 Kinect 采集人体骨骼点信息，利用神经网络构建动作信息分类器，实现人体动作与机器人动作的映射，大大增加了传统艺术表演的趣味性和互动性。

5.2 可改进方向

5.2.1 基于 Renesas 的 CMOS 摄像头手势识别

CMOS 摄像头在光线弱、背光等情况下无法有效地采集手势存在受环境影响较大的问题。针对这个问题，可应用毫米波雷达手势识别技术。在未来，可对 CMOS 摄像头进行改进，或对手势识别算法进行调整，完善该问题。

5.2.2 表演形式多样性

在作品设计的前期，设计目标为承载更多的传统文化艺术，如京剧、木偶戏、武术等。

但目前实现的元素只有皮影戏，未来在改进作品的过程中，可以在该智慧舞台融入更多的传统文化元素，表演形式多样性有待补充。

5.3　实用性分析

传统文化不应该随着时间的流逝被人们所忘记，但由于新媒体的冲击，以及其编排效率低和专业性强等因素，皮影戏、木偶戏等许多传统文化的传承不容乐观。本作品将最新的前沿信息技术融入传统民间艺术的表演中，以机器人表演、手势识别、人机互动等新颖的方式对传统文化和民间艺术进行传承和创新，克服编排效率低、趣味性不足等问题，可以更大范围地传承传统文化，以先进的技术呈现质朴的传统艺术演出。本作品可在博物馆、展览馆、海外文化交流活动、"一带一路"沿线国家进行展出，弘扬和传承我国传统文化，展现传统文化与现代前沿科技结合的独特魅力。

参考文献

[1]　崔鑫，王新怀，徐茵，等. 机电一体化的智能皮影表演系统[J]. 电子产品世界，2020，27(09)：50 - 52.

[2]　刘新茹，杨剑威. 陕西皮影文化创意产品的发展现状与设计传承[J]. 美术教育研究，2021(14)：70 - 71.

[3]　余涛. Kinect 应用开发实战：用最自然的方式与机器对话[M]. 北京：机械工业出版社，2013.

[4]　吴国斌，李斌，阎骥洲. Kinect 人机交互开发实践[M]. 北京：人民邮电出版社，2013.

[5]　刘火良，杨森. FreeRTOS 内核实现与应用开发实战指南[M]. 北京：机械工业出版社，2019.

[6]　左忠凯，刘军，张洋. FreeRTOS 源代码详解与应用开发[M]. 北京：北京航空航天大学出版社，2017.

[7]　鲁道夫·邦宁. 机器学习开发者指南[M]. 北京：人民邮电出版社，2020.

[8]　迈克·贝尼科. 深度学习快速实践[M]. 北京：机械工业出版社，2020.

[9]　BRADSKI G，KAEHLER A. 学习 OpenCV[M]. 于仕琪，刘瑞祯，译. 北京：清华大学出版社，2009.

[10]　黄雪. 华县影戏[M]. 北京：中国社会科学出版社，2016.

[11]　陈启成. 3D 打印建模[M]. 北京：机械工业出版社，2018.

专家点评

该作品以瑞萨 R7S921053VCBG 为主控核心，通过对机械臂的操作控制实现了皮影戏的演出操作。作品把机电控制与信息提取、数据融合应用到传统艺术的传承与再现，设计上采用了许多先进技术，现场演示时完成了皮影戏的演出操作功能。

作品 13　　宠物口袋助手

作者：张嘉鑫、孔德霖、陈帅（西安邮电大学）

作品演示　　　　作品代码

摘　　要

在宠物经济快速发展的背景下，养宠人群中，80％为一、二线城市的上班族，"空巢宠物"的现象逐渐加重，传统的宠物服务方式逐渐无满足消费者需求。该现象存在的主要原因是用户无法及时看管宠物，宠物长期独自在家易导致心理和生理问题。因此宠物经济与互联网经济的融合型发展成为必然趋势。

本团队经过大量的市场调研与网络信息整合，发现市场上现有此类产品均存在以下几种不足：宠物喂食系统功能不健全、宠物交互方式单一、大部分产品与互联网结合不密切。本团队在解决以上问题的基础上提出了新的功能，从而提高了用户的体验。在实际项目研发中，硬件核心层面选用瑞萨 RZ/A2M 单片机作为主控芯片，ESP32 辅助模块与服务器进行业务消息的通信并进行视频流消息的传输，同时选用多种舵机与电机，满足用户多种需求。前端根据用户客户端需求开发了 WebAPP，对视频分辨率进行优化处理，根据不同窗口进行投放；可在客户端操控宠物口袋助手，缓解了因宠物独自在家用户产生的焦虑感，也提高了用户与宠物的远程互动。服务器端通过 Netty 建立 UDP Server，监听来自终端的建立连接请求，同时使用基于 HTTP 的 SpringBoot 转发来自客户端的请求到终端，转发终端推送的视频流到客户端。

本作品综合了现有技术与 ESP32 模块，引入了服务设计理念，多层次分析了用户需求，完善了市场现有产品的不足，提出宠物陪伴机器人的服务策略。最终为用户呈现了具有定点定时投喂、实时视频互动和光照互动、语音互动、远程操控等功能的宠物口袋助手。

关键词：RZ/A2M 开发板；ESP32-S；宠物陪伴机器人

Pocket Pet robot

Author：Jiaxin ZHANG, Delin KONG, Shuai CHEN (Xi'an University of Posts and Telecommunications)

Abstract

In the context of the rapid development of the pet economy, 80% of pet owners are office workers in the first and second-tier cities. Traditional pet services are gradually unable to meet the needs of consumers, and the phenomenon of "empty-nest pets" is becoming increasingly serious. There are mainly psychological problems caused by owners not being able to take care of pets in time and pets being alone at home for a long time. The combination of the pet economy and the Internet economy has become an inevitable trend.

After a lot of market research and sorting of online information, our team found the following drawbacks of current products in the market: the function of the pet feeding system is not sound, the pet interaction mode is single, and most of the products are not closely integrated with the Internet. Our team has improved the user experience by providing new features based on the above shortcomings. In the actual research and development of the hardware core level, Renesas RZ/A2M single chip is selected as the main control chip. ESP32 auxiliary module can communicate with the server for business messages and transmit video stream messages. At the same time, a variety of steering machines and motors are selected to meet the needs of users from various angles. The front end developed WebAPP according to the needs of users' clients, optimized the video resolution and released it according to different Windows. Moreover, pet robots can be controlled on the client side, which solves the anxiety caused by pets being alone at home. It also improves the remote interaction between users and their pets. The server side establishes UDP Server through Netty, listens for connection establishment request from the terminal, and forwards the request from the client to terminal with SpringBoot based HTTP. It forwards the video stream pushed by the terminal to the client.

This project combines the existing technology with the ESP32 module, introduces the service design concept, analyzes the user needs at multiple levels, improves the existing product shortage in the market, and proposes the service strategy for the pet accompanying robot. Finally, a pet companion robot with the functions of fixed point and timed feeding, real-time video interaction, lighting interaction, and the remote control was presented to users.

Keywords：RZ/A2M Development Board; ESP32-S; Pet Companion Robot

1. 作品概述

1.1 背景分析

由于"空巢青年"、"空巢老人"等群体数量的增加、家庭养宠观念的进步，宠物的情感价值得到提升，这成为驱动宠物经济发展的重要力量。

1.1.1 中国宠物行业市场容量

据数据统计，从 2016 年起，每年新增养宠人群中，25 岁左右年轻人数量占到 30%。经济发达地区三个年龄段（80、90、00 后）女性人群成为养宠主力，她们凭借着高强度的购买力、最具冲动性的消费力、以及愿意为宠物消费的主动性，促进了宠物经济的崛起和发展。2019 年 1—9 月的交易额（2,424,418,966 元）与 2018 年 1—9 月的交易额（2,049,298,018 元）相比增长了 18.3 个百分点，中国 2018—2019 年猫/狗日用品消费总额如图 1 所示。

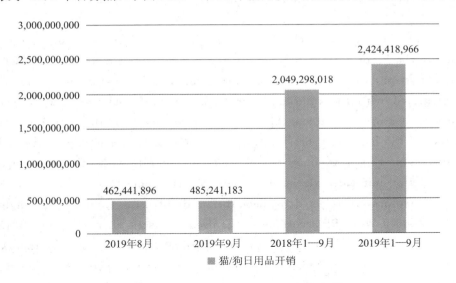

图 1　中国 2018－2019 年猫/狗日用品消费总额

中国宠物总量已经超过 1 亿只，从 2010 年到 2016 年，国内宠物行业年复合增长率高达 49%，居各行业之首。从当前年轻人对养宠的态度来看，未来养宠人数和宠物数量还将飞速递增，预计到 2020 年宠物市场规模将突破 2000 亿元，宠物经济将愈发繁荣。iiMedia Research（艾媒咨询）数据显示，中国宠物市场规模在 2019 年达到 2212 亿元，预计 2020 年将达 2953 亿元，年复合增长率达到 20%（见图 2）。艾媒咨询的分析师认为，随着宠物饲养观念的广泛普及和宠物行业延伸服务的挖掘，中国宠物经济的市场空间将进一步扩大。

1.1.2 中国宠物经济发展趋势

2020 年三八妇女节期间，天猫国际宠物消费较上年增长近 1.5 倍。特别是新冠肺炎疫情过后，宠物疫苗订单量上涨 240%。预计宠物业还将迎来一波补偿式消费。整体而言，氪金式养宠来袭，宠物消费涨势迅猛。

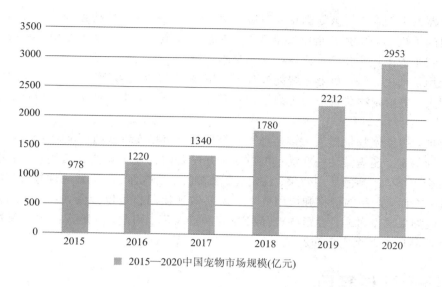

图 2　2015—2020 年中国宠物市场规模

1.2　相关工作及特色描述

目前 80% 以上有宠一族为上班族，本产品着重考虑这一因素，解决了因特殊或突发状况而无法及时看管宠物的问题。经过综合考虑，宠物口袋助手主要有定食定点投喂、视频监管、互动等三大功能。基于目前宠物店托管存在诸多问题及我国推出的禁养大型宠物相关政策，本作品针对中小型宠物进行设计。

本作品的食物储存盒可以容纳大约 600 g，约为一只体重 9～16 kg 的成年犬三天的饲喂量，不同体重犬类每日建议饲喂量见表 1。经实地测试，一次充满 20 000 mA 的充电宝，本作品可以续航 70 h 左右。

表 1　不同体重犬类每日建议饲喂量

犬型	成犬体重/kg	每天饲喂量/g
玩具犬	1.3～5.5	56～112
小型犬	5.5～9	112～149
中型犬	9～16	149～224

1.3　应用前景

众所周知，宠物经济发展之所以如此迅速，是因为人们在生活节奏快速的社会中感到孤独。当代宠物可以给人提供陪伴，日渐成为了家庭中的一份子，成为了类似"家人"的存在。作为"家人"，宠物虽然缓解了"我们"的孤独感，但我们却因为工作早出晚归，陪伴时间、精力等的不足，反而催生了宠物的孤独感。"空巢宠物"现象的增多让宠物的身心健康受到威胁。

AI 时代开启了养宠的新模式——机器人智能养宠。2017 年 8 月，小蚁智家宠物陪伴机器人上线淘宝众筹，该款机器人拥有智能投球、喂养、原创语音、视频、户外遛狗等多项功能，开创了机器人智能养宠的先河，得到不少积极反馈。而在 2018 年，国外也有一款智能宠物机器人上线众筹，该款机器人叫做"VAVA"，能够自由行动且外形十分可爱。通过一个专门的手机 APP，用户能够实现陪玩、喂食等操作，自带的双向麦克风和扬声器还能让宠物听到主人的声音指令，让远程养狗身临其境。

从应用价值上来说，机器人智能养狗不仅解决了"空巢宠物"问题，让人宠之间的距离感逐渐消失，也给宠物装备市场带来了创新和生气，带动了市场的进一步发展，可谓商用意义重大。

但目前，智能宠物机器人大多还处于众筹阶段，市场发展还处于初级阶段，要想商用落地并快速崛起，还需关注一些关键问题。一方面要做到技术功能的实用，产品受到市场检验的机会不多，产品的使用效果、稳定性、智能性、续航性、环境适应性等都还有待市场反馈；另一方面，产品的价格和应用成本也需要做到让用户可以接受，人们虽然愿意为宠物花钱，但如果成本过高，会影响产品接受度和普及率。因此，本款产品主要解决技术功能和降低产品成本两个主要问题。

2. 作品设计与实现

2.1 系统方案

2.1.1 产品需求分析

本宠物口袋助手主要包括喂食系统和实时监管系统。其中定时喂食系统是指可以综合运用物联网、智能感知、定位系统等技术，通过用户设置投喂时间，结合 MG996R 模块实现，以达到即时或定点定时向宠物投喂的功能。实时监管系统是指通过终端 ESP32 的命令进行信息处理，调用摄像头与宠物进行实时互动与监管。本作品软件部分的项目需求如图3所示，软件部分分为用户客户端（WebAPP 客户端）和后台服务器（后台端）。用户端要实现的主要功能为设置投喂时间、视频互动、拍照和录像记录等功能；后台端主要为前端业务的实现提供数据支持，同时后台要具备基本的数据分析能力。

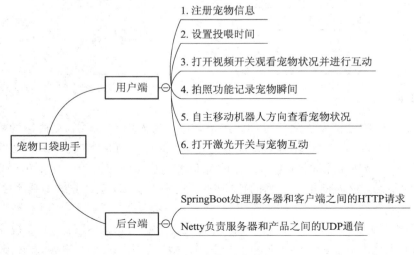

图 3　项目软件需求分析

2.1.2　功能需求

为了实现准确和实时的陪伴，本产品具备以下功能：

（1）系统可以根据设定时间准时投放食物，并且宠物口袋助手可以准确地到达宠物身边进行投喂，且投喂功能不影响其他功能执行。

（2）用户可以通过手机终端的摄像头与宠物进行视频互动，并且在视频过程中可以截取视频图片保存，或单独开启照相录像功能。本作品还提供打开光照与宠物互动的功能，提高远程与宠物互动的趣味性，更具备陪伴机器人的特性与优势。

2.1.3　性能需求

（1）安全性能。由于本作品定位为宠物陪伴式机器人，因此外壳应该没有硬角等可能伤害到宠物的设计；本作品通过充电宝供电，必须做好散热措施。

（2）系统效率。对用户的操作做出及时反应。

（3）软件方面。需要实时展示摄像头采集的视频，并做出分辨率调节以适应不同机型。

2.2　口袋宠物助手模块划分与实现方案论证

综合考虑上述需求，本作品划分为三个模块（见图 4），即硬件模块、后台服务器模块和 WebAPP 客户端模块。宠物机器人硬件模块向后台服务器发送视频流，后台将视频流保存，当客户端的用户发起视频请求时，后台将视频流推送给客户端。

图 4　系统各模块关系图

2.2.1　硬件模块

硬件模块的主要功能是视频通话和定时投喂。在元器件的选择方面，本队从应用场景、方案适用性、长时间运行稳定性、采购方便程度、向上兼容性等方面考虑，最终决定在 Wi-Fi 连接与交互、视频流传输上选用 ESP32-S 芯片；在摄像头云台舵机选择上使用 SG90 模块；在喂食系统机械结构的舵机选择上使用 MG996R 模块；底板的驱动轮选择使用麦克纳姆轮；激光驱动选用 KY-008 模块；MP3 模块选用 BY8301-16P。此外，出于稳定性要求，选择充电宝供电。以下对一些重要器件进行介绍。

1）RZ/A2M MPU

核心控制板上，本作品选择瑞萨 RZ/A2M MPU，其采用独特的图像识别和机器视觉混合方法，结合了专有的 DRP 技术，可以对图像数据进行快速预处理和特征提取。将其与 ARM © Cortex © A9 CPU 紧密结合，适于人工智能推理，很好地满足了需求。本作品核心控制板框架如图 5 所示。

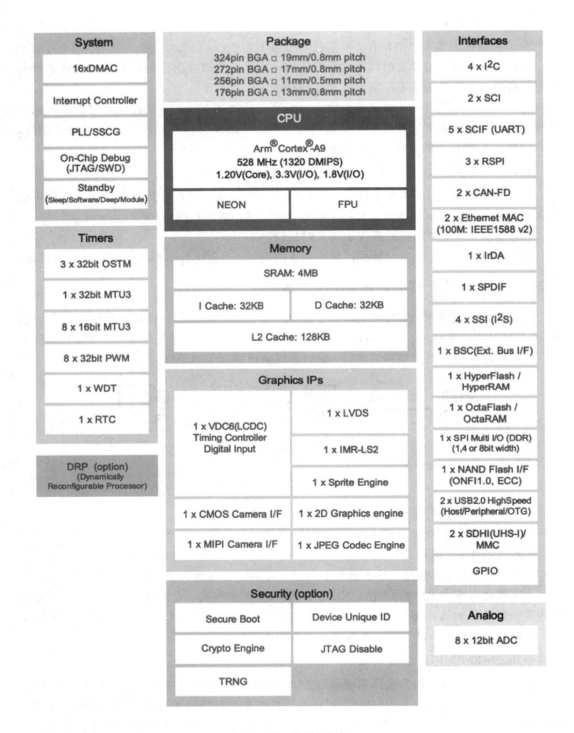

图 5　核心控制板框架

2）ESP32-S 模块

ESP32-S 芯片（如图 6 所示），ESP32-S 模块通过串口进行视频流传输与上下行消息通信。ESP32-S 模块作为整个系统的核心设计，充分考虑了传输速率、连接方式、运算能力等技术指标。ESP32 将天线开关、RFbalun 功率放大器、接收低噪声放大器、滤波器、电源管理模块等功能集于一体，只需很少的外围电路，即可实现强大的处理性能，具有可靠的安全性能和 Wi-Fi& 蓝牙功能。ESP32-S 加载体积小巧的 802.11b/g/n Wi-Fi ＋ BT/BLE 模块，可广泛应用于各种物联网场合，适用于家庭智能设备、工业无线控制、无线监控、OR 无线识别、无线定位系统信号以及其它的物联网应用，很好地满足了本作品的需求。

图 6　ESP32-S 芯片

3）MG996R 舵机

在喂食系统的机械结构上，本作品选择 MG996R 舵机（如图 7 所示），使得转动角度可达 180°，工作扭矩为 1.6 kg/cm，死区设定 5 μs。MG996R 为金属数字舵机，适用于多种设备，也适用于本设计。全金属齿轮，又称金属扭矩最大为 20 kg，对于我们这次设计完全适用。

图 7　MG996R 模块

4）麦克纳姆轮

本次比赛设计的最终方案需要依托于小车底座进行移动与消息处理，经过多次讨论，最终决定使用麦克纳姆轮作为小车的轮子，并应用图 8 所示小车底座。麦克纳姆轮通过调

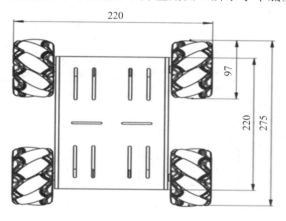

图 8　小车底板

节四个轮子进行控制,可以实现全方位 360°转动。底板车架材料考虑到主板承重、重力分布与设备稳定等问题,最终选用铝合金材料。

5) BY8301-16P

BY8301-16P 是深圳市百为电子科技有限公司自主研发的一款小巧的新型高品质 MP3 模块(见图 9),采用 BY8301-SS0P24 MP3 主控芯片,支持 MP3、WAV 格式双解码,24 位 DAC 输出,动态范围支持 90 dB,信噪比支持 85dB,支持 21 段语音一对一触发播放,10 位输入可选择 8 种触发方式。该模块内置 SPI-Flash 作为存储介质,配有 Micro USB 接口,可以通过数据线连接电脑自由更换 Flash 的音频内容。该模块内置 3 W 功放,可以直接驱动 3 W 的喇叭,我们所选用的是 4 Ω 3 W,外壳尺寸为 90 mm×76 mm×25 mm 的高音质内磁喇叭。

图 9　BY8301-16P 模块

本作品使用瑞萨核心板 RZ/A2M 核心板进行整体方案设计,如图 10 所示。通过接收后台 UDP 发送给终端 ESP32-S 的命令进行消息处理,从而进行小车电机的驱动,进行前后左右的移动、摄像头的开关、光照的开关、语音播放的开关,同时可以根据用户的情况进行摄像头云台的调整,也可以进行宠物的投喂。

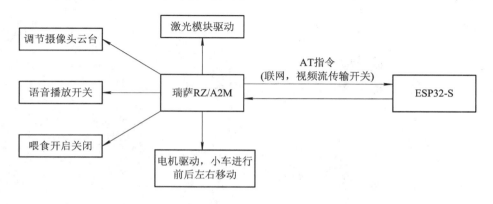

图 10　单元模块联调图

2.2.2 后端服务器模块

后台服务器起到了系统硬件与用户客户端之间交互的作用。后台整体上采用了前后端分离的架构，使用 Restful 的接口风格与前端进行通信。本作品架构方式相异于传统的 MVC 架构，使得前后端完全解耦。PC 端后台管理与调度、前端多端用户展示都可以采用同一套接口进行数据的通信。前后端分离的架构利于后期接入大量设备，同时便于根据业务和客户量增大增加新的功能模块。后台采用了 MySQL 作为关系型数据库，存储用户与设备的相关信息，以 Redis 实现高速缓存，预防可能出现的高并发访问。

2.2.3 WebAPP 客户端模块

由于考虑到本款产品主要针对于以下三个场景：加班、旅游、短期外出，宠物需要控制摄取量，老龄宠物行动不便，因此客户端选取 WebAPP 实现方式，满足用户的多种场景需求。WebAPP 的特点是开发成本低、使用门槛低、移动打包快。

本系统 WebAPP 通过 HTTP 协议进行通信，将界面美化后呈现给用户。整个 APP 的功能界面只有两个，操作简单，功能直观。用户进入个人页面（如图 11 所示）设置宠物投喂时间及投喂量；进入首页（如图 12 所示）观看宠物状况，打开光照功能与宠物进行实时视频互动，避免宠物因长期独自在家产生孤独、焦虑等心理问题。

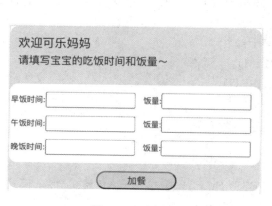

图 11 个人界面

图 12 首页界面

3. 作品测试与分析

3.1 系统测试及指标参数

3.1.1 功能测试

（1）测试网页端远程控制口袋宠物助手移动，测试基本的全方向移动。

（2）测试实时监控视频并上传至服务器，测试网页端随时远程查看宠物监控。

（3）测试网页端远程控制红外激光的发射与关闭。

（4）测试网页端远程控制宠物助手进行喂食，测试喂食的时间和喂食量的控制准确性。

3.1.2　接口测试

（1）硬件部分。宠物口袋助手与服务器之间通过 UDP 进行通信，完成基本指令的发送与接收。口袋宠物助手作为终端，建立 Client 后通过轮询机制判断是否可以与服务器建立链接，通过 HTTP 协议建立长连接，使用内网穿透推送视频流到公网。

（2）服务器通信。服务器端通过 Netty 建立 UDP Server，监听来自终端的建立连接请求，同时使用基于 HTTP 的 SpringBoot 转发来自客户端的请求到终端，转发终端推送的视频流到客户端。

（3）客户端通信。客户端的全部请求都是基于 HTTP 协议进行的，客户端仅与服务器端进行 HTTP 通信。

3.1.3　主要参数分析

（1）OV2640 网络摄像头。图像传感器是摄像头的核心部件，OV2640 摄像头中的图像传感器是一款型号为 OV2640 的 CMOS 类型数字图像传感器。该传感器支持输出最大为 200 万像素的图像（1600×1200 分辨率），支持使用 VGA 时序输出图像数据，输出图像的数据格式支持 YUV（4：2：2/4：2：0）、YCbCr（4：2：2）、RGB565 以及 JPEG 格式，若直接输出 JPEG 格式的图像，可大大减少数据量，方便网络传输。它还可以对采集得的图像进行补偿，支持伽玛曲线、白平衡、饱和度、色度等基础处理。根据不同的分辨率配置，传感器输出图像数据的帧率范围为 15～60 帧，可调，工作功率在 125～140 mW 之间。

（2）Wi-Fi：（2.4 GHz）速度高达 150 Mb/s。

① 无线多媒体（Wi-Fi MultiMedia，WMM）。

② 帧聚合（TX/RX A-MPDU，RX A-MSDU）。

③ 立即块回复（Immediate Block ACK）。

④ 重组（Defragmentation）。

⑤ Beacon 自动监测（硬件 TSF）。

⑥ 4×虚拟 Wi-Fi 接口。

⑦ 支持基础结构型网络（Infrastructure BSS）Station 模式/SoftAP 模式/混杂模式。注意：ESP32 在 Station 模式下扫描时，SoftAP 信道会同时改变。

⑧ 天线分集。

3.2　设备测试

由于本产品的主要功能依赖于 OV2640 网络摄像头，因此我们多次对摄像头进行了测试，并根据测试数据进行总结选取最佳效果。

OV2640 网络摄像头是 OmniVision 公司生产的一颗 1/4 寸的 CMOS UXGA（1632×1232）图像传感器，OV2640 模块原理图如图 13 所示，OV2640 模块对外接口如表 2 所示。

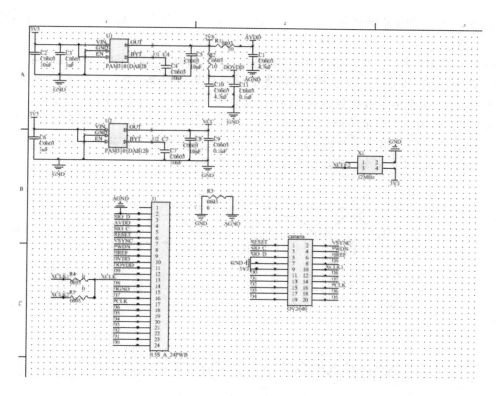

图 13　OV2640 模块原理图

表 2　OV2640 模块对外接口

序号	名　称	说　明
1	GND	地线
2	VCC3.3	3.3 V 电源输入脚
3	OV_SCL	SCCB 时钟线（IN_1）
4	OV_VSYNC	帧同步信号（OUT_2）
5	OV_SDA	SCCB 数据线（IN/OUT）
6	OV_HREF	行参数信号（OUT）
7，9~14，16	OV_D0~D7	数据线（OUT）
8	OV_RESET	复位信号（低电平有效，IN）
15	OV_PCLK	像素时钟（OUT）
17	OV_PWDN	掉电模式使能（高电平有效，IN）
18	NC	未用到

支持自动曝光控制、自动增益控制、自动白平衡、自动消除灯光条纹等自动控制功能。UXGA（分辨率为 1600×1200 的输出格式）最高 15 帧/秒，SVGA（分辨率为 800×

600)可达 30 帧，CIF(分辨率为 352×288)可达 60 帧；支持图像压缩，即可输出 JPEG 图像数据。

PCLK(像素时钟，一个 PCLK 时钟输出一个或半个像素)高达 36 MHz。

OV2640 是采取先读一行像素，再跳到下一行重新开始读取新一行像素的方式。输出时钟序列如图 14 所示。图像数据在 HREF 为高的时候输出，当 HREF 变高后，每一个 PCLK 时钟，输出一个字节数据。比如采用 UXGA 时序，RGB565 格式输出，每两个字节组成一个像素的颜色(低字节在前，高字节在后)，这样每行输出总共有 1600×2 个 PCLK 周期，输出 1600×2 个字节。帧输出时序如图 15 所示。

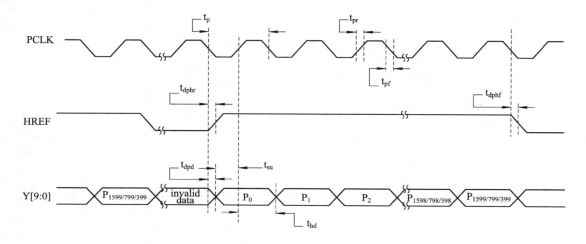

图 14　时钟序列

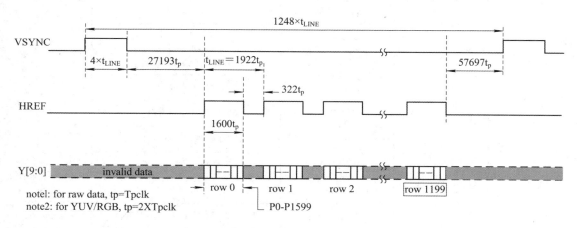

图 15　帧输出时序

当 HREF 输出高电平时开始读取一行像素点，当低电平时不操作，重复操作即可读取一帧图像。以 JPEG 输出时，PCLK 大大减少，且 HREF 不连续，数据流以 0XFF,0XD8 开头，以 0XFF,0XD9 结束，将此间数据保存为.jpg 即可在电脑打开查看。读取 OV2640 模块图像数据过程的流程图见图 16。

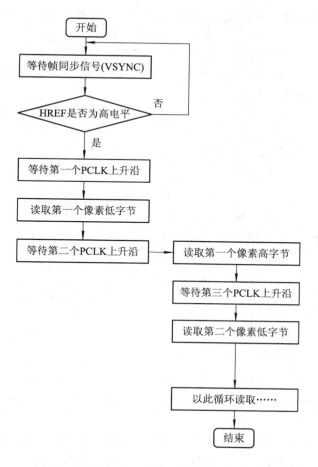

图 16　读取 OV2640 模块图像数据过程流程图

3.3　结果分析

通过上一节的分析，可以得出本次采用 OV2640 模块进行图像采集可以充分满足宠物口袋助手的功能需求，宠物口袋助手的功能实现表如表 3 所示。

表 3　宠物口袋助手功能实现表

功能	实现模块	是否可以实现
定时定点投喂	MG996R 模块	是
视频监管	ESP32-S 模块、SG90 模块	是
互动	KY-008 模块	是

4. 创新性说明

本团队开发的宠物口袋助手旨在解决"空巢宠物"看管问题。与市场已推出的三款宠物陪伴机器人进行多方面对比和研究，总结出了本作品的创新点。

这三款现有产品为霍曼 HomeRun 小蛮腰宠物智能自动投食器（摄像头版），小佩

PETKIT 宠物智能投喂器，与小米智能宠物投喂器。产品对比情况如表 4 所示。

表 4　产品对比表

产品品牌/名称	霍曼	小佩	小米	宠物口袋助手
定价/元	799	589	395	300（成本）
自重/kg	2.7	2.2	3	3
食盆是否可伸缩	是	否	否	是
储量桶密封性	较高（食盆开启时容易有缝隙）	高	高	高
拆卸清洗便携性	中等	简易	简易	简易
通电方式	电源线	电源线	电源线	充电宝
APP 的使用友好程度与情况	高（操作界面简单干净）	中等（内置功能太多，操作复杂）	高（可直接使用米家 APP）	高（操作界面简单干净）
摄像头	有	无	无	有
机身是否可以移动	不可	不可	不可	不可
用户是否可以与宠物远程互动	是	否	否	是
机器人是否可以与宠物互动	否	否	否	是（光照互动）

1）并发性

本作品提供的定时定量投喂功能不影响其他功能，口袋宠物助手对于客户端所有操作都可以第一时间反应并执行。本产品解决了产品响应阻塞的问题，使用户在与宠物进行一系列互动的同时，依旧可以通过 WebAPP 观看宠物的一举一动。

2）移动性

本作品在提供了更加人性化的定时定量投喂功能的基础上，可以跟随宠物进行投喂，解决了高龄宠物行动不便带来的问题。

3）全方位性

本作品从宠物心理角度考虑，不仅具有视频通话功能，还能自发发挥一定的陪伴作用。

4）安全性

本作品通过技术手段监测并避免宠物进食过多问题，这是其他产品不具备的。

5. 总结

本团队合作开发的宠物口袋助手，致力于解决因用户工作等原因无法陪伴看管宠物导致的宠物生理健康和心理健康等问题。

本作品具有定时定点贴身投喂食物、视频互动、自主移动机身、光照互动等功能；同时硬件逻辑简单、成本低廉、易于维护。以宠物交互为核心，本作品实现了定点投喂到可控投喂，在总体设计中在做到精准投喂与互动的同时保证视频的稳定建立。

在整体项目的构思、各个部分方案的设计、整体框架的组装到最终成品的实现过程中，团队成员学习到了很多机械结构、硬件电路、数据处理与传递、WebAPP 开发的方法，同时查阅了大量的资料和本次开发用到的芯片数据手册，在硬件电路和软件设计方面有了新的突破。

本团队在研究了宠物喜爱的互动方式后设计了一种新的交互模式,追逐游戏与声音的结合在宠物达到一定目标后给予食物的奖励；针对宠物独自在家的行为以及宠物的本能习性进行更深层次的剖析，优化并探究了新的互动模式。在后续的研究中，本团队设计添加了追踪宠物位置的功能，通过结合激光雷达＋3D 视觉＋神经网络识别进行室内导航与宠物追踪。同时我们考虑到不同宠物的身体状况以及进食习惯，设计了定量投喂的功能。最后本团队将通过不断的研究，结合目前的宠物市场需求，继续优化完善本次作品。

参考文献

[1] 李敏,李嘉. 基于宠物心理角度的宠物陪伴型机器人设计研究[J]. 大众文艺: 美术与设计,2018 (24): 82 - 83.

[2] 牟敏敏. 基于喂食功能的宠物狗玩具创新设计研究[D]. 苏州大学,2015.

[3] 艾媒咨询. 艾媒咨询 2020H1 中国宠物经济运行现状与发展趋势研究报告[R/OL]. 2020.

专家点评

作品选择宠物在线饲养命题，解决了上班族饲养宠物的困难，考虑到在线饲养中的一些问题，并设计了视频交互、食量控制等解决方案。

作品 14　　"追光定影"三维高精度协同定位系统

作者：王芊、章智诚、孟熙航（西北工业大学）

作品演示　　文中彩图1　　文中彩图2　　文中彩图3　　作品代码

摘　要

随着无线传感器网络（WSN）与移动通信技术（MCT）的发展与进步，人们对精确位置信息获取有了更高的需求。在复杂环境中，一般定位技术（如 GPS 定位）的性能难以满足实际需求。

以室内导航为例，传统定位技术存在以下劣势：（1）卫星信号质量差。（2）高度方向误差大，导致垂直定位效果不佳。（3）受墙壁等障碍物的影响严重，精度下降。针对这些问题，本项目设计并实现了实时的三维高精度协同定位系统。

本系统结合超宽带（UWB）组网获取节点间的测距信息，穿透力强、精度高；创新性地提出了基于因子图的分布式协同定位方法执行三维空间的定位估算；选用卡尔曼滤波算法修正抖动误差，系统的定位精度达分米级。利用 Renesas RZ/A2M 开发套件完成位置信息解算、实时通信传输和电子报警提示等功能，结合任意上位机（PC 端、手机等）即可实现目标定位显示。

本系统成本低、布置简单，可利用中继节点对定位范围任意扩充，部署完成后可直接使用，扩展性、兼容性、便利性均高于 Wi-Fi、蓝牙等无线定位技术。本系统满足大众日常生活需要和工业生产需求，可在井下作业、车间工厂、商业中心、人文景区等环境中提供优质定位导航服务和电子围栏保障。

关键词：UWB；因子图；分布式协同定位；卡尔曼滤波

Three-dimension Cooperative Positioning System with High Accuracy

Author：Qian WANG， Zhicheng ZHANG， Xihang MENG （ Northwestern Polytechnical University)

Abstract

With the development and progress of Wireless Sensor Network （WSN） and Mobile

Communication Technology（MCT），people have a higher demand for accurate location information acquisition. In complex environments，the performance of general positioning technologies（such as GPS）is difficult to meet actual needs.

Taking indoor navigation as an example，the traditional positioning technology has the following disadvantages：（1）The satellite signal quality is poor.（2）The error in the height direction is large，resulting in poor vertical positioning effect.（3）It is seriously affected by obstacles such as walls，and the accuracy is thus reduced. Aiming at these problems，this project designs and implements a real-time Three-dimension Cooperative Positioning system with High Accuracy.

The system combines Ultra Wide Band（UWB）networking to obtain ranging information between nodes，which has strong penetration and high accuracy；innovatively proposes a distributed co-location method based on factor graphs to perform three-dimensional space positioning estimation；Kalman filtering is selected as the algorithm corrects the jitter error，and the positioning accuracy of the system reaches the decimeter level. The Renesas RZ/A2M development kit is used to complete the functions of position information calculation，real-time communication transmission and electronic alarm prompt，and the target positioning display can be realized by combining with any host computer（PC terminal，mobile phone，etc.）.

The system has low cost and simple layout. The relay node can be used to expand the positioning range arbitrarily. After deployment，it can be used directly. The scalability，compatibility and convenience are higher than those of wireless positioning technologies such as WiFi and Bluetooth. It meets the daily needs of the public and industrial production，and can provide high-quality positioning and navigation services and electronic fence protection in underground operations，workshops，commercial centers，cultural scenic spots and other environments.

Keywords：UWB；Factor Graph；Distributed Co-localization；Kalman Filter

1. 作品概述

目前，卫星定位导航已经基本解决了户外授时、定位与导航等问题，但是人们在享受精确定位服务带来的便利的同时，对定位的需求也日益增加。在复杂环境中（如城市、峡谷），由于障碍物的密集遮挡，卫星信号受到严重干扰，卫星定位导航系统无法发挥作用，用户无法获取自身的准确位置，由此带来诸多不便。针对上述问题，本团队研究出了高精度协同定位系统，该系统凭借定位精度高、数据回传零延迟、定位元素多样化的优点，可在旅游、大型工厂、物联网等行业发挥重要作用，具有重要的实际意义和应用价值。

以旅游行业为例，优质旅游景点规模庞大且结构复杂，复杂的环境导致以下两个问题亟待解决：

（1）错综复杂的环境易导致儿童走失。儿童好奇心强且自我控制意识薄弱，易受到外界吸引，其走失造成难以想象的后果。

（2）景区内导游等工作人员难以管理。景区面积大，工作人员分散在各个景点，集中管理难度大，不易于人员调度管理。

以热电厂等大型工厂或生产基地为例，解决工业现场供应链组件、设备、车辆与人员精确定位的问题，是对生产组织过程大数据化、智能化的前提。当前电力电厂有以下几个问题亟待解决：

（1）各个工业园及工厂中，往往都存在着危险区域。尽管工厂会对危险区域进行标注，但意外时有发生。如果能够在危险区域进行电子围栏，就能在工人不慎进入到危险地区时，及时地对工人发出越界预警，滞留预警等，提醒工人尽快离开，降低发生不测的风险。

（2）电厂生产现场人员组成复杂，人员及设备工作运行情况下不易监控与管理，在这种复杂环境下实现高精度定位，能够有效改善人员工作效率，标记与管理故障设备，提升工厂运转能力。

以城市高架桥等复杂交通场景为例，有以下几个场景的定位问题亟待解决：

（1）在隧道、地下通道等卫星信号较弱的区域，汽车无法准确导航，这对司机的水平提出了高要求，且极易引发交通事故，严重危害人民的生命健康和财产安全。

（2）在高架桥、高楼林立的环境下，传统的卫星信号并不能分辨出高度，确定出精确位置，严重影响工作效率和生活体验。

基于上述问题，本项目察觉到各行业用户对能够在复杂环境中获得优质定位服务的迫切需求。本团队进行了在全球卫星导航系统（Global Navigation Satellite System，GNSS）拒止情况下，可在人文景区等大型复杂场所应用的高精度协同定位系统研究与开发。本项目所研究的高精度协同定位系统可满足用户在大型人文景区、大型工厂等场景中对立体空间的定位导航需求，除基本的定位导航功能外，还提供位置地图服务，可对任意标签开启实时追踪模式，同时本系统还具备电子围栏及告警、人员监管功能，助力行业智能化转型升级的功能与作用。

2. 作品设计与实现

2.1 系统方案

如图 1 所示，高精度协同定位系统拟采用 DWM1000 超宽带模块获取节点间的高精度距离信息，该模块采用相干接收技术，通讯范围理论上可达 300 m，同时该模块通信支持高标签密度以及高数据吞吐量。其通过串口将十六进制的距离数据传递至 Renesas RZ/A2M 系列开发套件，在参考节点测距误差和协同终端位置模糊的前提下，又充分考虑 Renesas RZ/A2M 系列开发套件功耗低、解算能力强等特点，根据其性能合理地提出因子图与和积算法原理，建立信度信息传递

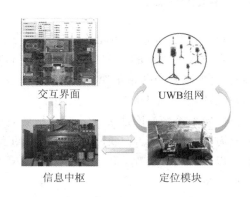

交互界面　　　　　　UWB组网

信息中枢　　　　　　定位模块

图 1　系统方案流程图

模型，在节点信息迭代收敛后，得到待定位节点的信度信息。利用 Renesas RZ/A2M 开发套件解算出定位目标位置并且实现距离阈值判断及警报提示，最终将处理完毕的数据传递至显示上位机，通过人性化的交互界面实时显示，给予用户良好的定位导航体验。

2.2　实现原理

2.2.1　DWM1000 测距原理

本项目采用 DWM1000 模块实现测距，为了提高测距精度，采用双边双向测距（DS-TWR）。在该测距方法中，各个用户模块的测距信息是完全独立的。

DS-TWR 的具体操作如图 2 所示，DS-TWR 使用第一次往返测量的回复端作为第二次往返测量的发起端，测距步骤为：设备 A 在 T_{a1} 时刻向设备 B 发送一个数据包，并在一段时间后打开接收端，设备 B 提前打开自身接收端，接收来自设备 A 的数据包，记下此时的时间 T_{b1}，等待 T_{reply1} 时长后，在 T_{b2}（$T_{b2} = T_{b1} + T_{reply1}$）时刻向设备 A 发送一个 response 包，设备 A 在 T_{a2} 时刻接收到该 respose 包，等待 T_{reply2} 时长后，在 T_{a3}（$T_{a3} = T_{a2} + T_{reply2}$）时刻向设备 B 发送一个 final 包。设备 B 在时刻 T_{b3} 接收到该 final 包。

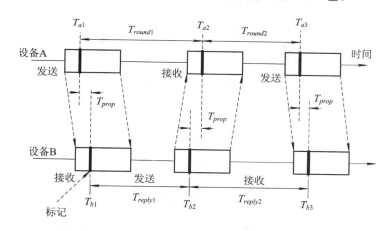

图 2　DWM1000 测距原理图

双边双向测距的测量时间为 $\hat{T}_{prop} = \dfrac{T_{round1} \times T_{round2} - T_{reply1} \times T_{reply2}}{T_{round1} \times T_{round2} + T_{reply1} \times T_{reply2}}$，再与光速相乘得到设备 A 与 B 之间的距离。

2.2.2　基于因子图的分布式协同算法

1）因子图与和积算法

因子图（Factor Graph，FG）是一种二部图，它可将一个复杂多元的全局函数问题拆分为多个简单的本地子问题的积。一个因子图中包含两种节点：变量节点和函数节点。每条边都连接一个变量节点和一个函数节点，其中函数节点表示一个本地函数运算。

大多数基于因子图的问题都是通过"信度信息"在变量节点和函数节点之间迭代传递求解的，而这一传递是通过和积算法实现的。信度信息是指描述相关随机变量的均值和标准差等的信息。信度信息在 FG 中传递遵循如下准则：

（1）从变量节点到函数节点的信息是所有来自其他邻居函数节点到达这一变量节点的

信息的简单乘积。

（2）由函数节点到变量节点的信息是所有邻居变量节点传递给该函数节点信息与本地变量的乘积，然后再对所有相关变量做积分得到的。

和积算法的计算思路很简单，结合因子图可有效解决边缘函数求解问题，尤其适用于大规模网络分布式运算。在无线定位中测距信息可作为信度信息在因子图中迭代传递，使得无线定位算法能够利用测量的概率信息，实现高精度定位效果。

2）基于因子图的协同定位算法

对于具体的某一个待定位目标节点，构建其内部节点因子图，利用邻居节点传递来的信息实现自身位置估计。为了减少三维问题的复杂度，根据待定位节点和其邻居节点间的几何关系，将问题分成三个一维问题。三个一维问题分别由因子图中的三个主要节点组，x坐标组、y坐标组和z坐标组表示。下面以图3（协同定位网络拓扑图）中的待定位节点1为例，其对应的内部节点因子图如图4所示。

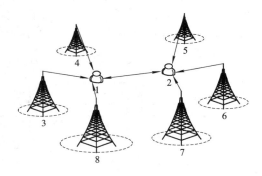

图3　协同定位网络拓扑图

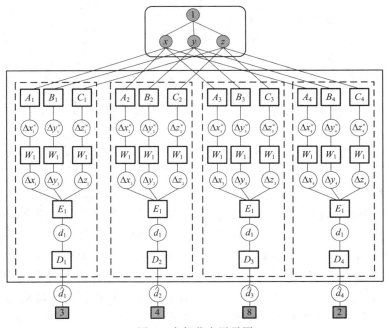

图4　内部节点因子图

因子图(见图 4)中包括 4 个子分组。其中三个是锚节点子分组,1 个是协同节点子分组。每个子分组中包括 4 个函数节点和 3 个变量节点,在 x 坐标、y 坐标、z 坐标上分别分配一个函数节点 A_i、B_i、C_i 来描述相对于第 i 个邻居节点的方向和距离。测距信息的统计特性通过函数节点 D_i 进入因子图。x、y、z 坐标组与测距信息通过欧拉公式联系起来,用函数节点 E_i 表示。对信息的加权处理用函数节点 W_i 表示。变量节点 $\hat{d}_i$ 表示待定位节点与其邻居的测量距离。变量节点 d_i 基于函数节点 D_i 产生。变量节点 Δx_i、Δy_i、Δz_i 分别表示待定位目标节点与第 i 个邻居节点在 x 轴、y 轴、z 轴的估计距离。变量节点 Δx_i^w、Δy_i^w、Δz_i^w 分别表示经过权重处理后的待定位目标节点与第 i 个邻居节点在 x 轴、y 轴、z 轴上的估计距离。

函数节点 A_i、B_i、C_i 的约束关系表示如下:

$$\begin{cases} \Delta x_i = X_i - x \\ \Delta y_i = Y_i - y \quad i = 1, 2, 3, 4 \\ \Delta z_i = Z_i - z \end{cases}$$

式中,X_i、Y_i、Z_i 表示邻居节点的坐标值。

函数节点 E_i 的约束关系表示如下:

$$\Delta x_i^2 + \Delta y_i^2 + \Delta z_i^2 = d_i^2 \tag{1}$$

为了保证计算的低复杂度,假定图 4 中的所有变量都具有高斯统计特性。这一假设可能无法完全反映所有变量的确切概率密度分布函数(Probability Density Function,PDF),但它在因子图中传递置信度信息方面起着至关重要的作用。在这一假设下,变量节点 d_i 被表示为一个均值等于测距信息 $\hat{d}_i$,方差等于测距方差 $\sigma_{d_i}^2$ 的高斯变量。为方便起见,高斯 PDF 表示如下:

$$N(x:, m, \sigma^2) \propto \exp\left[-\frac{(x-m)^2}{2\sigma^2}\right]$$

式中,x 是一个服从高斯分布的随机变量,m 表示均值,σ^2 表示方差。

2.3 硬件框图

2.3.1 Renesas RZ/A2M 系列开发套件

Renesas RZ/A2M 系列开发套件如图 5 所示。

利用 Renesas RZ/A2M 开发套件出色的超低功率消耗、高速数据处理、大容量存储的特性,将开发板与串口通信模块相结合,设计成系统核心信息中枢。

Renesas RZ/A2M 开发板作为整体系统的数据中心,担任着数据解算的重要任务。UWB 组网模块将数据发送给开发板,其利用已经烧录完毕配备基于因子图的分布式协同算法和卡尔曼滤波算法的程序,将测距数据转换成高精度的位置类型数据,再将处理后的数据发送至交互界面。Renesas RZ/A2M 开发套件在此系统中担任着串口通讯、数据解算、阈值告警三大主要功能,其作为系统核心起着不可替代的作用。

图 5 Renesas RZ/A2M 系列开发套件

2.3.2 DWM1000 超宽带模块

DWM1000 是一款基于 UWB 技术的、兼容 IEEE802.15.4 – 2011 标准的商用无线收发芯片。该芯片支持从 3.5～6.5 GHz 的 4 个 RF 频段，拥有最高 6.8 Mb/s 的数据传输速率，支持较高的标签密度，同时具有优秀的抗多径衰落能力，支持实时定位，其室内定位精度理论上可达 10 cm。该模块将天线，所有射频电路、电源管理和时钟电路集成在一个模块中，包含 DWM1000 超宽带芯片、天线以及外围电路三部分，如图 6 所示。

DWM1000 模块采用 SPI 总线与主控芯片接口。主控制模块采用基于 ARM Ctex-M 内核的 STM32F103C8 高性能微控制器为核心，通过 SPI 通信接口连接 DWM1000 UWB 模块，对其进行控制管理、数据交换，完成测距信息的采集和传输。硬件实物如图 7 所示。

图 6 DWM1000 模块　　　　　　图 7 硬件实物图

2.4 软件流程及算法设计

2.4.1 控制软件设计与流程

DWM1000 模块使用 STM32F103C8 高性能微控制器，通过 SPI 总线控制，软件控制流程图如图 8 所示。

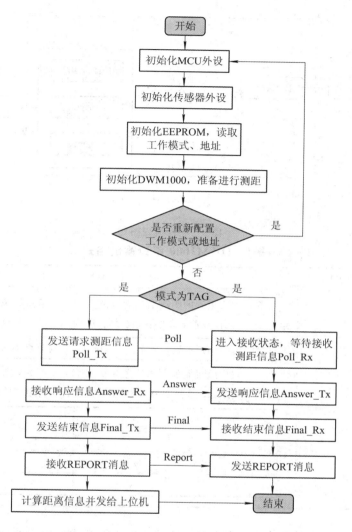

图 8　控制软件流程图

2.4.2　上位机软件设计与流程

上位机通过串口传输得到 UWB 模块的测距信息，通过对原始测距信息进行捕获与转换后，使用基于因子图的系统定位算法对定位目标位置进行解算，并将得到的高精度位置信息实时输出在定位界面上，上位机软件流程图如图 9 所示。

1. 串口捕获数据及识别

为实现实时定位，串口接收到的 UWB 模块测距数据必须实时处理，我们在 Matlab 中利用串口函数控制串口，并设置一定长度的串口接收缓存。串口的波特率为 115 200 B，当组网完成时，打开串口，可见串口正在源源不断地获取测距信息。缓冲区中的数据可随时获取，设以 10 次/秒的速度从缓冲区中取出数据进行处理。从串口读取出的数据帧结构如表 1 所示，一帧数据为 134 B。

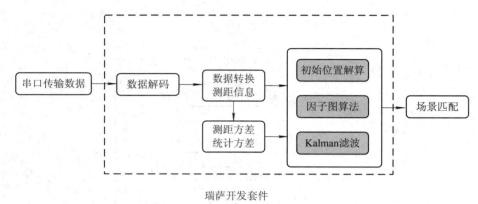

瑞萨开发套件

图 9　软件流程图

表 1　DWM1000 串口输出格式

包头(2 B)	节点 ID(2 B)	距 离 信 息	校验(2 B)
0xD66D		从节点中收集到的距离信息为该节点到所有节点距离，每个距离 2 B，低位在前，高位在后。总长度为 N，N 为节点个数。 | 到节点 0 的距离	到节点 1 的距离	到节点 N 的距离
---|---|---| 主节点中收集到的距离信息为从主节点 0 开始，所有节点到其他节点距离，总程度为 $N \times N$。节点到自身的距离始终为 0。 | $0 \sim 0$	$0 \sim 1$	$0 \sim N$
---	---	---
$1 \sim 0$	$1 \sim 1$	$0 \sim N$
…	…	…
$N \sim 0$	$N \sim 1$	$N \sim N$		

通过串口获得的数据为十六进制，需要经过转换才能变成可使用的数据格式，转换步骤如下：首先检测数据帧帧头 D66D，以保证获得完整数据帧。再读取出数据帧中的距离信息，并将原始距离数据转换为十进制，最后将一维的十进制数据格式转换至二维，二维矩阵中元素 $l_{i,j}$ 表示节点 i 和节点 j 之间的距离。

2. 测距信息以及测距方差统计信息

实验前预先将多组测距误差方差和距离的长度统计好，然后进行分段插值，因为测距误差方差与距离的关系曲线比较平滑，基本呈线性关系，因此插值方法可以采用二次分段插值或者三次样条插值，从而近似拟合出测距方差与距离的关系，以便定位算法中因子图算法或者卡尔曼滤波算法的计算。

3. 初始位置信息的获取

邻居节点坐标为 $(x, y) = \{(X_i, Y_i) \mid i = 1, 2, \cdots, n\}$，测距信息为 $d = (d_1, d_2, \cdots, d_n)$
从而有方程组：

$$\begin{cases} (X_1 - x)^2 + (Y_1 - y)^2 = d_1^2 \\ (X_2 - x)^2 + (Y_2 - y)^2 = d_2^2 \\ \quad\quad\vdots \\ (X_n - x)^2 + (Y_n - y)^2 = d_n^2 \end{cases}$$

相邻两式两两相减可以得到下式：

$$\begin{cases} 2(X_2 - X_1)x + 2(Y_2 - Y_1)y = d_1^2 - d_2^2 - (X_1^2 - X_2^2) - (Y_1^2 - Y_2^2) \\ 2(X_3 - X_2)x + 2(Y_3 - Y_2)y = d_2^2 - d_3^2 - (X_2^2 - X_3^2) - (Y_2^2 - Y_3^2) \\ \quad\quad\vdots \\ 2(X_n - X_{n-1})x + 2(Y_n - Y_{n-1})y = d_{n-1}^2 - d_n^2 - (X_{n-1}^2 - X_n^2) - (Y_{n-1}^2 - Y_n^2) \end{cases}$$

令

$$\boldsymbol{A} = \begin{bmatrix} 2(X_2 - X_1) & 2(Y_2 - Y_1) \\ 2(X_3 - X_2) & 2(Y_3 - Y_2) \\ \vdots & \vdots \\ 2(X_n - X_{n-1}) & 2(Y_n - Y_{n-1}) \end{bmatrix}$$

$$\boldsymbol{b} = \begin{bmatrix} d_1^2 - d_2^2 - (X_1^2 - X_2^2) - (Y_1^2 - Y_2^2) \\ d_2^2 - d_3^2 - (X_2^2 - X_3^2) - (Y_2^2 - Y_3^2) \\ \vdots \\ d_{n-1}^2 - d_n^2 - (X_{n-1}^2 - X_n^2) - (Y_{n-1}^2 - Y_n^2) \end{bmatrix}$$

若 $\boldsymbol{A}$ 的维数大于变量个数，则有矛盾方程组：

$$\boldsymbol{Ax} = \boldsymbol{b}$$

其最小二乘解为：

$$\boldsymbol{x} = (\boldsymbol{A}^{\mathrm{T}}\boldsymbol{A})^{-1}\boldsymbol{A}^{\mathrm{T}}\boldsymbol{b}$$

式中，$\boldsymbol{x} = (x, y)$ 为待定位目标的坐标。

4. 基于因子图三维协同定位算法调度

本项目所提出的基于因子图的协同定位算法按照和积算法的消息传递规则在因子图上计算各个节点间的信息，并对消息进行更新迭代，最终估计出待定位节点的位置坐标。

下面详细描述每个节点的信息更新操作。首先，对待定位节点进行初始化，其初始位置估计值 (x^0, y^0, z^0) 由最小二乘算法获得。因子图中所有变量具有确定的初始值，该值为给定的数据或随机数值，并且每个变量的 PDF 服从高斯分布。

初始化后，进行变量节点和函数节点间的置信信息的计算和传递。具体操作如下：

1）函数节点 D_i（第 k 次迭代）

测距信息的统计特性通过函数节点 D_i 进入因子图。

$$\mathrm{BI}(D_i^k, d_i^k) = N(d_i, \hat{d}_i, \sigma_{d_i}^2)$$

由函数节点 D_i 产生的变量 d_i 服从高斯分布，其均值等于测距值 $\hat{d}_i$，方差等于测距方差 $\sigma_{d_i}^2$。

2）函数节点 E_i（第 k 次迭代）

函数节点 E_i 在转换 x 坐标、y 坐标、z 坐标之间的置信度信息中起重要作用。通过欧式公式，变量节点 Δx_i、Δy_i 和 Δz_i 间的约束关系如式（1）所示。变量间的几何关系推导可由式（2）和式（3）得到。

设 $F(\Delta x, \Delta y, \Delta z) = \Delta x^2 + \Delta y^2 + \Delta z^2 - d^2$，其中，$F_x = 2 \times \Delta x$，$F_y = 2 \times \Delta y$，$F_z = 2 \times \Delta z$，$F_d = -2 \times d$。在点 $(\Delta x_0, \Delta y_0, \Delta z_0, d_0)$ 处，曲面的切平面方程为：

$$2\Delta x_0(\Delta x - \Delta x_0) + 2\Delta y_0(\Delta y - \Delta y_0) + 2\Delta z_0(\Delta z - \Delta z_0) - 2d_0(d - d_0) = 0 \tag{2}$$

因为 $\Delta x^2 + \Delta y^2 + \Delta z^2 = d^2$，所以可化简为：

$$\Delta x_0 \Delta x + \Delta y_0 \Delta y + \Delta z_0 \Delta z - d_0 d = 0 \tag{3}$$

由式（3）可得：

$$\begin{cases} \Delta x = \dfrac{d_0 d - \Delta y_0 \Delta y - \Delta z_0 \Delta z}{\Delta x_0} \\[2mm] \Delta y = \dfrac{d_0 d - \Delta x_0 \Delta x - \Delta z_0 \Delta z}{\Delta y_0} \\[2mm] \Delta z = \dfrac{d_0 d - \Delta x_0 \Delta x - \Delta y_0 \Delta y}{\Delta z_0} \end{cases} \tag{4}$$

以 Δx 为例，由系统模型知，Δx 服从高斯分布，均值为 $m_{\Delta x}$，由式（4）推导 Δx 的方差 $\sigma_{\Delta x}^2$。

$$\begin{aligned} \sigma_{\Delta x}^2 &= \mathrm{cov}\left(\frac{d_0 d - \Delta y_0 \Delta y - \Delta z_0 \Delta z}{\Delta x_0}\right) \\ &= \frac{1}{\Delta x^2}(d_0^2 \sigma_d^2 + \Delta y_0^2 \sigma_{\Delta y}^2 + \Delta z_0^2 \sigma_{\Delta z}^2) \\ &= \frac{1}{d_0^2 - \Delta y_0^2 - \Delta z_0^2}(d_0^2 \sigma_d^2 + \Delta y_0^2 \sigma_{\Delta y}^2 + \Delta z_0^2 \sigma_{\Delta z}^2) \end{aligned}$$

同理可得 Δy、Δz 的方差 $\sigma_{\Delta y}^2$、$\sigma_{\Delta z}^2$：

$$\sigma_{\Delta y}^2 = \frac{1}{d_0^2 - \Delta x_0^2 - \Delta z_0^2}(d_0^2 \sigma_d^2 + \Delta x_0^2 \sigma_{\Delta x}^2 + \Delta z_0^2 \sigma_{\Delta z}^2)$$

$$\sigma_{\Delta z}^2 = \frac{1}{d_0^2 - \Delta x_0^2 - \Delta z_0^2}(d_0^2 \sigma_d^2 + \Delta x_0^2 \sigma_{\Delta x}^2 + \Delta y_0^2 \sigma_{\Delta y}^2)$$

因此，函数节点 E_i 到变量节点 Δx_i^k 的置信度信息可以表示为：

$$\mathrm{BI}(E_i^k, \Delta x_i^{k+1})$$

$$= N\left[\Delta x_i^{k+1}, \pm\sqrt{(\hat{d}_i^k)^2 - m_{\Delta y_i^k}^2 - m_{\Delta z_i^k}^2}, \frac{m_{\Delta y_i^k}^2 \cdot \sigma_{\Delta y_i^k}^2 + m_{\Delta z_i^k}^2 \cdot \sigma_{\Delta z_i^k}^2 + (\hat{d}_i^k)^2 \cdot \sigma_{d_i^k}^2}{(\hat{d}_i^k)^2 - m_{\Delta x_i^k}^2 - m_{\Delta z_i^k}^2}\right]$$

同理可得 C_i 到变量节点 Δy_i、Δz_i 的置信度信息，表示如下：

$$\mathrm{BI}(E_i^k, \Delta y_i^{k+1})$$

$$= N\left[\Delta y_i^{k+1}, \pm\sqrt{(\hat{d}_i^k)^2 - m_{\Delta x_i^k}^2 - m_{\Delta z_i^k}^2}, \frac{m_{\Delta x_i^k}^2 \cdot \sigma_{\Delta x_i^k}^2 + m_{\Delta z_i^k}^2 \cdot \sigma_{\Delta z_i^k}^2 + (\hat{d}_i^k)^2 \cdot \sigma_{d_i^k}^2}{(\hat{d}_i^k)^2 - m_{\Delta x_i^k}^2 - m_{\Delta z_i^k}^2}\right]$$

$$\mathrm{BI}(E_i^k,\ \Delta z_i^{k+1})$$

$$= N\left[\Delta x_i^{k+1},\ \pm\sqrt{(\widehat{d}_i^k)^2 - m_{\Delta x_i^k}^2 - m_{\Delta y_i^k}^2},\ \frac{m_{\Delta x_i^k}^2\cdot\sigma_{\Delta x_i^k}^2 + m_{\Delta y_i^k}^2\cdot\sigma_{\Delta y_i^k}^2 + (\widehat{d}_i^k)^2\cdot\sigma_{d_i^k}^2}{(\widehat{d}_i^k)^2 - m_{\Delta x_i^k}^2 - m_{\Delta y_i^k}^2}\right]$$

3）函数节点 W_i（第 k 次迭代）

该函数节点执行表示信息可靠性的加权过程，其形式为：

$$\mathrm{BI}(W_i^k,\ \Delta x_i^{w,\,k})$$

$$= N\left[\Delta x_i^k,\ \pm\sqrt{(\widehat{d}_i^k)^2 - m_{\Delta y_i^k}^2 - m_{\Delta z_i^k}^2},\ w_i\frac{m_{\Delta y_i^k}^2\cdot\sigma_{\Delta y_i^k}^2 + m_{\Delta z_i^k}^2\cdot\sigma_{\Delta z_i^k}^2 + (\widehat{d}_i^k)^2\cdot\sigma_{d_i^k}^2}{(\widehat{d}_i^k)^2 - m_{\Delta y_i^k}^2 - m_{\Delta z_i^k}^2}\right]$$

$$\mathrm{BI}(W_i^k,\ \Delta y_i^{w,\,k})$$

$$= N\left[\Delta y_i^k,\ \pm\sqrt{(\widehat{d}_i^k)^2 - m_{\Delta x_i^k}^2 - m_{\Delta z_i^k}^2},\ w_i\frac{m_{\Delta x_i^k}^2\cdot\sigma_{\Delta x_i^k}^2 + m_{\Delta z_i^k}^2\cdot\sigma_{\Delta z_i^k}^2 + (\widehat{d}_i^k)^2\cdot\sigma_{d_i^k}^2}{(\widehat{d}_i^k)^2 - m_{\Delta x_i^k}^2 - m_{\Delta z_i^k}^2}\right]$$

$$\mathrm{BI}(W_i^k,\ \Delta z_i^{w,\,k})$$

$$= N\left[\Delta x_i^k,\ \pm\sqrt{(\widehat{d}_i^k)^2 - m_{\Delta x_i^k}^2 - m_{\Delta y_i^k}^2},\ w_i\frac{m_{\Delta x_i^k}^2\cdot\sigma_{\Delta x_i^k}^2 + m_{\Delta y_i^k}^2\cdot\sigma_{\Delta y_i^k}^2 + (\widehat{d}_i^k)^2\cdot\sigma_{d_i^k}^2}{(\widehat{d}_i^k)^2 - m_{\Delta x_i^k}^2 - m_{\Delta t_i^k}^2}\right]$$

$$\mathrm{BI}(W_i^k,\ \Delta x_i^k) = \mathrm{BI}(\Delta x_i^{w,\,k},\ W_i^k)$$

$$\mathrm{BI}(W_i^k,\ \Delta y_i^k) = \mathrm{BI}(\Delta y_i^{w,\,k},\ W_i^k)$$

$$\mathrm{BI}(W_i^k,\ \Delta z_i^k) = \mathrm{BI}(\Delta z_i^{w,\,k},\ W_i^k)$$

4）函数节点 A_i、B_i 和 C_i（第 k 次迭代）

函数节点 A_i、B_i 和 C_i 实现相对位置信息与绝对位置信息的转换。

（1）当邻居节点是位置准确的锚节点时，有：

$$\begin{cases}\Delta x_i = X_i - x \\ \Delta y_i = Y_i - y \\ \Delta z_i = Z_i - z\end{cases}$$

（2）当邻居节点是存在位置模糊度的协同节点时，有：

$$\begin{cases}\Delta x_i = \widehat{X}_i - x \\ \Delta y_i = \widehat{Y}_i - y \\ \Delta z_i = \widehat{Z}_i - z\end{cases}$$

相应的置信度信息表示如下：

（1）当邻居节点是位置准确的锚节点时，有：

$$\mathrm{BI}(A_i^k,\ \Delta x_i^{w,\,k}) = N(\Delta x_i^{w,\,k},\ X_i - m_{x^k},\ \sigma_{x^k}^2)$$

$$\mathrm{BI}(A_i^k,\ x^k) = N(x^k,\ X_i - m_{\Delta x_i^{w,\,k}},\ \sigma_{\Delta x_i^{w,\,k}}^2)$$

$$\mathrm{BI}(B_i^k,\ \Delta y_i^{w,\,k}) = N(\Delta y_i^{w,^*\,k},\ Y_i - m_{y^k},\ \sigma_{y^k}^2)$$

$$BI(B_i^k, y^k) = N(y^k, Y_i - m_{\Delta y_i^{w,k}}, \sigma^2_{\Delta y_i^{w,k}})$$

$$BI(C_i^k, \Delta z_i^{w,k}) = N(\Delta z_i^{w,k}, Z_i - m_{y^k}, \sigma^2_{z^k})$$

$$BI(C_i^k, z^k) = N(z^k, Z_i - m_{\Delta z_i^{w,k}}, \sigma^2_{\Delta z_i^{w,k}})$$

（2）当邻居节点是存在位置模糊度的协同节点时，有：

$$BI(A_i^k, \Delta x_i^{w,k}) = N(\Delta x_i^{w,k}, \hat{X}_i - m_{x^k}, \sigma^2_{x^k})$$

$$BI(A_i^k, x^k) = N(x^k, \hat{X}_i - m_{\Delta x_i^{w,k}}, \sigma^2_{\Delta x_i^{w,k}})$$

$$BI(B_i^k, \Delta y_i^{w,k}) = N(\Delta y_i^{w,k}, \hat{Y}_i - m_{y^k}, \sigma^2_{y^k})$$

$$BI(B_i^k, y^k) = N(y^k, \hat{Y}_i - m_{\Delta y_i^{w,k}}, \sigma^2_{\Delta y_i^{w,k}})$$

$$BI(C_i^k, \Delta z_i^{w,k}) = N(\Delta z_i^{w,k}, \hat{Z}_i - m_{y^k}, \sigma^2_{z^k})$$

$$BI(C_i^k, z^k) = N(z^k, \hat{Z}_i - m_{\Delta z_i^{w,k}}, \sigma^2_{\Delta z_i^{w,k}})$$

其中，$\sigma^2_{x^k}$、$\sigma^2_{y^k}$ 和 $\sigma^2_{z^k}$ 是分别来自变量节点 x^k、y^k 和 z^k 的高斯置信度信息的方差，$\sigma^2_{\Delta x_i^{w,k}}$、$\sigma^2_{\Delta y_i^{w,k}}$ 和 $\sigma^2_{\Delta z_i^{w,k}}$ 是分别来自变量节点 $\Delta x_i^{w,k}$、$\Delta y_i^{w,k}$ 和 $\Delta z_i^{w,k}$ 的高斯置信度信息的方差。

5）变量节点 d_i，Δx_i，Δy_i，Δz_i，Δx_i^w，Δz_i^w，Δy_i^w（第 k 次迭代）

变量节点 d_i^k，Δy_i^k，Δz_i^k，$\Delta x_i^{w,k}$，$\Delta y_i^{w,k}$，$\Delta z_i^{w,k}$ 直接传递接收到的信息。

$$BI(\Delta x_i^k, W_i^k) = BI(E_i^k, \Delta x_i^k)$$

$$BI(\Delta y_i^k, W_i^k) = BI(E_i^k, \Delta y_i^k)$$

$$BI(\Delta z_i^k, W_i^k) = BI(E_i^k, \Delta z_i^k)$$

$$BI(\Delta x_i^{w,k}, W_i^k) = BI(A_i^k, \Delta x_i^k)$$

$$BI(\Delta y_i^{w,k}, W_i^k) = BI(A_i^k, \Delta y_i^k)$$

$$BI(\Delta z_i^{w,k}, W_i^k) = BI(A_i^k, \Delta z_i^k)$$

$$BI(\Delta x_i^{w,k}, A_i^k) = BI(W_i^k, \Delta x_i^{w,k})$$

$$BI(\Delta y_i^{w,k}, A_i^k) = BI(W_i^k, \Delta y_i^{w,k})$$

$$BI(\Delta z_i^{w,k}, A_i^k) = BI(W_i^k, \Delta z_i^{w,k})$$

6）变量节点 x、y 和 z（第 k 次迭代）

基于和积算法的计算规则，变量节点 x^k 到函数节点 A_i 的置信度信息表示为：

$$BI(x^k, A_i^k) = \prod_{j \neq i} BI(A^i k_j, x^k)$$

式中，置信度信息 $BI(A_j^k, x^k)$ 是一个关于变量 x^k 的高斯分布。多个高斯分布的变量相乘的结果仍然是高斯分布，表示如下：

$$\prod_{j=1}^{J} N(x, m_j, \sigma_j^2) \propto (x, m_A, \sigma_A^2)$$

$$\frac{1}{\sigma_A^2} = \sum_{j=1}^{J} \frac{1}{\sigma_j^2}$$

$$m_A = \sigma_A^2 \sum_{j=1}^{J} \frac{m_j}{\sigma_j^2}$$

式中，j 表示待定位节点的所有邻居节点。类似的推导过程同样适用于变量节点 y^k 到函数节点 B_i 置信度信息的计算与变量节点 z^k 到函数节点 C_i 置信度信息的计算。

变量节点 x、y 和 z 的信息经过 k 次迭代收敛，待定位节点完成位置更新。表示如下：

$$BI(x^k) = \prod_{j=1}^{J} BI(A_j^k, x^k)$$

$$BI(y^k) = \prod_{j=1}^{J} BI(A_j^k, y^k)$$

$$BI(z^k) = \prod_{j=1}^{J} BI(A_j^k, z^k)$$

式中，j 表示待定位节点的所有邻居节点。每个待定位节点通过建立内部节点因子图确定各自的位置坐标，利用多个待定位节点间相互广播信息，实现同时定位。

5. Kalman 滤波算法

卡尔曼滤波(Kalman filtering)一种利用线性系统状态方程，通过系统输入输出观测数据，对系统状态进行最优估计的算法。由于观测数据中包括系统中的噪声和干扰的影响，所以最优估计也可看作是滤波过程。

在该算法之中，卡尔曼滤波用于消除目标位置由于测距误差以及算法计算过程中引入的其他误差造成位置抖动的问题。

假设待测节点在相邻两个时刻之间做匀速运动(在位置更新时间很短的情况下可以近似这么认为)，将每一时刻的位置和速度所组成的向量作为系统的状态向量，即 $\boldsymbol{X}_k = [x_k \quad y_k \quad \dot{x}_k \quad \dot{y}_k]^T$，位置测量值作为系统观测量 $\tilde{\boldsymbol{X}}_k = [x_k \quad y_k]^T$。

令 $\boldsymbol{A} = \begin{bmatrix} 1 & 0 & T_s & 0 \\ 0 & 1 & 0 & T_s \\ 0 & 0 & 1 & 0 \\ 0 & 0 & 0 & 1 \end{bmatrix}$，$\boldsymbol{C} = \begin{bmatrix} 1 & 0 & 0 & 0 \\ 0 & 1 & 0 & 0 \end{bmatrix}$，则卡尔曼滤波模型可建立为：

$$\boldsymbol{x}_k = \boldsymbol{A}\boldsymbol{x}_{k-1} + \boldsymbol{w}_{k-1}$$

$$\boldsymbol{y}_k = \tilde{\boldsymbol{x}}_k = \boldsymbol{C}\boldsymbol{x}_k + \boldsymbol{v}_k$$

则卡尔曼滤波状态估算公式为：

$$\hat{\boldsymbol{x}}_k^- = \boldsymbol{A}\hat{\boldsymbol{x}}_{k-1}$$

$$\hat{\boldsymbol{x}}_k = \hat{\boldsymbol{x}}_k^- + \boldsymbol{K}_k(\boldsymbol{y}_k - \boldsymbol{C}\hat{\boldsymbol{x}}_k^-)$$

向量 $\boldsymbol{w}_k$ 的协方差矩阵为 $\boldsymbol{Q}$，而向量 $\boldsymbol{V}_k$ 的协方差矩阵为 $\boldsymbol{R}$。

预测阶段：

$$\hat{\boldsymbol{x}}_k^- = \boldsymbol{A}\hat{\boldsymbol{x}}_{k-1}$$

$$\boldsymbol{P}_k^- = \boldsymbol{A}\boldsymbol{P}_{k-1}\boldsymbol{A}^T + \boldsymbol{Q}$$

校正阶段：

$$K_k = P_{\bar{k}} C^{\mathrm{T}} (C P_{\bar{k}}^- C^{\mathrm{T}} + R)^{-1}$$

$$\hat{x}_k = \hat{x}_{\bar{k}} + K(y_k - C \hat{x}_{\bar{k}})$$

$$P_k = (I - K_k C) P_{\bar{k}}$$

以上为卡尔曼滤波的全过程，若将该 UWB 定位模型测量值误差看作与时刻无关，则可以使用更加简洁的 $\alpha - \beta$ 滤波形式，即对于卡尔曼滤波的稳态形式。

此时有：

$$K = \begin{bmatrix} \alpha & 0 \\ 0 & \alpha \\ \beta/T_s & 0 \\ 0 & \beta/T_s \end{bmatrix}$$

在运动模型下，忽略系统输入量的随机误差，即将 Q 视为零矩阵，只考虑测量过程中引入的误差。

6. 场景匹配

将测量出的目标节点的位置信息导入到实际应用场景界面中，图 10 为根据实际场景制作的交互界面图。

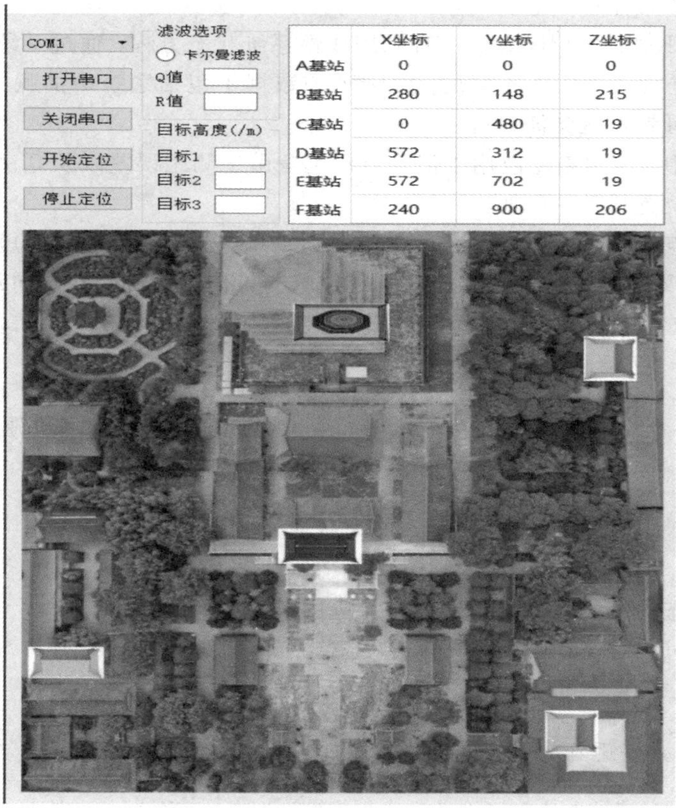

图 10　交互界面图

3. 系统仿真分析

3.1 协同定位算法仿真分析

本节对项目所提出的分布式协同定位算法的定位性能进行仿真和分析。仿真环境为一个包括 M 个锚节点和 N 个待定位节点的 100 mm×100 mm×100 mm 的协同定位网络区域。其中，锚节点是无位置模糊的固定节点，待定位节点随机均匀分布于三维空间中。各个节点间通信距离与测量距离均为 30 m。假设测距噪声是服从于均值为 0，方差为 σ_n^2 的高斯白噪声。从定位误差、均方根误差(Root Mean Sqare Error，RMSE)和累积分布函数两方面对算法的定位性能进行评估。

经过一次蒙特卡洛试验，算法的定位结果如图 11 所示。仿真条件为锚节点个数 $M=$ 13，待定位节点 $N=200$。测距噪声的标准差为 $\sigma_n=1$ m，最大迭代次数为 30。

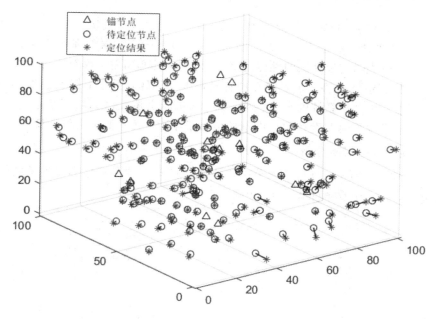

图 11　因子图协同定位算法单次试验定位结果

图 11 中，黑色圆圈表示待定位节点的真实位置，红色米花号表示定位结果，用于链接待定位节点的真实位置和估计位置的蓝色直线表示定位误差。由图 11 可以看出，大多数待定位节点具有较高的定位精度，但对于分布在三维区域边界的一些节点，其定位结果与真实位置之间有一定差距，这是因为这些节点的邻居节点个数较少(包括锚节点与协同节点)，节点接收的置信度信息不足，导致位置估计出现偏差。

3.1.1 不同协同定位算法定位性能比较

将本项目所提出的基于因子图的协同定位算法与最小二乘协同定位算法进行比较，比较结果如图 12 所示。仿真条件为锚节点个数 $M=13$，待定位节点 $N=200$，测距噪声的标准差为 $\sigma_n=1$ m，最大迭代次数为 29，蒙特卡洛仿真次数为 100 次。

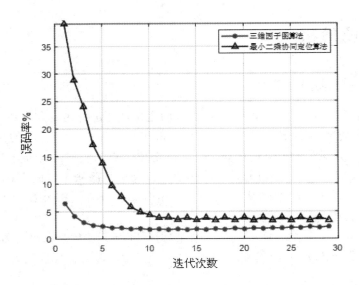

图 12　因子图协同定位算法与最小二乘协同定位算法定位性能比较（RMSE）

从图 12 可以看出，随着迭代次数的增加，两种算法的定位误差都不断减小并逐渐趋于收敛，其中因子图协同定位算法的性能远优于 LS 协同定位算法，收敛速度更快。这是因为因子图协同定位算法针对协同节点存在位置模糊度的问题，引入了权重系数，以提高不同节点信息可靠性，提升了系统的定位性能。而 LS 协同定位算法忽略了节点的位置模糊度和先验信息，造成位置模糊度在网络中不断传播积累，从而降低了定位精度。

3.1.2　测距误差影响分析

如图 13 和图 14 所示，分析了测距误差的标准差 σ_n 对收敛速度和定位精度的影响。除了测距误差外，其余仿真条件与图 12 相同。

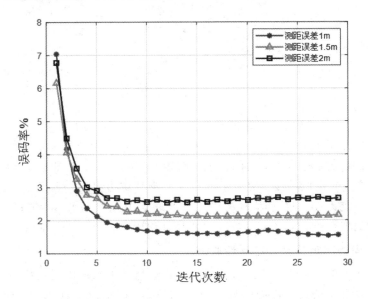

图 13　不同测距误差下的定位性能（RMSE）

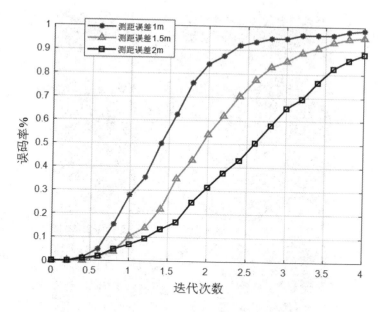

图 14   不同测距误差下的定位性能

由图 13 可以看出，随着标准差 σ_n 的减小，收敛速度不断提升。由图 14 可以看出，随着测距误差标准差的减小，定位精度也不断提升。这是因为测距误差标准差越小，待定位节点与邻居节点间的测量距离与真实距离越接近，邻居节点为待定位节点所提供信息就越准确，所以定位性能就更好。

4. 系统实验测试

4.1   UWB 模块协同定位系统实验测试

对基于因子图的协同定位算法进行软件仿真和误差分析，验证项目提出算法的可行性和可靠性后，在实际空间中搭建三维定位试验场景，对整个高精度协同定位系统定位性能进行试验分析。首先，对超宽带模块节点进行测距误差较准，使各个节点间的测距平均误差达到 10 cm，并利用 UWB 在三维空间内进行组网。模拟实验场地采用西安地标景点大雁塔及大慈恩寺景区部分建筑群，以实际航拍图为指导搭建实验场地，组网定位区域如航拍图 15 所示。

项目将景区航拍图按照比例缩小并喷绘，喷绘规格为长 9 m，宽 6 m。图中标志性建筑物使用纸箱进行模拟，分别放置于相应位置，搭建好的实验定位场地如图 16 所示。

场景中共包含 5 个 UWB 基站，分别放置于大雁塔、西僧院、东僧院、文宝阁、大雄宝殿 5 个建筑上。待定位目标设置三个，其中地面待定位目标两个，为履带式小车，小车使用 9V150 转电机，移动速度为 0.5 m/s；空间待定位目标为大疆无人机一架。系统测试任务主要按照待定位节点的移动轨迹分类，在试验场景下进行实时三维定位测试，测试结果如下。

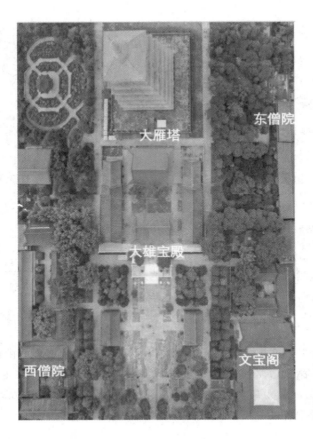

图 15　大雁塔景区实拍图

图 16　实验场地

1) 单辆履带小车直线型运动

单履带车运动测试条件：卡尔曼滤波系数 Q 矩阵对角元素值为 3，R 矩阵对角元素值为 5；B、C、D、E、F 为基站位置，基站位置信息已知，图中红色车辆标识为待定位目标在匹配地图中的位置，定位刷新率为 5 次/秒。

履带车将在地图上沿预设直线轨迹行走，图 17(a)中黑色直线为预设轨迹，起点与终点均已标记，小车将按照此路线行走，并将实际行驶轨迹在图中以红色线条表示，图 17(b)中红色线形为履带车行动轨迹。

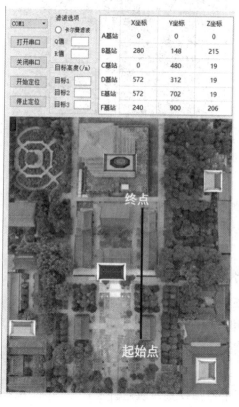
(a) 小车预计轨迹图

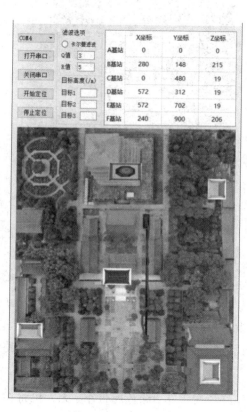
(b) 小车实际运动路线图

图 17　单辆履带小车运动测试

从图 17(b)中可看出前半段略微偏离预定轨迹，这是因为履带小车两部驱动电机转速差异，导致直线行动时的自行偏转，无法走出"直线"轨迹，在加强遥控修正后，其运动轨迹与预设轨迹可完全重叠。

2) 两辆履带小车直线型运动

红色履带车和绿色履带车将在地图上沿预设直线轨迹行走，图 18(a)中黑色直线为预设轨迹，履带车将按照此路线行走，并留下轨迹，图 18(b)中红色线形为红色履带车行动轨迹，绿色线形为绿色履带车行动轨迹，其他测试条件与图 16 相同。

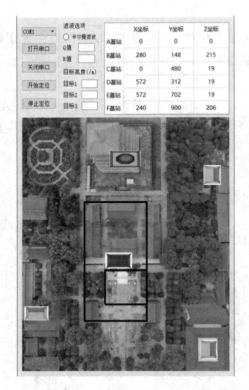

(a) 小车预计轨迹图

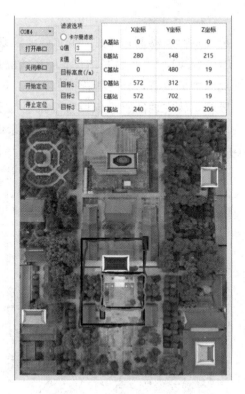

(b) 小车实际运动路线图

图18　两辆履带小车运动测试

从图18(b)可看出，两辆履带车的移动轨迹与预设路径基本一致，在部分转角处偏差较大，这是因为在人工操作时，履带车行至转角处时，所携带的 UWB 标签还未到达指定位置，履带车就已经转换方向，导致发生路径偏移。

3) 两辆履带车、一架无人机运动

红色履带车、绿色履带车、无人机将在地图上沿预设直线轨迹行走，图19(a)中黑色直线为预设轨迹，运动目标将按照此路线行走，并留下轨迹，图19(b)中红色线形为红色履带车行动轨迹，绿色线形为绿色履带车行动轨迹，蓝色为无人机飞行轨迹，其他测试条件与图16相同。

图19(a)、(b)中目标3表示无人机，由图可知，无人机起始位置高度为1.4 m，终点位置为0.15 m，终点高度信息不为0的原因是标签绑在无人机上，距离地面就有一定高度，如图19(c)所示。

从图19(b)可看出运动目标的移动轨迹与预设路径基本一致，可实现三维空间下待定位目标节点的追踪定位。

(a) 小车、无人机预计轨迹图　　　　　　(b) 小车、无人机实际运动路线图

(c) 无人机终点位置图

图 19　两辆履带车、一架无人机运动测试

4.2　小结

为验证高精度协同定位系统在实际应用场景中的可行性，本节利用 DWM1000 超宽带模块，搭建实验场地进行了实地测试。首先对所提出的基于因子图的协同定位算法进行仿真分析，验证了算法在理论上的合理性。然后进行多场景定位实验，通过规划不同移动目标的不同移动轨迹，完成三维空间下待定位目标的跟踪定位，并将结果实时显示到交互界面中。测试结果表明系统定位性能与理论分析结果一致，满足大众日常生活需要和工业生产需求，可在井下作业、车间工厂、商业中心、人文景区等环境中提供优质定位导航服务和电子围栏保障。

5. 创新性说明

本项目创造性地将 UWB 技术与分布式协同定位相结合，并高效应用到实际场景中。针对典型场景进行系统评估，结果表明本系统可在遮挡物众多的复杂环境中达到分米级的定位精度，其鲁棒性和延展性优良，创新点分为以下三点。

（1）针对定位性能难以满足实际需求的问题，提出了基于因子图的分布式协同定位算法。该算法将协同拓扑图映射到因子图中构建协同定位因子图模型，对于具体的待定位节点，构建节点内部因子图，结合和积算法的计算准则，实现信度信息在因子图中的迭代传递。相较于传统的 LS、ML 协同定位算法，该算法同时考虑率测距误差和位置模糊度，在实际实验中定位精度可达 8 cm，已接近基于 UWB 模块的定位系统的理论定位精度极限。

（2）现有因子图协同定位算法均在二维平面上实现定位，要求待定位节点必须和邻节点在同一平面上，不符合实际场景的组网定位，定位的精确性和便利性较差。本项目对现有因子图协同定位算法进行理论分析与推导，完成了三维因子图协同定位算法的仿真分析与实际场景测试，可利用协同网络实现立体空间内的三维节点定位，具有理论创新性与实际应用价值。

（3）系统针对不同面积的定位场景，可通过增删中继节点的方式调节组网覆盖面积以节约成本。灵活添删待定位节点，适用于旅游景区、大型工厂等人流量波动较大的室内环境。此外，本项目进行 APP 封装实现匹配场景的切换，便于用户直观得到自身的位置信息，方便快捷地提供人性化的导航服务。

6. 总结

大型复杂环境中受墙壁等障碍物的影响，卫星信号较弱，卫星导航无法发挥作用，因此现有的典型定位技术难以满足人们日益增长的位置服务需求。本项目创新性地研究并实现了三维空间下的高精度协同定位系统。系统使用 UWB 模块组网，利用微控制器控制 UWB 模块获取网络节点之间的测距信息，使用瑞萨电子 RZ/A2M 系列开发套件结合基于因子图的分布式协同定位算法和卡尔曼滤波算法，实现了在复杂环境下的高精度实时定位。实验结果表明，系统在不同场景下对多个目标同时定位的定位误差达到了分米级，精度接近 UWB 定位的极限，完全满足工业级需要，同时远远超过大众日常出行时对定位导航的需求。系统稳定度高、实时性好，用户可直接在系统交互界面直观获取自己的位置。本系统具有成本低、可移植性强、使用灵活等优点，其利用少量中继节点便能极大扩展网络覆盖面积，可兼容匹配多种大型复杂室内环境。本系统不仅可用于人文景区导航，在抢险救灾、大型工厂等方面均可发挥重要的作用，具有重要的实际应用价值和发展前景。

参考文献

［1］ 王震，郭建. 改进 TDOA 算法的 UWB 室内定位系统设计[J]. 单片机与嵌入式系统应用，2017.

［2］ 刘慧. 高精度厘米级 UWB 定位方案[N]. 电子报，2019 - 02 - 17(006).

［3］ 张亚森. 基于 DWM1000 的 UWB 室内定位系统设计[D]. 哈尔滨工程大学，2018.

[4] 李威，叶焱，谢晋雄，等. UWB 高精度室内定位系统及实现[J]. 数据通信，2018(05)：13 - 18.

[5] 刘琦，沈锋，王锐. 基于 UWB 定位系统硬件平台设计[J/OL]. 电子科技，2019(10)：1 - 7[2019 - 06 - 10].

[6] 杨明，刘中令，俞晖. 一种基于几何精度因子的三维室内定位方案[J]. 上海师范大学学报（自然科学版），2018，47(02)：186 - 191.

[7] 陈燕. 基于 UWB 的高精度室内三维定位技术研究[D]. 电子科技大学，2018.

[8] HU L，YUE X，NING B. Development of the Beidou ionospheric observation network in China for space weather monitoring [J]. Space Weather—the International Journal of Research and Applications，2017，15(8)：974 - 984.

[9] 刘森. WIi-Fi 室内定位系统关键技术研究[D]. 西北工业大学，2017.

[10] 彭建业. 基于 WiFi 室内定位系统的设计与实现[D]. 广西大学，2016.

[11] ZHAO M，WANG Y，YIN T，et al. A rapid localization algorithm suitable for the single satellite on the MEO[C]. International Conference on Frontiers of Signal Processing. IEEE，2017：137 - 141.

[12] SPANGELO S，CUTLER J，GILSON K，et al. Optimization-based scheduling for the single-satellite，multi-ground station communication problem[J]. Computers and Operations Research，2015，57：1 - 16.

[13] GEORGES H M，WANG D，XIAO Z，et al. Hybrid global navigation satellite systems，differential navigation satellite systems and time of arrival cooperative positioning based on iterative finite difference particle filter[J]. IET Communications，2015，9(14)：1699 - 1709.

[14] ABDELMONEEM R M，SHAABAN E. Locally centralized SOCP-based localization technique for wireless sensor network[J]. Procedia Computer Science，2015，73：76 - 85.

[15] SECO F，ANTONIO R J. Smartphone-based cooperative indoor localization with RFID technology [J]. Sensors，2018，18(1)：266.

[16] VAGHEFI R M，BUEHRER R M. Cooperative localization in NLOS environments using semidefinite programming[J]. IEEE Communications Letters，2015，19(8)：1382 - 1385.

[17] ZHU Y，JIANG A，KWAN H K，et al. Distributed sensor network localization using combination and diffusion scheme[C]. IEEE International Conference on Digital Signal Processing. IEEE，2015：1156 - 1160.

[18] SOARES C，XAVIER J，GOMES J. Simple and fast convex relaxation method for cooperative localization in sensor networks using range measurements [J]. IEEE Transactions on Signal Processing，2015，63(17)：4532 - 4543.

[19] TANIUCHI D，LIU X，NAKAI D，et al. Spring model based collaborative indoor position estimation with neighbor mobile devices[J]. IEEE Journal of Selected Topics in Signal Processing，2015，9(2)：268 - 277.

[20] WANG S，LUO F，JING X，et al. Low-complexity message-passing cooperative localization in wireless sensor networks[J]. IEEE Communications Letters，2017，21(9)：2081 - 2084.

[21] TRUSHEIM F，CONDURACHE A，MERTINS A. Graphical stochastic models for tracking applications with variational message passing inference[C]. International Conference on Image Processing Theory，Tools and Applications (IPTA). IEEE，2016：1 - 6.

[22] HU E M，DENG Z L，HU M D，et al. Cooperative indoor positioning with factor graph based on FIM for wireless sensor network[J]. Future Generation Computer Systems，2018，89：126 - 136.

[23] ADJRAD M，GROVES P D. Intelligent urban positioning：integration of shadow matching with 3D-mapping-aided GNSS ranging[J]. Journal of Navigation，2018，71(1)：1 - 20.

[24] FERNANDEZ-BES J, AZPICUETA-RUIZ L A, et al. Distributed estimation in diffusion networks using affine least-squares combiners[J]. Digital Signal Processing, 2015, 36: 1 – 14.

[25] ZHANG G J, XIN L, LONG X Z, et al. Weighted least lquare localization algorithm based on RSSI Values[C]. International Conference on Instrumentation and Measurement. IEEE, 2016: 1236 – 1239.

[26] BUEHRER R M, WYMEERSCH H, VAGHEFI R M. Collaborative sensor network localization: algorithms and practical issues[J]. Proceedings of the IEEE, 2018, 106(6): 1089 – 1114.

[27] GARCIA FERMANDEZ A, SVENSSON L, SARKKA S. Cooperative localisation using posterior linearisation belief propagation[J]. IEEE Transactions on Vehicular Technology, 2018, 67(1): 832 – 836.

[28] OIKONOMOU Filandras P A, WONG K K. HEVA: Cooperative localization using a combined non-parametric belief propagation and variational message passing approach [J]. Journal of Communications and Networks, 2016, 18(3): 397 – 410.

[29] VAN Nguyen T, JEONG Y, SHIN H, et al. Least square cooperative localization[J]. IEEE Transactions on Vehicular Technology, 2015, 64(4): 1318 – 1330.

[30] VAGHEFI R M, BUEHRER R M. Cooperative localization in NLOS environments using semidefinite programming[J]. IEEE Communications Letters, 2015, 19(8): 1382 – 1385.

[31] CAKMAK B, URUP D N, MEYER F, et al. Cooperative localization for mobile networks: a distributed belief propagation-mean field message passing algorithm[J]. IEEE Signal Processing Letters, 2016, 23(6): 828 – 832.

[32] HYOWON K, WON C S, SUNWOO K. Connectivity information-aided belief propagation for cooperative localization[J]. IEEE Wireless Communications Letters, 2018, 7(6): 1010 – 1013.

[33] 崔建华, 王忠勇, 王法松, 等. 无线网络中基于变分消息传递的分布式协作定位算法[J]. 信号处理, 2017(5): 661 – 668.

[34] ZHOU B, CHEN Q, WYMEERSCH H, et al. Variational inference-based positioning with nondeterministic measurement accuracies and reference location errors[J]. IEEE Transactions on Mobile Computing, 2017, 6(10): 2955 – 2969.

[35] GEORGES H M, XIAO Z, WANG D. Hybrid cooperative vehicle positioning using distributed randomized sigma point belief propagation on non-gaussian noise distribution[J]. IEEE Sensors Journal, 2016, 16(21): 7803 – 7813.

[36] SHEN F, CHEONG J W, DEMPSTER A G. A DSRC Doppler/IMU/GNSS tightly-coupled cooperative positioning method for relative positioning in vanets[J]. Journal of Navigation, 2017, 70(1): 120 – 136.

[37] HHDHLY K, LAARAIEDH M, ABDELKEFI F, et al. A variational message passing algorithm for cooperative localization in wireless networks [C]. International Conference on Software, Telecommunications and Computer Networks (SoftCOM). IEEE, 2016: 1 – 5.

[38] 史玉龙. 下一代网络的协同定位技术研究[D]. 北京邮电大学, 2015.

[39] LI S, HEDLEY M, COLLINGS I B. New efficient indoor cooperative localization algorithm with empirical ranging error model[J]. IEEE Journal on Selected Areas in Communications, 2015, 33(7): 1407 – 1417.

专家点评

　　该项目设计并实现了一种基于无线传感网的分布式协同定位方案。项目方案将超宽带技术用于组网测距，与基于 433 MHz、蓝牙等技术的测距方案相比，具有抗多径衰落能力强、测距精度高等特点；提出了基于因子图的分布式协同定位计算框架，并在模拟场景中进行了验证，具有定位精度高、不依赖导航卫星、成本低等技术优势，可应用于室内定位与导航的场景。方案具有很好的可行性，应用前景广阔，作为一个学生团队能做到这个程度，很不容易。

作品 15　驾驶疲劳实时检测预警系统

作者：韩衍、张梓浩、朱子文（中北大学）

作品演示　　　文中彩图 1　　　文中彩图 2　　　作品代码

摘　　要

　　我国公安部交通管理局发布的全国道路交通安全管理情况报告指出，在发生的特大交通事故中，诱因以驾驶员疲劳驾驶最突出。驾驶疲劳会使驾驶员的反应时间显著增长、操作能力下降、判断失误增多。因此，建立合适的驾驶疲劳评价体系具有一定现实意义。

　　本作品为疲劳预警系统，硬件使用瑞萨 RZ/A2M 嵌入式平台，配合以视觉传感器与脑电波传感器。它们分别采集驾驶员面部图像与脑电波数据，并将数据传回嵌入式平台，通过处理计算得出三个表征驾驶员疲劳度的指标："脑电活跃度""专注度""视示疲劳指数"。预先对标注了疲劳的实验数据通过分类与回归树（CART）数据挖掘的方法得到每个指标对应疲劳的阈值，使得嵌入式系统能够快速准确地对驾驶员疲劳程度进行判断。

　　作品结合 RZ/A2M 嵌入式芯片内置的边缘计算单元，即动态可配置处理器 DRP，对驾驶员面部图像的处理进行了优化，加速了计算疲劳指标的速度。此外，系统通过 ESP32 模块的 Wi-Fi 接入阿里云物联平台，将检测结果与警告信息实时上传至云端，能够实时监测运行状态，便于进行大量设备的联网、数据收集、固件升级等工作。系统能够对驾驶疲劳进行准确判断并及时发出警告，并具有云端记录功能。除应用于机动车驾驶员的驾驶疲劳监测之外，应用场景还包括例如高铁、卸船机等需要驾驶员即时反应的场景。

　　关键词：瑞萨 RZ/A2M 嵌入式平台；视觉传感器；脑电波传感器；边缘计算；分类与回归树数据挖掘

Driving Fatigue Real-time Detection and Pre-warning System

Author：Yan HAN，Zihao ZHANG，Ziwen ZHU（North Central University of China）

Abstract

Chinese National Road Traffic Safety Report issued by the Traffic Management Bureau of the Ministry of Public Security of People's Republic of China pointed out that in the major traffic accidents, fatigue driving is the most prominent cause. Driving fatigue will significantly increase the driver's reaction time, decrease operation ability and judgment accuracy. Therefore, it is highly revelant to establish a suitable driving fatigue evaluation system.

This work is a fatigue warning system and is based on the Renesas RZ/A2M embedded platform. Visual sensor and brain wave sensor collect the driver's facial image and brain wave data respectively, and send the data back to the embedded platform. Through simple processing and calculation, three indicators that characterize driver fatigue are obtained: "Brain Activity", "Attention", and "Visual Fatigue Index". In advance, fatigue threshold corresponding to each indicator are calculated out of the labeled experimental data through classification and CART data mining method, so that the embedded system can quickly and accurately judge whether the driver's in fatigue.

With the help of the built-in edge computing unit, namely, DRP, in the RZ/A2M embedded chip, we optimize the processing of the driver's facial imageby accelerating the calculation of fatigue indicators with DRP. In addition, the system accesses the Alibaba Cloud IoT platform by the ESP32 module through Wi-Fi. In real time, the system uploads the detection results and warning information to the cloud, and monitors the operating status. This mechanism facilitates the networking, data collecting, and firmware upgrading of a large amount of devices. The system can accurately judge driving fatigue and issue warnings in time, and it has a cloud recording function. In addition to driving fatigue monitoring applied to motor vehicle drivers, application scenarios also include which require instant response, such as high-speed rail and ship unloaders.

Keywords: Renesas RZ/A2M; Vision Sensor; Brainwave Sensor; Edge Computing; Classification And Regression Tree Data Mining

1. 作品概述

1.1 背景分析

　　弗吉尼亚理工学院交通运输学院公布了一组关于驾驶员习惯、分心和碰撞原因的调查数据。数据显示,将近 80% 的碰撞与 65% 即将发生的碰撞是由于驾驶员事发前 3 s 的疏忽造成的。因此,在驾驶过程中实现实时地疲劳检测、快速有效地产生警报是避免事故发生的重要手段。

1.2 相关工作

本系统基于瑞萨 RZ/A2M 嵌入式平台，通过脑电生理指标与虹膜检测技术相结合的方案实现疲劳检测的功能。

1）疲劳判断

（1）脑电指标分析。采用两个指标用于本作品中的疲劳判断，分别是"脑电活跃度"与"专注度"。其中"脑电活跃度"（EEGCV）本质上是脑电在每个评估时段的方差与均值的比值，即脑电变异系数。而"专注度"是来自脑电芯片 TGAM 中的内置算法得出的指标，具有一定参考价值。

（2）虹膜检测技术。本作品中通过检测驾驶员虹膜位置、状态以检测眼动特性推断驾驶员的疲劳状态。通过动态可配置处理器 DRP 加速了图像处理过程。

（3）疲劳阈值确定与应用方案。确定阈值时，使用数据挖掘的方法，在 1541 条采集到的数据组中，使用分类与回归树（CART）数据挖掘的方法，找到最佳切分点。二分类的结果包含正常与疲劳。

2）云端系统方案

阿里云物联平台的接入：嵌入式平台通过 ESP32 模块的 Wi-Fi 功能接入互联网，进而接入阿里云物联平台，在此平台进行数据展示、记录。在此物联数据接入的基础上，使用阿里云物联平台提供的 IoT Studio 工具制作了网页应用，作为本作品的数据展示窗口，能够通过浏览器直接访问，从而监测实时数据状态与实时曲线。

3）硬件设备与各子系统通信

视觉传感器使用开发套件中的 IMX219PQH5-C 摄像头，它通过 MIPI 接口连接至瑞萨 RZ/A2M 嵌入式平台。脑电波传感器采用基于 TGAM 芯片的 MindLink 脑电波传感器，使用蓝牙转串口的通信方式与 ESP32 的串口 1 连接，脑电数据经过解析后经由 ESP32 的串口 2 传递至 RZ/A2M 的 SCIFA4 串口。

1.3 特色描述

（1）即时性。检测周期为 1 s，即系统中每一秒都有一组由三个指标组成的数据组输出。

（2）指标综合。本系统使用多个指标，综合考虑生理指标与视觉指标评估疲劳程度，有效避免由单个指标异常所导致的误判，使得系统鲁棒性更好。

（3）长期监测能力。本地数据孤立且不灵活，不便于进行大数据的分析。本作品中将数据定时打包上传至阿里云物联平台。在有一定量的数据的情况下，进行进一步挖掘分析，得到一段较长时间跨度视角下的驾驶员在工作中的疲劳情况。

1.4 应用前景分析

应用领域包括旅游大巴、运输危险化学品的道路专用车辆等对驾驶员的即时反应要求高的场景。在这些场景下，本作品可以被应用于机动车驾驶员的驾驶疲劳检测。

2. 作品设计与实现

2.1　系统方案

2.1.1　背景

疲劳驾驶是指驾驶人在长时间连续行车后，产生生理机能和心理机能的失调，而在客观上出现驾驶技能下降的现象。根据《道路交通违法行为处罚标准》，连续驾驶机动车超过 4 h 未停车休息或者停车休息时间少于 20 min 则构成疲劳驾驶。本作品旨在设计基于瑞萨平台及 EEG 脑电信号与视觉传感器分析的判断驾驶员疲劳度的装置，以实现实时监测的目的并及时发出警告提醒，从而大大降低发生交通事故的可能。

本系统基于瑞萨平台开发，采用多源信息融合，是一个将物联网、嵌入式相结合的应用系统，其中硬件部分利用开发板控制各种外设完成一系列操作，包括嵌入式开发套件、集成摄像头、蓝牙通信、电源模块等。软件部分完成了人脸虹膜检测、特征点圈注、疲劳判定报警等操作。在一定时间段内检测到驾驶人员疲劳时，系统便进行报警（响铃），提醒驾驶人员以实现警醒作用。同时还可利用阿里云平台实时传递监测数据，提醒并通知驾驶员。本系统可以助力智慧城市、智慧交通的建设，具有广泛的适用性。

2.1.2　方案设计

系统输入部分是可穿戴脑电传感器与固定在驾驶员前方的视觉传感器，这两个传感器是系统功能实现的基础。系统的处理部分构建在 RZ/A2M 平台上。系统从脑电数据中得到两个指标："脑电活跃度"与"专注度"；从视觉数据中，根据闭眼时间长短，提取出"视示疲劳"指标。最后根据在实验中得出的阈值，判断是否疲劳，当且仅当三个指标均超过阈值时判定为疲劳。

系统的物联部分用于与物联云平台的连接并记录数据、进行告警等，其实是借助于 ESP32F 模块的 Wi-Fi 功能连接到互联网并与阿里云物联平台连接。作品系统框图如图 1 所示。

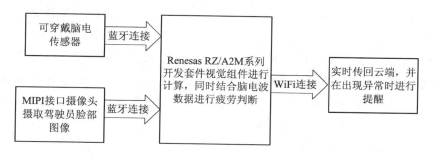

图 1　作品系统框图

2.2　实现原理

2.2.1　基于驾驶人生理信号的检测方法

针对疲劳的研究最早始于生理学。相关研究表明，人在疲劳状态下的生理指标会偏离正常状态。因此可以通过驾驶员的生理指标来判断驾驶人是否进入疲劳状态。

研究人员很早就已经发现 EEG 能够直接反映大脑的活动状态。在进入疲劳状态时，EEG 中的 delta 波和 theta 波的活动会大幅度增长，而 alpha 波活动会有小幅增长。另一项研究通过在模拟器和实车中监测 EEG 信号，进行试验，结果表明 EEG 对于监测驾驶人疲劳是一种有效的方法。同时研究人员发现，EEG 脑电信号特征有很大的个人差异，如性别和性格等，同时也和人的心理活动相关很大。ECG（Electrocardio gram，心电图）主要被用于驾驶负担的生理测量中。研究表明在驾驶人疲劳时，ECG 会明显的有规律的下降，并且 HRV（Heart Rate Variability，心率变化）和驾驶中的疲劳程度的变化有潜在的关系。基于驾驶人生理信号的检测方法对疲劳判断的准确性较高，但生理信号需要采用接触式测量，且对个人依赖程度较大，在实际用于驾驶人疲劳监测时有很多的局限性，因此主要应用在实验阶段，作为实验的对照参数[1]。

2.2.2　基于驾驶人生理反应特征的检测方法

基于驾驶人的生理反应特征的检测方法是指利用驾驶人的眼动特性、头部运动特性等推断驾驶人的疲劳状态。驾驶人眼球的运动和眨眼信息被认为是反映疲劳的重要特征，眨眼幅度、眨眼频率和平均闭合时间都可直接用于检测疲劳。基于眼动机理研究驾驶疲劳的算法有很多种，广泛采用的算法包括 PERCLOS，即将眼睑闭合时间占一段时间的百分比作为生理疲劳的测量指标。

对虹膜的检测可帮助判定眼睛的闭合状态。具体是在第一帧图像中检测到虹膜后，在其后的图像帧中利用虹膜的中心坐标和半径跟踪虹膜。也就是已知半径的 Hough 变换圆检测，随着参数空间维度的降低，计算量也明显降低了。且以上一帧图像中虹膜的中心坐标为参考位置，由于眼睛是运动的，通常在下一帧中虹膜的位置会发生变化，就划定一个范围，即眉眼区域，在这个区域内进行虹膜检测。由于缩小了范围，因此提高了检测速度。为了提高后续帧中虹膜跟踪的准确性，规定只有当两个虹膜都被检测到时，才算完成当前帧的虹膜跟踪。然后，以当前帧中检测到的虹膜中心坐标为下一帧的参考位置，进入下一帧的虹膜跟踪。这个过程将一直进行下去，除非未检测到虹膜，或从跟踪循环中跳出[2]。

虹膜跟踪利用了虹膜检测时的先验知识，即在上一帧虹膜半径和中心坐标已知的情况下，继续用 Hough 变换的方法在跟踪帧中检测虹膜圆。这样，大大降低了计算复杂度，满足了实时性要求。闭眼也是人的基本生理特征，本作品在疲劳状态判定时是根据一段时间内眼睛的闭合时间所占的百分比来判断的。

2.2.3　基于阿里云服务器的云端平台

本作品采用阿里开源的云端服务器平台，阿里的人工智能 ET 拥有全球领先的人工智能技术，已具备智能语音交互、图像/视频识别、交通预测、情感分析等技能。通过瑞萨平台的人脸虹膜识别及脑中 EEG 活跃度交叉融合，统一判断后上传到云端服务器。类似汽车转速表，实时显示大脑活跃度、专注度以及眨眼频率、眼睛程度等并拟合曲线，有效保障人身安全。可手动重复设定时间阈值，当达到预定时间后，利用 PERCLOS 算法判定人的驾驶状态。若为疲劳状态，则启动警报装置，警醒驾驶员，如果在设定时间段内检测到疲劳次数超过预先设定的阈值后，会将检测数据通过短信方式发送到指定联系人手中。

2.3　设计计算

2.3.1　中位值滤波去除伪迹

脑电信号非常微弱，在采集过程中很容易受到来自采集设备等引入的眼电伪迹、肌电伪迹等附加噪声干扰，干扰成分中的各伪迹噪声严重影响采集的脑电信号的真实性，这使得研究脑电信号的特征并对其进行分析处理变得十分复杂。为了提取到相对干净的脑电信号，需要对其进行处理。脑电信号处理相关算法中，基于改进小波阈值[3]收缩算法的脑电信号去伪迹处理效果较好，但由于算法的复杂度与对计算速度的要求，这里使用中位值滤波的方法。应用该算法对串口传回数据进行分析时的滤波效果展示如图 2 所示。由图 2 可见，该算法对较大的信号噪声具有较好的抑制效果，对正常值大小的数据则跟随性较好。

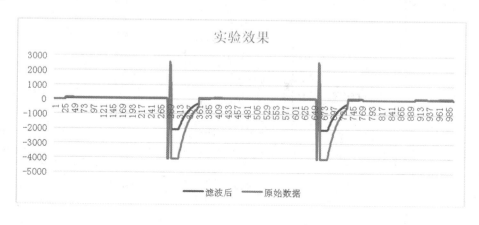

图 2　中位值滤波去伪迹效果

2.3.2　疲劳度阈值计算

在提出了测量疲劳度的指标后，也就是在系统处理后，得出了脑电活跃度、专注度以及视示疲劳指数三个参数，接下来要做的便是确定疲劳指标的阈值。采用阈值判断的方法能够使系统快速判断。为了获得准确的疲劳指标阈值，首先要选择合理的阈值计算方法。

根据受试者报告疲劳时的疲劳指标经验值来确定阈值的方法比较粗略，这样得到的疲劳指标间值缺乏客观理论的支撑。根据数据段系列之间差异的显著性来确定测量指标间值的方法虽然比较客观，但在实际应用中，该方法常用于确定达到某一状态所需时间，即受试者经过多长时间进入疲劳状态，而不是直接用于确定测量指标的阈值。

为了得到一个准确的疲劳阈值，本作品结合主、客观数据，通过分类与 CART 分类法初步确定疲劳阈值。基尼指数（Gini，不纯度）是 CART 中的重要概念。基尼指数表示在样本集合中一个随机选中的样本被分错的概率。

使用 SPSS22.0 软件构件的分类回归树如图 3 所示。可以看到，软件以 EEGCV ＝ 1.255 为最优切分点，可见 EEGCV 的基尼指数小于专注度参数的基尼指数。在 EEGCV＜ 1.255 时，疲劳状态的比例达到了 99.1%，准确率较高。对于专注度参数，软件给出的划分值为 26.5。因此，根据 CART 分类，得到疲劳指标的两个初始阈值：EEGCV＝1.255，专注度参数＝26.5。

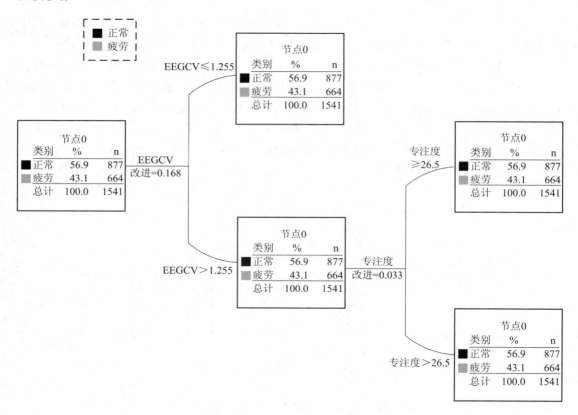

图 3　阈值选取的分类回归树

2.4　软件设计

瑞萨 RZ/A2M 嵌入式平台承担了系统中绝大多数的计算任务，包括视觉信息处理、脑电波处理与疲劳度判断。其中疲劳度判断中运用的三个参数均有阈值与之相对应，当且仅当三个衡量参数均超过阈值，满足条件时，才会触发疲劳报警，这种结构确保了系统判断的稳健性。程序流程图如图 4 所示。

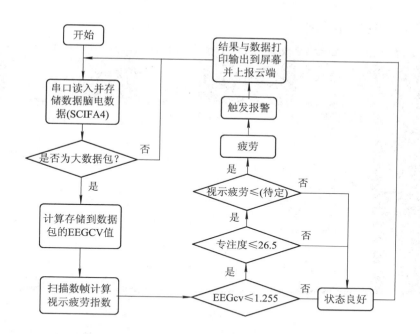

图 4　程序流程图

2.5　作品功能

图 5 所示为本作品外观图。图片正中为 RZ/A2M 开发板的 CPU 板与从板。左上侧为摄像头，摄取人脸面部图像。右下角为 ESP32 – Wi-Fi 模块，并连接了蓝牙模块以接收脑电数据。扬声器置于 ESP32 模块之上，被 ESP32 板载驱动模块所驱动。

图 5　作品硬件外观展示

借助这一硬件，本作品能够实现对人脸信息的获取与处理，并通过蓝牙模块与脑电波传感器连接，在进行处理过后，能够达到疲劳检测与语音告警的目的。

团队通过阿里云平台 IoT Studio 制作了相应的网页应用，如图 6 所示（注：用于长期监测的风险预警板块仍在开发中)。

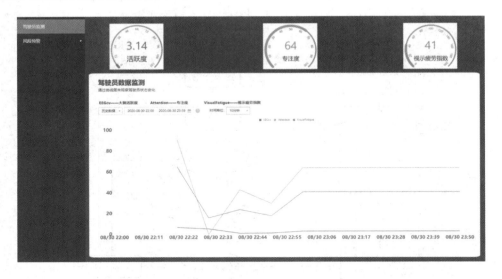

图 6　实时监测网页应用界面展示

此平台可将驾驶员的状态实时反映到网页应用当中,使得数据能够实时在网页中查看。在监测界面中能够查看到三个指标的实时变化值与实时的曲线变化,可以直观地看到驾驶员当前的状态。

3. 作品测试与分析

由于本实验的设计需要被测试人员频繁地主观反应,如果在真实的驾驶条件下可能会造成风险。因此被测试人员被要求在安静空旷的室内进行简单工作,如文字撰写、报刊阅读等。在此条件下,进行为期 1 h 的脑电、视觉数据记录与主观反馈记录。静坐条件既可以保证实验的准确度,也能够保证实验的安全。

3.1　测试方案

实验选取三位生理状态良好的被测试员,实验前一天的睡眠质量良好,睡眠时间达到 8 h 的标准。每次实验时间为上午 9:00～10:00,下午 14:00～15:00 和晚上 22:00～23:00,在实验过程中,受试者每 3 min 主动反映一次精神状态。本实验反馈的途径包括两类,问卷调查与反应速度测试。

3.1.1　疲劳评测的方法分类

主观自评,顾名思义,由被测试者主动反应自身的疲劳状态,方法简单易行。而不以观察者的个人喜好、经验而发生变化的方法被称之为"客观评测法"。根据对脑力疲劳客观评测的层面不同,可将客观评测法区分为以下三种[4]。

（1）心理学、行为学指标评测法。例如模拟打字,反应速度评测等。

（2）生理学指标评测法。脑电用于疲劳检测被誉为"金标准"[5]。

（3）生化指标评测法。

本作品使用了生理学指标评测法中的脑电评测来进行实时检测，并使用心理学、行为学的评测方式中的反应速度评测。较为客观的反应速度评测与主观的问卷调查结合，能够得到疲劳度的客观评价以验证本系统的准确度与鲁棒性等。

3.1.2　疲劳主观反应

疲劳主观反应就是在实验过程中，以受试者本人的主观感受到的疲劳与否为准。可以使用两种方式来获得受试者的主观反应值，第一种是通过定时询问的方式，第二种是定期通过调查问卷的方式。考虑到受试者可能不会承认已经疲劳，造成实验结果不准确。本实验采用问卷调查的方式。不符合、略微符合、比较符合、完全符合分别记 4、3、2、1 分，即分数越低，所反应的疲劳程度越大。疲劳问卷调查表如表 1 所示。

表 1　疲劳问卷调查表

项目	不符合 （4分）	略微符合 （3分）	比较符合 （2分）	完全符合 （1分）
感到困倦				
无精打采				
无法专心工作				
不自觉打哈欠				
工作效率不高				
不想思考				
反应迟钝				

3.1.3　疲劳客观检测

使用客观方式评价疲劳的途径有许多，例如疲劳失衡性疲劳直接影响驾驶员的安全行车，这是目前国内外学者关注的课题[6]。又如借助对眼睛运动的测量，针对于人眼运动的各项能够检测到的指标，其中与视疲劳相关的眼部运动指标主要有眨眼、关注点、眼跳和瞳孔变化等，通过检测这些指标可以对疲劳度做出较为客观的评价[7]。

上述的检测方法仪器要求高，且耗时较长，不适用于本次实验要求的较高的测量一次的密度，虽然准确科学，但无法对系统的实时检测的特性进行检测。故本次测试实验采用检测注意力是否集中的方式来进行疲劳的客观检测。

3.2　测试环境搭建

3.2.1　被测设备安装

连接好电路电缆后，将作品摄像头置于被测人员的眼睛前方 8～15 cm，以保证能够摄取驾驶员的脸部图像。

3.2.2　验证性环境搭建

本次实验的验证性数据采集的方法包括两种，第一种是问卷调查，第二种是通过行为学方式进行反应速度检测。

对于问卷调查，将调查问卷打印足够数量并整齐摆放，要求测试者在每次闹钟响起时，填写一次问卷，并进行反应速度测试。

对于反应速度测试，方法仍有许多，本次实验采取一种简单的方式（基于一开源项目），制作了如图 7 所示的反应速度测试应用，该应用运行于浏览器。不同于原项目的是，本次实验中对应用进行了修改，增加了求取平均值的功能，即每次测试连续进行 5 次，每次 2 s，求取平均值与方差。若方差较大则重新进行反应速度测试，以此保证测试的准确度。

速度测试不同于常见的反应测试，例如选取颜色块来计算反应时间等。在本次实验中所使用的工作原理是：在"①"处选择小球速度，"②"处单击开始后，"④"处的小球将向左运动，当运动到"⑤"遮挡的墙壁后，将会看不到小球；被测者会被要求预计小球何时到达终点"⑥"处，并单击结束键结束测量。测试者的判断误差将显示在"③"处，依照这一数值来评估被测者的反应速度等。测试界面如图 7 所示，各个数字的功能标示如下：① 速度调整按钮；② 开始（停止）按钮；③ 结果显示；④ 向右运动的小球；⑤ 隐藏小球的墙壁；⑥ 终点。

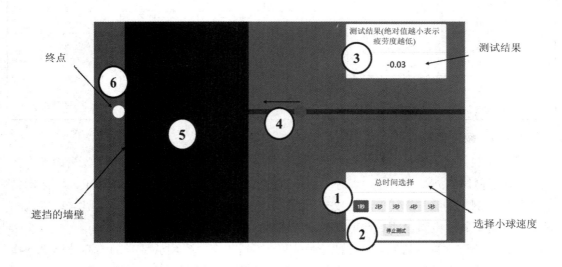

图 7　反应速度测试界面

3.3　测试设备与数据

测试室的设备包括两部分，分别是固定部分和可穿戴的部分。可穿戴设备部分用于测量脑电信号，固定部分则用于信号处理与视觉信号采集。数据记录则通过瑞萨的串口将数据传递到电脑串口监视器，并另存为表格。

3.3.1　测试设备

本作品中，数据的监测可以通过两方面来获取，第一种是通过嵌入式系统所支持的显示器与串口输出以在本地监测数据，第二种是直接通过云端监测数据与数据变化趋势。这里为了方便采取第一种，从显示器观察数据并通过串口记录数据。串口输出数据格式为“xx，xx，xx”形式，便于在串口监视中查看并保存为 CSV 格式，便于分析。其中，数据包按照顺序分别是脑电活跃度、专注度、视示疲劳指数。脑电活跃度(EEGCV)为采样时间内脑电数据的变异系数，越大代表其活跃程序越高；专注度范围 0～100，越高代表专注等级越高；视示疲劳指数单位为 ms，为视觉检测的眨眼时间。过程中由实验人员记录，被测人员被要求专心于所要做的事情。显示器所记录的数据包括大脑活跃程度、专注度、视示疲劳指数，并提供警告信息，如图 8 所示。

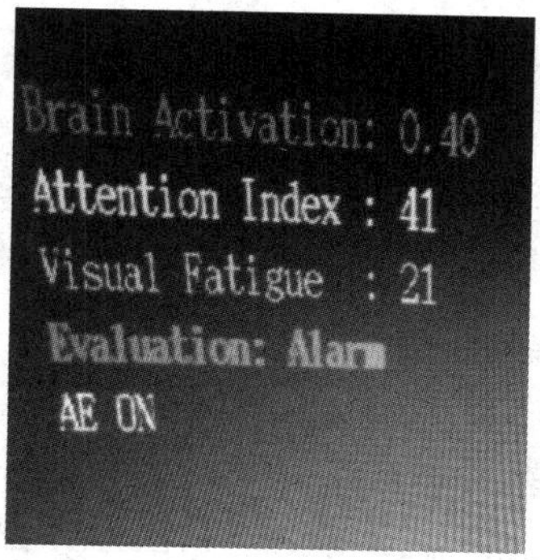

Brain Activation: 0.40
Attention Index : 41
Visual Fatigue : 21
Evaluation: Alarm
AE ON

图 8　显示器所显示的数据

3.3.2　数据记录

在间隔为 3 min，持续时间为 1 h 的记录中得到数据。阿里云平台上的数据展示如图 9 所示，可见有明显波动。主观反馈分数作为疲劳的标准，低于一半的分值，即 14 分将被评判为疲劳。而反应速度测试则作为参考，确保被测试人员没有掩饰已经疲劳的事实。(注：由于暂未完成相关功能，此时视示疲劳为模拟数据。)

驾驶员数据监测
通过曲线图来观察驾驶员状态变化
EEGcv——大脑活跃度
Attention——专注度
VisualFatigue——视示疲劳指数
历史数据
2020-08-23 16:00
2020-08-23 18:01
时间单位:
5分钟
EEGcv
Attention
VisualFatigue
200
160
120
80
40
0
08/23 16:00
08/23 16:15
08/23 16:30
08/23 16:45
08/23 17:00
08/23 17:15
08/23 17:30
08/23 17:45
08/23 18:00

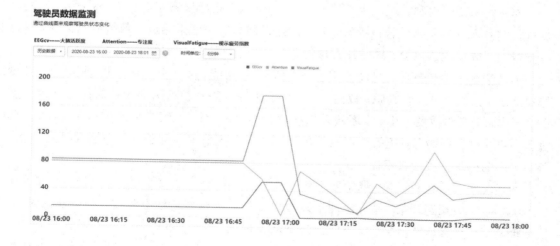

图 9　验证实验中的数据曲线图(网页应用)

被测试者共三位，在一天中不同时段进行测试，得到的数据整理后如表 2 所示。

表2　三位被测试者数据整理记录

被测者编号	测试时间	状态正常				状态疲劳				系统识别的准确率/%
		实际	系统识别			实际	系统识别			
		实际出现的次数	正确识别次数	EEGCV平均值	专注度平均值	实际出现的次数	正确识别次数	EEGCV平均值	专注度平均值	
1	09:00～10:00	16	13	3.52	52	4	1	1.03	43	70
2		17	12	2.93	52	3	3	1.32	21	75
3		15	13	2.83	56	5	5	0.93	25	90
1	14:00～15:00	10	8	3.23	52	10	7	2.09	31	75
2		13	10	3.81	46	7	4	1.53	23	80
3		12	10	3.67	49	8	5	1.21	24	75
1	22:00～23:00	6	3	2.64	68	14	10	1.25	10	65
2		5	4	2.6	72	15	9	1.4	13	65
3		11	8	2.32	65	6	6	1.39	13	70

3.4　结果分析

对准确率进行分析，计算后得到平均准确率达到73%，证明阈值选取、系统功能均能够达到要求。

4. 创新性说明

本系统采用对驾驶人不产生干扰的双重方式（脑电指标检测及虹膜检测技术），对驾驶员进行实时疲劳度监测并警报提醒，并实时通过阿里云物联平台进行数据显示记录，可进一步帮助驾驶员规避风险，确保其人身安全。

本系统基于瑞萨平台通过动态配置处理器DRP功能，能完全实现车载、低功耗、速度快等要求，在驾驶员发生瞌睡、疲倦、低头玩手机等危险驾驶行为的第一时间进行疲劳度警报，从而避免事故的发生。本系统采用高精度、高鲁棒性、高可靠性的识别方法，在检测过程中不受佩戴眼镜、墨镜等使用条件的影响。本系统采用多种手段对驾驶员进行提醒，避免单一的提醒方式效果不佳。

本系统实现了智能互联，视觉采集基于瑞萨RZ/A2M嵌入式平台，脑电指标采集基于MindLink，二者交互通信，结合生理指标和视觉指标综合判定疲劳程度，避免异常误判，使系统具有良好鲁棒性。本作品的创新点分为以下4点。

（1）语音提示。可设置主机的播报提示音，根据报警紧急程度，使提示音音量及语气伴随变化。

（2）综合判定。数据综合"脑电活跃度""专注度""视示疲劳指数"三者形成数据组统一输出，克服误差引起的错误判定。

（3）远程提醒。检测到警报之后，系统将信息回传至大数据云端，云端会向客户端（手机等）发送警告。

（4）长期监测能力。本作品中将数据定时打包上传至阿里云物联平台。在有一定量的数据的情况下，进一步挖掘分析，得到一段较长时间跨度视角下的驾驶员在工作中的疲劳情况。

5. 总结

5.1　不足与改进

5.1.1　虹膜检测识别率不足

虹膜检测的基本原理是，用粗略的检测方式识别两个眼睛所在位置，再进行圆匹配，从而检测到虹膜。为了降低检测难度，将检测的位置限定在了一定范围内。但是这就导致了识别时对眼睛距摄像头距离、姿态等要求较高。进行实机测试时发现，仅当在眼睛距离摄像头 10cm 左右的正前方时，才能够正常检测。

规划的改进方案为，在虹膜检测之前加入一个人脸检测器，首先锁定人脸的位置，再进行虹膜检测，预计这将大大提升识别成功率。

5.1.2　实验中数据量不足

在数据挖掘中，仅使用 1K 量级的数据，这使得可靠性不高。下一步将收集不同环境下不同驾驶员的脑电、视觉数据，以提高系统稳定性。

5.2　竞赛总结

本次竞赛中由于疫情原因，参赛同学没能在实地一起参与比赛。整个过程制作、实验与调试过程历经了近两个月，作品完成度进展缓慢，但团队克服了诸多困难，终于完成了具有一定功能的系统。截止交稿时，仍有功能未调试完成，包括视示疲劳阈值的确定，人脸检测机制完善等。

参考文献

[1]　吴群. 基于心电、脑电信号的驾驶疲劳检测方法研究[D]. 浙江大学，2008.

[2]　曲培树，董文会. 基于眼睑曲率及模糊逻辑的人眼状态识别[J]. 计算机工程与科学，2007，29(8)：50-53.

[3]　周宁，李在铭. 一种小波域平滑滤波的杂波抑制方法[J]. 电子学报，2010，38(7)：1641-1645.

[4]　莫雄强. 基于脑电的疲劳度检测方法研究[D]. 燕山大学，2009.

[5]　HU W Q，MA J，HAN W D. Prevention and monitoring means of flying fatigue[J]. Chinese Journal of Clinic Rehabilitation，2004，8(3)：542-543

[6]　金键. 驾驶疲劳机理及馈选模式研究[D]. 西南交通大学，2002.

[7] 黄毅. 视差型三维显示系统视觉疲劳度评测方法及应用的研究[D]. 北京理工大学，2015.

专家点评

该作品以瑞萨公司 RZ/A2M 处理器为核心，用传感器检测驾驶员面部图像和脑电波信息，在处理器中计算得到判断驾驶员疲劳度的有关特征参数。合理使用 RZ/A2M 片内 DRP 处理驾驶员面部图像数据，确保计算实时性。系统基于云端资源，可完成检测结果云端处理、监控、存储，下传告警语音等功能。作品对于降低解决疲劳驾驶危害具有现实意义。可应跟踪相关 AI 新技术和高效算法，充分考虑现场各种意外情况，使系统功能逐步符合多种应用场景抗驾驶疲劳的实际需求。

作品 16　智能音律校对助手

作者：卞艺衡、甘寒琪、黄喜琳（重庆大学）

作品演示　　　　文中彩图　　　作品代码

摘　要

音准是乐器学习中最为基础且重要的一部分。对于弦乐初学者而言，由于多数弦乐器的指板上没有各音高的标记位，因此对音准的把握较为困难。传统弦乐学习中，初学者常用彩色胶带或修正液在指板上进行标记，这不仅会对昂贵的木质乐器本身造成较大伤害，且标记的音高数量有限，同时因胶带和修正液容易在练习中脱落、掉色，效果并不理想。另一方面，初学者进行自主练习的过程中，如果没有专业的指导老师帮助指出音准的错误，会让初学者形成错误的肌肉记忆，从而让训练效果大打折扣。

本作品能够在用户练习中，实时监测并指出演奏的每一个音是否准确，并提出改进的方向。用户练习前，可以通过二维码扫描识别本次需要练习的乐谱，作品能够从曲库中调出对应的乐谱数据，并开始对用户音准的检测与校对。经过市场调研，了解到市面上的产品多局限于调音器类——调音器用于练习前的准备工作，能够对吉他、小提琴等弦乐器的每根弦进行简单的较音，而缺乏对于演奏全程的实时动态监测产品。综上，本作品具有实用意义。从弦乐初学者角度出发，本作品不但简单易用、界面清晰简洁，而且可以更好地保护乐器，通过对练习曲目进行智能追踪识别，也提高了训练效率和演奏者的信心；对教学者而言，可以减轻教学负担，教师也不必一直对学生的练习进行监督。

关键词：弦类乐器；音准检测；二维码

Smart Pitch Detector

Author：Yiheng BIAN，Hanqi GAN，Xilin HUANG (Chongqing University)

Abstract

The mastery of pitch is one of the most basic and significant part in the learning of instruments. For most of the beginners, the fingerboards of most stringed instruments do not have the mark position of each pitch, so it is difficult for them to master the pitch. In the traditional stringed music study process, beginners often use colored tape or correction fluid to mark on the fingerboard, which may not only do harm to the expensive wooden instrument, but the number of marked pitches is limited. Meanwhile, the tape and correction fluid are easy to fall off and lose its color, and the result is unsatisfactory. In addition, if a beginner does not have a professional instructor to help point out the intonation errors during the learning and practicing process, it is easy for him to form wrong muscle memory, which reduces the training effect greatly. This work can monitor and point out the accuracy of each note in real time, and propose improvement schemes. Before practice, users can scan the QR code to identify the musical notation to be practiced. The corresponding data of musical notation can be retrieved from the library, and then the pitch can be detected and proofread. Market research shows that currently most of the products are limited to tuners, which are used for preparatory work before practice. They are only able to proofread simple pitches for each string of stringed instruments, but cannot monitor for the whole performance in real time. From the above fact, the project has practical significance. From the perspective of the beginners, this project not only is easy to use, but also protects the instrument. Through tracking and monitoring during practising, it provides more efficient training experience. From the perspective of teachers, it eases the teaching burden, and they do not have to supervise students' practice all the time.

Keywords：Stringed Instruments；Pitch Detection；QR code

1. 作品概述

1.1 背景分析及相关工作

在进行弦乐类乐器的练习中，由于多数弦乐器的指板上没有各音高的标记位，练习者通过一些手段尝试人工标记，初学者往往只能靠彩色胶带或修正液对纸板进行标记，不仅会对昂贵的木质乐器造成伤害，而且标记的音高数量有限，同时胶带和修正液容易在练习中脱落、掉色，效果并不理想。另一方面，一旦没有专业的指导老师帮助指出初学者在自主练习的过程中发生音准错误的情况，初学者很容易形成错误的肌肉记忆，从而影响后续的练习效果，但效果不佳。目前"互联网＋"是互联网发展的新业态，利用信息通信技术以及互联网平台，将互联网与传统行业进行深度融合并创造新的发展形态是不可避免的趋势。因此，互联网与弦乐器的不断融合也产生了一系列以互联网技术和互联网平台为核心的弦乐类智能软件。

经过市场调研，发现市面上较为成熟的弦乐类 APP 大体分为两类。一类是以网课教学为主，依赖用户的自主练习性而缺乏针对性的指导；另一类则多局限于调音器类，此类调音器 APP 只适用于练习前对吉他、小提琴、尤克里里等弦乐器进行松紧调音，缺乏对于演奏全程的实时动态监测。基于以上两种局限性，本作品创新性地提供了对用户音准进行实时检测与校对功能。

1.2　特色描述

本作品使用基于瑞萨公司开发平台提供的开发板进行设计。本作品的功能为在用户练习前，通过二维码扫描识别本次需要练习的乐谱，经过处理后从曲库中调出对应的乐谱数据，对用户音准进行实时的检测与校对，以达到帮助初学者练琴的效果。同时，本作品能够对练习曲目进行智能追踪识别，在用户练习中实时监测每个音的音准高低，并指出演奏的每一个音是否准确，提出改进的方向。这种特殊的线上陪练模式在提高用户练习质量的同时，解决了线下陪练课耗时耗力的问题，简化了传统教学的步骤，从而降低了学习弦乐器的成本与门槛，推动弦乐器的发展，契合"智能家居"的生活主题。

1.3　应用前景

本作品作为弦乐类智能化产品，利用智能识别与检测纠错完成对弦乐器的教学创新实践。通过对本作品的功能和应用进行分析，能让更多相关行业的专业人士意识到，在"互联网＋"时代，初学者即使足不出户练琴也能保证正确性，让乐器的教学模式逐渐发生转变。这在一定程度上改变以往的教学思维，也会对其他乐器与互联网的结合起到导向作用。智能化产品带来的教学便利易于促进弦乐类乐器的推广，甚至可以推动音乐领域的良好发展。

2.　作品设计与实现

2.1　系统方案

本设计的系统方案主要由二维码识别模块、声音采集与识别模块、HDMI 屏幕液晶显示模块组成。本文基于快速傅里叶变换（FFT）的基本原理，最大限度地使用了 RZ/A2M 芯片和 FreeRTOS 系统本身的图像识别功能，给出了一种较为方便、快捷的音符检测方案。综合考虑了检测准确度和检测速率两方面的因素，引入了模块，然后通过对一段具体的语音信号进行采样、比较，较准确地得到弦乐语音的音准结果。

二维码识别模块使用 Renesas RZ/A2M 单片机的摄像头和 DRP 库函数进行处理采集，采集后通过串口传入数据，并对无效或残缺数据进行剔除，选出匹配的字符串信息。

声音采集与识别模块以弦乐的乐理为依据。弦乐的基本七大音符构成为 CDEFGAB，分别为 do，re，mi，fa，so，la，si，数字表示为 1，2，3，4，5，6，7。弦乐音阶的标准频率位于 $40 \sim 4000$ Hz。根据采样定理，采样频率要大于信号最大频率的两倍才能保证信号不失真。弦音信号为一种短时平稳信号，左右声音采集和识别模块对单片机的 ADC 进行单声道采样，采样率为 44 100 Hz，实际录制时间设置为 1 s，方便识别且不过多占用系统空间。

把 FFT 算法处理后得到的音高与弦乐单音频率表进行对比,以确定音差高低,从而实现辅助演奏者自我修正演奏练习的效果。

　　HDMI 屏幕液晶显示模块的端口连接单片机的 HDMI 口,实时显示摄像头及摄像头信息。

2.2　实现原理

　　传统的二维码识别主要依赖 OpenCV 中的 Canny 边缘检测算法识别二维码列阵中编码区域和功能区域中亮度变化明显的点,也就是通过滤波、增强、检测三个步骤对黑白矩阵色块包含的 01 信息特征识别。具体的编码区域和功能区域包括寻像图形、分隔符、定位图案和矫正图形,功能区域不用于数据编码,周围为空白区。

　　特征识别的普遍思路分三步。第一,依靠二维码左上、左下、右上三个定位矩阵,对图案进行平滑滤波、二值化,寻找大体轮廓。第二,判断定位矩阵的具体位置,需要判断三个角点围成的三角形的最大的角为二维码左上角的点。然后根据这个角的两个边的角度差确定另外两个角点的左下和右上位置,从而对二维码进行透视矫正或放射矫正。第三,对条码数据的解码和码字元素的分割识别,将数据字符转换为位流,每 8 位一个码字,整体构成一个数据的码字序列。知道这个数据码字序列,就可以知道二维码的数据内容。现有的单片机识别流程如图 1 所示,主要由图像预处理、初步定位和目标提取三个模块组成。

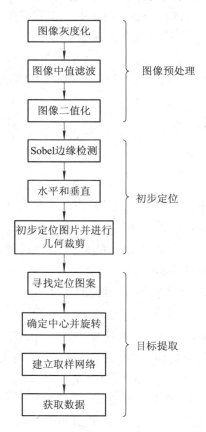

图 1　二维码识别流程图

1）图像预处理

一般的二维码得出的是彩色的 RGB 图像，每个像素点矩阵都由 **R**、**G**、**B** 这三个 800×800 的颜色向量矩阵组成。为了单片机处理更简单，我们需要将图像灰度化，也就是使像素点矩阵中的元素都满足 **R＝G＝B**，此时的颜色变量值称为灰度值。灰度化常见的加权平均公式如下：

（1）$Gray=B;Gray=G;Gray=R$

（2）$Gray=\max(B+G+B)$

（3）$Gray=\dfrac{B+G+R}{3}$

（4）$Gray=0.072169B+0.715160G+0.212671R$

（5）$Gray=0.11B+0.59G+0.3R$

式中，R、G、B 分别为红、绿、蓝三个分量；Gray 为灰度值结果。

2）初步定位

二值化负责将灰度图转化为整体只有黑和白效果的图，其中阈值的选取直接决定了图像效果。Sobel 算子在边缘检测算子扩大了其模版，在边缘检测的同时尽量削弱了噪声。其模版大小为 3×3，其将方向差分运算与局部加权平均结合起来提取边缘。在求取图像梯度之前，先进行加权平均，然后进行微分，加强了对噪声的一致。并且由于二维码较为复杂的图像边缘曲线在坐标上表现出了较大投影值，经过处理后可以确定其在图像中的大概位置，从而提取出完整的二维码图像。

3）目标提取

定位图案的查找对于二维码检测具有相当重要的意义，黑：白：黑：白：黑＝1：1：3：1：1 的特殊图形比例使其在掩模模式下也独一无二，因此可以通过三个定位图案的中心坐标确定条码是否旋转。最后借助多个矫正图形和定位图标建立取样网络，将二维码转化为数据矩阵获取数据。

快速傅里叶变化（FFT）是将直接测量得到的原始信号从原始域（通常是时间或空间）转换到频域的计算理论。音频处理中需要经过 FFT 处理的原因是，日常生活中的大部分信号都是复杂信号，难以在时域中得到有效的特征值，但转化到频域时就可以看出其频率、相位和振幅等特征。

FFT 主要原理在于任何连续测试的时域信号都可以表示为不同频率的正弦信号的无限叠加。而正弦波输入至线性系统，不会产生新的频率成分（非线性系统如变频器就会产生新的频率成分，称为谐波）。用单位幅值的不同频率的正弦波输入至某线性系统，记录其输出正弦波的幅值和频率的关系，就得到该系统的幅频特性；记录输出正弦波的相位和频率的关系，就得到该系统的相频特性。FFT 会通过把离散傅里叶变换（DFT）矩阵分解为稀疏（大多为零）因子之积来快速计算此类变换。

作为识别中的一环，单片机只能处理一些离散的有限长信号，而之所以使用 FFT 而不是 DFT 的原因在于，在计算机上处理的 DFT 所使用的输入值是数字示波器通过 ADC 后采集得到的采样值，输入采样点的数量决定了转换的计算规模。变换后的频谱输出包含同样数量的采样点，但是其中有一半的值是冗余的，通常不会显示在频谱中，所以真正有用的信息是 $N/2+1$ 个点。而 FFT 可以快速简化 DFT 的计算过程，如果计算 DFT 的复杂度是 N^2 次运算（N 代表输入采样点的数量），进行 FFT 的运算复杂度是 $N\lg 10(N)$。

经过 FFT 变换前后信号的对应关系如下：

假设采样频率为 F_s，信号频率 F，采样点数为 N。那么进行 FFT 之后，结果就是一个为 N 点的复数。每一个点就对应着一个频率点。这个点的模值就是该频率值下的幅度特性。假设原始信号的峰值为 A，那么 FFT 的结果的每个点（除了第一个点直流分量之外）的模值就是 A 的 $N/2$ 倍。而第一个点就是直流分量，它的模值就是直流分量的 N 倍。而每个点的相位就是在该频率下的信号的相位。第一个点表示直流分量（即 0 Hz），而最后一个点 N 的下一个点（实际上这个点是不存在的，这里是假设的第 $N+1$ 个点，也可以看做是将第一个点分做两半，另一半移到最后）则表示采样频率 F_s，这中间被 $N-1$ 个点平均分成 N 等份，每个点的频率依次增加。

某点 n 所表示的频率为：$F_n=(n-1)*F_s/N$。由上面的公式可以看出，F_n 所能分辨到频率为为 F_s/N，如果采样频率 F_s 为 1024 Hz，采样点数为 1024 点，则可以分辨到 1 Hz。1024 Hz 的采样率采样 1024 点，刚好是 1 s，也就是说，采样 1 s 时间的信号并做 FFT，则结果可以分析精确到 1 Hz；如果采样 2 秒时间的信号并做 FFT，则结果可以分析精确到 0.5 Hz。如果要提高频率分辨率，则必须增加采样点数，即采样时间。频率分辨率和采样时间是倒数关系。

变换之后的频谱的宽度与原始信号也存在一定的对应关系。根据奈奎斯特（Nyquist）采样定理，FFT 之后的频谱宽度最大只能是原始信号采样率的 1/2，如果原始信号采样率是 4 GS/s，那么 FFT 之后的频宽最多只能是 2 GHz。时域信号采样周期的倒数，即采样率乘上一个固定的系数即是变换之后频谱的宽度，即 Frequency Span $= K \cdot (1/\Delta T)$，其中 ΔT 为采样周期，K 值取决于在进行 FFT 之前是否对原始信号进行降采样（抽点），这样可以降低 FFT 的运算量。

经过 FFT 变化后，我们就可以得到频谱更宽、特征更清晰、分辨率更精确的音频。

2.3　设计计算

2.3.1　十二平均律的应用与计算

音高识别是本作品中最为重要的环节之一，频率决定音调的高低。而如何将具体的频率数值与不同的音阶联系起来也是一个重点。世界通用的十二平均律就是对单音之间相对音高进行判定的极佳工具，其将一个八度的音程按频率比例地分成十二等份，每一等份称为一半音小二度，每两等份为一大二度。十二平均律在连续变化的频率中取出离散的音，用以度为单位的音程表示两个音之间的频率差距。而音高每提高一个八度，频率就是之前的两倍。如果用频率 f 表示科学音调记号法中的 A4（对应唱名为 la），则在 $[f, 2f]$ 的区间内可以根据十二平均律分出十三个不同的单音（包括频率为 f 和 $2f$ 的音）。如跨五个小二度的两个音，其频率计算式为：

$$f_5 = 2^{\frac{5}{12}} f_0$$

式中，f_0 为参考音频率（Hz）；f_5 为比参考音高五个小二度单音的频率（Hz）。

　　根据以上理论，规定单音 A4 的频率为 440.010 Hz，则可以得出中间四个八度的音高与频率参照表，也是本作品中主要用到的频率范围，如表 1 所示。

表 1　音高与频率对照表

单位：Hz

音高 频率 八度	C	$C^{\#}/D^b$	D	$D^{\#}/E^b$	E	F
3	130.816	138.595	146.836	155.567	164.818	174.618
4	261.632	277.189	293.672	311.135	329.636	349.237
5	523.264	554.379	587.344	622.269	659.271	698.473
6	1046.528	1108.758	1174.488	1244.538	1318.542	1396.947

音高 频率 八度	$F^{\#}/G^b$	G	$G^{\#}/A^b$	A	$A^{\#}/B^b$	B
3	185.002	196.002	207.657	220.005	233.087	246.947
4	370.003	392.005	415.315	440.010	466.175	493.895
5	740.007	784.010	830.629	880.021	932.350	987.790
6	1480.013	1568.019	1661.258	1760.042	1864.699	1975.580

　　根据本表格可以设计出每个单音的检测大致范围，本系统取 ±5 Hz 的误差为可接受的误差范围。

2.3.2　音高比对的计算

　　作品使用的音频格式主要为 WAV 格式，而 WAV 格式的文件主要包含 RIFF、FORMAT 和 DATA 三个区块，FORMAT 区块包含音频文件的声道数、采样率、每秒数据字节数和采样存储的位数等信息。其中，为尽量提高采样精度，本作品采样率一般设定为 44 100 Hz；而对声道的要求不高，设为单声道采集即可满足要求。DATA 区块中的数据区是需要关注的重点，而本作品主要依靠快速傅立叶变换对音频进行识别与比对，WAV 格式的音频文件是实数，因此对采样得到的数据的虚部需要进行补零的预处理。

　　音高比对的部分主要应用了快速傅立叶变换的相关知识，而快速傅立叶变换的本质就是离散傅立叶变换。离散傅立叶变换的公式为：

$$X(k) = \sum_{n=0}^{N-1} x(n) e^{-j\frac{2k\pi}{N}n} \quad (k = 0, 1, 2, \cdots, N-1) \tag{1}$$

式中，x 为采样信号；N 为信号点数；X 为离散傅立叶变换后的频域信号；n 为时域采样点的序列索引；k 为频域值的索引。

而快速傅立叶变换将含有 $x(n)(n=0，1，\cdots，N-1)$ 的系数部分拆分成奇数项和偶数项两个向量：

$$\boldsymbol{x}^{[0]} = \left[x(0)，x(2)，\cdots，x(n-2)\right]^{\mathrm{T}}$$
$$\boldsymbol{x}^{[1]} = \left[x(1)，x(3)，\cdots，x(n-1)\right]^{\mathrm{T}}$$

它们分别对应两个新的多项式 $\boldsymbol{X}^{[0]}(a)$ 和 $\boldsymbol{X}^{[1]}(a)$，因此现在我们得到以下三个表达式：

$$\boldsymbol{X}(a) = x_0 + x_1 a + x_1 a^2 + \cdots + x_{n-1} a^{n-1}$$
$$\boldsymbol{X}^{[0]}(a) = x_0 + x_2 a + x_4 a^2 + \cdots + x_{n-2} a^{\frac{n}{2}-1}$$
$$\boldsymbol{X}^{[1]}(a) = x_1 + x_3 a + x_5 a^2 + \cdots + x_{n-1} a^{\frac{n}{2}-1}$$

因此可推出：

$$X(a) = \boldsymbol{X}^{[0]}(a^2) + a\boldsymbol{X}^{[1]}(a^2)$$

令 $\omega_n^k = e^{i\frac{2k\pi}{n}}$，代入上式，又依据消去引理：

$$\omega_{dn}^{dk} = \omega_n^k$$

以及折半引理：

$$(\omega_n^{k+\frac{n}{2}})^2 = (\omega_n^k)^2 = \omega_{\frac{n}{2}}^k$$

推出：

$$\boldsymbol{X}(\omega_n^k) = \boldsymbol{X}^{[0]}(\omega_{\frac{n}{2}}^k) + \omega_n^k \boldsymbol{X}^{[1]}(\omega_{\frac{n}{2}}^k)$$
$$\boldsymbol{X}(\omega_n^{k+\frac{n}{2}}) = \boldsymbol{X}^{[0]}(\omega_{\frac{n}{2}}^k) - \omega_n^k \boldsymbol{X}^{[1]}(\omega_{\frac{n}{2}}^k)$$

根据以上以 2 为基的按时间抽取的 FFT 算法，让 DFT 算法的运算量减少了一半，有利于快速敏捷地完成从时域信号到频域信号的转换。

而为了让相近的频率区分开，获得更好的识别性能，需要提高频率分辨率，可以从波形分辨率和 FFT 分辨率入手。波形分辨率由原始数据采样的时间长度决定：

$$\Delta R_{\omega} = \frac{1}{T}$$

式中，ΔR_{ω} 为波形分辨率；T 为原始数据时间。

而 FFT 分辨率由采样频率和参与 FFT 的数据点数决定：

$$\Delta R_{\mathrm{FFT}} = \frac{F_s}{N}$$

式中，ΔR_{FFT} 为 FFT 分辨率；F_s 为采样率；N 为数据点数。

如果让频域曲线显示地更加光滑，可以在时域末尾进行补零，相当于在频域中进行插值，然而波形分辨率最终决定是否可以区分两个相近频率的信号分量，因此只依靠补零操作无法满足要求，还需要延长采样时间。为得到精确到 1 Hz 的变换结果，应维持采样时间在 1 s 左右。

2.4　硬件框图

本系统以 RZ/A2M 为主控芯片，连接多种外设构成整个音准识别与回显提示的系统。外设包括两个显示屏，分别显示扫描二维码的实时画面和演奏时单音音高的识别结果与操作提示，为人机交互提供了良好环境；同时包括按键、麦克风、摄像头和标准 SD 卡存储设备等多种基本外部设备。其硬件框图如图 2 所示。

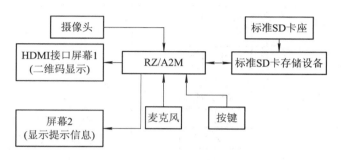

图 2　系统硬件框图

2.5　软件流程

本作品软件总体分为二维码识别部分以及音准识别部分，运用到图像与声音处理两方面的技术，如图 3 所示。

1）二维码识别部分

主控芯片首先对 FreeRTOS 系统、摄像头和屏幕等外设进行初始化，将摄像头的图像以灰度模式进行输入，再以 HDMI 线连接的屏幕上进行输出显示。接着在屏幕左上角对提示信息进行初始化，通过指定坐标的方式，在显示屏左上角回显现在是否识别到二维码。当摄像头接收到含有二维码的画面后，将其与二维码识别开源库 ZXing 进行解码，并取回解码内容，一方面在显示屏左上角进行回显，在另一方面将其与曲库中已保存的乐谱标识数据进行比对。接着，软件调出对应的电子乐谱数据，在另一个交互界面专用的显示屏上进行提示数据的回显，提示用户可以开始练习了，并等待用户按下开始按键。

2）音准识别部分

开始按键按下后，进入循环声音检测模块。首先显示当前应演奏的单音的唱名，方便初学用户的快速了解，再以 1 s 为间隔循环录音并识别用户所演奏的声音，经过滤波与快速傅立叶变换的处理，首先判断用户是否正在演奏或未对准话筒、声音过小，再与库中标准音高频率比对表进行对照，得到比对结果并在显示屏上进行实时提示：共有声音过小、音准准确、音调过高和音调过低 4 种情况，如果音准准确则进入下一个单音的判断，直到整个曲目结束，结束后进行完成练习的提示。

整个软件系统具有较为明确的流程，同时能够达到实时检测的功能，且有较好的识别准确性。

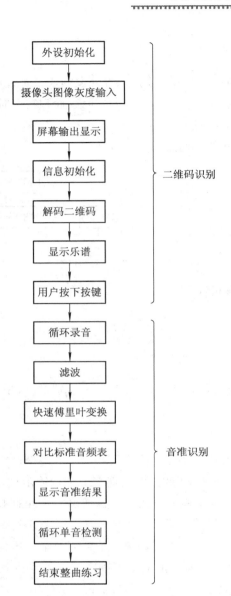

图 3　软件流程图

2.6　功能

2.6.1　识别检测二维码

用户正式开始练习前，本作品通过瑞萨 RZ/A2M 微处理器的摄像头模块进行图像识别，经扫描后识别二维码，通过读取二维码中的信息判断本次需要练习的乐谱。

2.6.2　检测单音的音准高低

用户正式开始练习时，通过麦克风外设采集音频数据，同时本作品将从曲库中调出对应的乐谱数据，对用户弹奏的音准进行实时检测与校对。用户每弹奏一个音符，系统可以对应实时检测每个音符的音准高低。

2.6.3　反馈音准高低结果

通过显示该音的高、标准、低来提示用户此音符的弹奏是否准确以及指导练习者如何进行改正,如果音准准确则进入下一个单音的判断,直到整个曲目结束,结束后提示用户完成练习。

2.7　指标

设计参数,即性能指标要求如下:

(1) 音频文件的采样率为 44 100 Hz。

(2) 采样时间为 1 s。

(3) 各单音的频率检测范围误差为 ±5 Hz。

(4) 系统实用性强、独立性强、功耗小。

3. 作品测试与分析

3.1　测试设备

智能音律校对助手包括几个部分:瑞萨 RZ/A2M 微处理器、HDMI 接口屏幕 1、摄像头、屏幕 2、麦克风、库乐队 APP、Matlab 平台、可移植 exe 软件。

作品中以 RZ/A2M 为主控芯片,连接多种外设构成整个音准识别与回显提示的系统。外设包括两个显示屏,作用分别是显示扫描二维码的实时画面和显示演奏时单音音高的识别结果与操作提示,麦克风采集用户练习的音符,摄像头用于识别二维码用于存储乐谱信息。

如图 4 所示,本作品主要使用库乐队 APP 模拟不同的乐器声音进行测试。库乐队

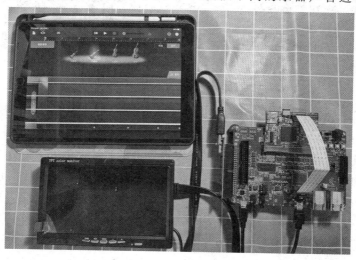

图 4　作品实物图

APP是一款由苹果公司编写的数码音乐创作软件,其功能之一为模拟发出各种不同的乐器声音,此次便使用了库乐队APP模拟吉他、小提琴的乐器声音进行测试。

3.2 测试环境搭建

本作品的软件环境以Matlab平台为基础,经历了两次改版升级。首先,以普通脚本为载体,对每次识别到的演奏单音的频率在命令行窗口进行回显,并对结果进行评估,修改采样参数;第一次改版使用GUI设计工具,对界面进行初步规划并将软件代码修改成界面各个元素的回调函数的模式;第二次改版使用APP Designer设计工具,对界面进行进一步的美化与功能完善,并打包得到可以移植的exe文件,最后得到本作品的软件版本并使用此版本作为最终测试环境。测试环境的搭建旨在为本作品的改进提供思路和方向,同时收集不同的改进方案,提高作品的用户友好性和稳定性。

3.2.1 易用美观性

首先在易用美观性方面,界面元素以乐谱显示模块、进度条模块、提示显示窗口模块、钢琴动画提示模块和按键组组成,进行风格优化后的界面如图5所示。

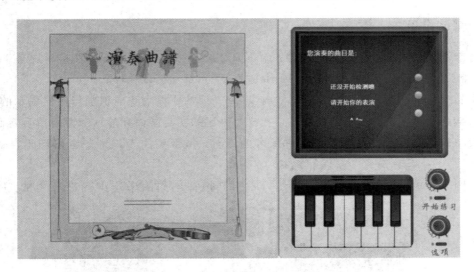

图5 二维码读取状态的软件界面

"演奏乐谱"区块会显示三部分内容,首先在二维码扫描时显示"乐谱LOADING…"(加载中)动画,如图6所示。

再在演奏进程中显示对应乐谱,便于用户查看参考,同时在乐谱下方显示实时音量块动画,如图7中的运行状态所示,提高了界面的美观性,让不同年龄层的使用者都可以简单上手。进度条模块位于用户界面的分界处,对当前演奏进度进行标记,根据用户的演奏进度自动刷新,便于用户了解当前位置,同时也起到划分工作界面的作用。显示屏位于界面右上角,包括三色提示灯组与文字显示模块,提示灯根据演奏音准高低自动对应亮起,让用户更快接收到提示信息的同时,也可以让年轻用户不阅读提示文字也可以进行操作。右下角钢琴动画界面不仅起到装饰作用,也可以让钢琴初学者在使用本测试环境的同时,

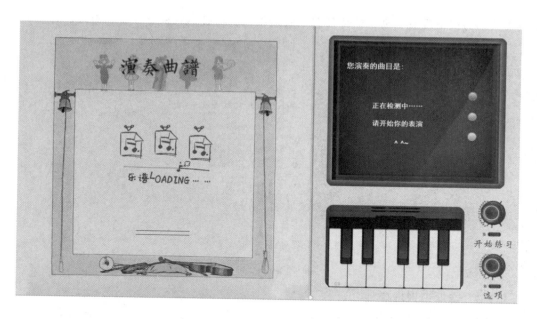

图 6   二维码读取状态的软件界面

对琴键对应的单音提高熟悉度。

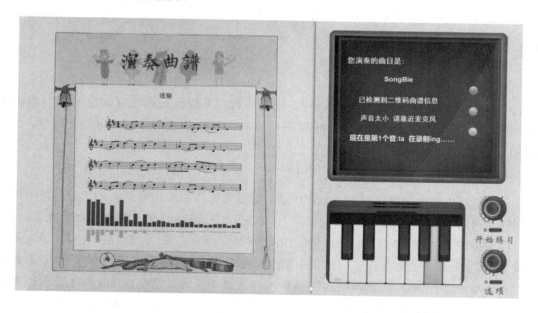

图 7   演奏开始软件图

测试环境界面的美观易用为测试的顺利进行提供保障,同时也为本作品提供改进思路和方向。

3.2.2   软件移植稳定性

为提高软件移植稳定性,需要能够对不同机器的文件夹位置进行自定义设置,因此在按键组模块加入了选项按键,并以弹窗的形式提供服务,如图 8 所示,此形式也保证了界面的美观。为保证设置方便，在每条选项后新增"浏览"按键，易于查看和更改。

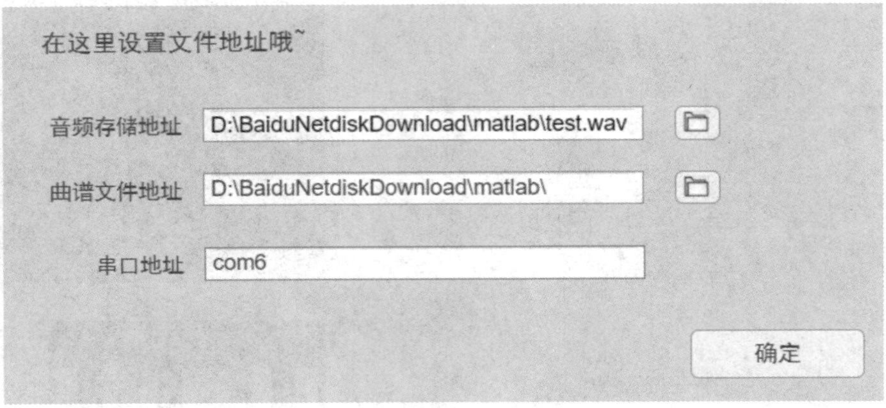

图 8　弹窗示意图

3.2.3　音准识别准确性

测试环境需要为音准识别准确性的测试做好准备，因此软件程序不仅会在显示屏区域显示单音的检测结果与声调高低匹配结果，同时也会在命令行窗口实时显示当前识别到的具体声音频率，便于测试数据的获取与测试结果。

3.3　测试方案

3.3.1　图像测试

图像方面的测试是通过摄像头识别多个二维码，当摄像头接收到含有二维码的画面后，将其与二维码识别开源库进行解码，取回解码内容并在显示屏左上角进行回显，由此测试二维码图像识别部分的准确性。

3.3.2　循环声音检测模块测试

音频处理方面为测试循环声音检测模块，通过麦克风采集用户弹奏的音符，每个单音的采样时间为 1 s，采样率为 44 100 Hz，主控芯片对此进行滤波与快速傅立叶变换处理，并与库中标准音高频率比对表进行对照，由此判断演奏的正误。该循环声音检测模块设有屏幕 2，用来显示弹奏时每个音符的提示信息，因此，测试时需判断屏幕上显示的"声音过小""音准准确""音调过高""音调过低"四种情况是否为正确的情况。并且由于客观因素的不确定性，用户练习时不一定处于十分安静的环境，本测试方案还需增加噪声干扰测试以判断该模块的准确性。

由于本作品的主要目标人群是弦乐初学者，而其中最主要的目标用户是小提琴初学者，因此检测音高在小提琴第一把位所涉及的范围内，即最高音为 B2，因此所需要测试的最高音也为 B2（唱名为 Si）。

据此判断标准，本作品测试时模拟了以下 6 种情况：

1)"声音过小"测试

将本作品与用户弹奏地点之间的距离设为 5 m,同时将测试使用的库乐队 APP 发出的音量调至 30%,观察弹奏时屏幕 2 是否显示"声音过小"。为确保实验的准确性与严谨性,该测试重复 10 次,距离分别设置为 0.5、1、2、3、4 m,每个固定的距离测试 2 次,音量分别为 30%、50%,观察屏幕 2 显示的是否为"声音过小"。

2)"音准准确"测试

开始练习后,扫描二维码识别乐谱进行弹奏,按照乐谱图中的音正确地弹奏整首曲谱,观察屏幕 2 显示的是否为"音准准确"。为确保实验的准确性与严谨性,该测试更换 10 首乐曲,依次进行检测。

3)"音调过高"测试

开始练习后,扫描二维码识别乐谱进行弹奏,弹奏时使用比乐谱图中对应单音更高的音进行弹奏,观察屏幕 2 显示的是否为"音准过高"。为确保实验的准确性与严谨性,该测试将所有待检测的音都使用更高的音进行检测 10 次。

4)"音调过低"测试

开始练习后,扫描二维码识别乐谱进行弹奏,弹奏时使用比乐谱图中对应单音更低的音进行弹奏,观察屏幕 2 显示的是否为"音准过低"。为确保实验的准确性与严谨性,该测试将所有待检测的音都使用更低的音检测 10 次。

5)噪声干扰测试

将本作品置于持续发出 40~50 dB、60~70 dB、70~80 dB 噪音的环境中进行测试,观察每个音检测出的准确性。

6)单音频率范围测试

系统在宿舍封闭环境进行测试,采样率为 44 100 Hz,音频的一次实际录制时间设置为 1 s。根据十二平均律得知,每个音符都有着各自不同八度的标准频率,只需要将程序测试得出的频率数据与其对比即可。本测试中选择第五八度中的"Do、Re、Mi、Fa、So、La、Si"七个基本音符进行测试,使用弦乐演奏曲目,系统录入弦音后 FFT 计算得出测试,并与标准频率进行对比。

3.4　测试数据与结果分析

3.4.1　图像测试

通过摄像头识别 10 个二维码进行测试,结果均准确地在显示屏左上角进行回显。

3.4.2　循环声音检测模块测试

1)"声音过小"测试

10 次实验中,只有在本作品与用户弹奏地点之间的距离为 3 m,库乐队 APP 音量设置为 30%;以及距离为 4 m,库乐队 APP 音量设置为 30% 的情况下显示"音量过小",考虑到测试地点为封闭的场所，该测试结果在误差允许的范围内是准确的。

2）"音准准确"测试

用正确的音弹奏10首不同的曲谱，均能准确识别。

3）"音调过高"测试

将所有待检测的音都使用更高的音检测10次，结果均显示"音调过高"。

4）"音调过低"测试

将所有待检测的音都使用更低的音检测10次，结果均显示"音调过低"。

5）噪声干扰测试

本作品置于40～50 dB以及50～60 dB的环境下仍能准确地识别单音，故在室外或较嘈杂的环境中，本作品能于60 dB以下的环境准确识别单音。

6）单音频率范围测试

测试结果将实测数据与标准数据频率差的绝对值显示在标准差一栏，计算误差率。如表2所示，标准音符的测试结果与标准频率差各有不同，最大频率差与最小频率差分别为1.727Hz和0.021Hz，所有音符的误差都小于0.3%，平均误差率为0.112%，误差很小。

表2　第六八度的测试结果

音符	Do	Re	Mi	Fa	So	La	Si
测试频率/Hz	525.0	587.0	659.0	699.5	785.0	879.5	991.0
	524.5	588.5	658.5	699.5	785.5	880.0	989.0
	524.0	587.0	658.5	700.0	784.5	880.0	989.0
	524.5	587.5	659.0	702.0	785.5	880.5	989.0
	524.0	586.5	659.0	700.0	785.0	880.0	988.5
	525.0	587.0	659.0	699.5	785.0	879.5	991.0
	524.5	588.5	658.5	699.5	785.5	880.0	989.0
平均值/Hz	524.3	587.3	658.8	700.2	785.1	880.0	989.0
标准值/Hz	523.3	587.3	659.3	698.5	784.0	880.0	987.8
频率差/Hz	1.036	0.044	0.471	1.727	0.990	0.021	1.310
误差率频率差/标准值/(/%)	0.198	0.007	0.071	0.247	0.126	0.002	0.132

为了进一步检测系统的有效性，另外选取第五八度的七个基本音符进行等条件的重复性试验测试，并计算平均误差率，如表3所示。

表 3 第五八度测试结果

音符	Do	Re	Mi	Fa	So	La	Si
第五八度误差率(/%)	0.193	0.010	0.069	0.141	0.144	0.007	0.153

由表 3 可知，另外一个八度的平均误差均小于 0.2%，最大误差为 0.193%，最小误差为 0.007%，平均误差为 0.102%，在十二平均律规定的相邻半音频率误差范围之内。

测试结果证明，该系统可以有效地对演奏者的声音实时地进行计算分析，且误差较小。

4. 创新性说明

本项目的调音系统在对现有乐器辅助应用 APP 的调研基础上，从更好帮助弦类乐器初学者自我矫正学习的角度入手，结合二维码扫描识别入库乐谱的图像识别技术，动态实时监测练习者的指法及弹奏错误，有效解决线下陪练课耗时耗力的问题，简化传统教学的步骤，体现了未来生活的趋势。

以安卓以及 IOS 不同系统上开发较为成熟的弦类乐器辅助 APP 为例，该类 APP 产品的内容方向大体分为两类。一是以 Finger 和彼岸吉他等网课 APP 为主，这类 APP 的主要内容以用户社交和零基础网课、教学曲谱为主，依赖用户的自主练习性，但缺乏对个人的专业音准矫正训练。二是以 Solo 和 Guitartuna 等调音软件为主，APP 针对尤克里里、吉他等弦类乐器练习前的准备工作，即对不同弦的松紧矫音。

本项目结合初学者的普遍练习经验，创造性地发现并弥补了现有 APP 在辅助初学者功能的内容缺陷，即在乐谱练习过程中对初学者弹奏的矫正。在初学者刚开始接触曲谱练习时，由于指板上没有音高的标记位，他们往往表现出对弹奏指法、音准记忆的不熟练，当出现弹奏失误时往往只能通过重复确认指板上的人为标记形成肌肉记忆。除此之外，传统弦乐练习中通过彩色显眼胶带或者修正液在指板上进行标记的方法也存在着缺陷，一是标记的数量有限且容易脱落，二是会对乐器本身造成伤害。

根据以上调研结果，本项目允许用户使用二维码扫描入库乐谱，在显示乐谱的同时动态显示每个弹奏音的高低音准，以期避免传统练习记忆中的缺陷，为用户提供更好的自我练习体验。

5. 总结

5.1 作品总结

本作品的目标是设计一个为弦类乐器初学者个性化练习的乐器学习辅导类产品，经过对大量文献、与资料进行查阅，完成了此次设计任务，主要的研究结果如下：

（1）本次作品设计对乐器学习相关的软件与硬件市场状况进行了较为全面的调查，根据乐器学习中的难点与特殊种类乐器的特点设计了本作品，使用价值高，另外实现了各种子模块的协调合作，提高了本系统的易用性。

（2）本作品在对现有的乐器调音器相关功能了解的基础上，结合快速傅里叶变换等信号处理相关知识，完成二维码扫描、音高识别与屏幕反馈等子模块的设计与结合，同时作品也能较好地完成对用户所演奏的单音进行音高识别的任务。

5.2　收获与不足

（1）通过参加本次"瑞萨杯"信息科技前沿专题邀请赛，队员们的理论知识有了很大的扩充，同时查阅资料与自主学习的能力有了极大的锻炼，还提高了队员的协作能力，能够更好地整体规划、分配分工、完成团队任务，为以后继续参加团队竞赛做好准备。

（2）由于时间原因和研究与设计方面的知识有所限制，本作品同时也存在着一些需要进一步优化的地方。首先是识别的速率还有待提升，无法做到识别速度较快的曲目；同时也需要适配更多的乐器，不仅是局限于弦类乐器；最后是曲库虽然可以根据用户需要自行添加，但是还是有待进一步扩充。

5.3　展望

本作品在对演奏者音准进行智能快速识别判定的基础上，还加入了智能图像识别整个乐谱的功能，提高了用户使用的自由度。同时还可以加入智能评分机制，对用户的音准、节奏甚至情感方面进行综合分析，让用户能够获得自己的量化练习评估报告，提高专业性，让功能更加完整。

随着人们对美好生活的向往更加强烈，人们对艺术的需求也日益提高，越来越多的人开始享受音乐，接触乐器。未来生活中，一方面，乐器教师不必为一个个纠正学生的音准问题而苦恼；另一方面，人们甚至可能不需要专门为简单学习一门乐器去报名课程，而可以利用碎片化的时间，足不出户就可以简单对一种乐器上手，同时也能够对自己的音准有足够的信心。

参考文献

[1]　孙朝平. 关于十二平均律音分与频率的换算[J]. 乐器，2017(03)：22－23.

[2]　周莎. 朱载堉十二平均律研究[J]. 艺术评鉴，2016(01)：52－53.

[3]　桂雅骏，吴小培，吕钊. 一种吉他调音器的设计与实现[J]. 工业控制计算机，2015，28(05)：123－125.

[4]　姚梦茹. 基于 Avalon 总线的音频频谱分析系统设计与实现[D]. 安徽大学，2018.

[5]　王芳. 电子校音器在业余小提琴启蒙教学中的重要性[J]. 黄河之声，2016(06)：57－58.

[6]　李振华. 基于 DSP 的频谱分析系统的设计[D]. 哈尔滨工程大学，2012 年

[7]　梅森. 基于 FFT 频谱分析算法的虚拟示波器的研制[D]. 哈尔滨工业大学，2010 年

[8]　李洁琼. 钢琴智能化教学"智"在何方[D]. 中国音乐学院，2019.

[9]　徐健，李晓慧. 一种基于 FFT 的高分辨率音频频率测量方法[J]. 电子质量，2020(02)：11－14.

[10]　陈后全. 快速傅里叶变换对信号频谱的简单分析[J]. 电子测试，2020(09)：68－69＋36.

[11]　孔贝贝. ZXing 条形码扫描技术在移动数字图书馆中的应用[J]. 电脑知识与技术，2016，12(27)：196－198.

[12]　许博. ZXing 条形码扫描技术在课堂考勤中的应用[J]. 中国信息技术教育，2018(21)：88－90.

　　该作品以瑞萨公司高性能处理器 RZ/A2M 为核心，完成基于摄像头的二维码扫描及识别处理，基于麦克风的音频采集及分析、LCD 屏显示、按键处理等，实现弦乐的音准检测校对以及动态检测，较好地实现了作品的预设功能。作品中两个 LCD 屏优化为一个较为合理，另外，如果系统中添加网络功能可使该作品与云端曲库连接更为完善。

基于 OpenMV 的智慧考勤管理系统

作者：陈昊、何雨桐、姜夔（重庆邮电大学）

作品演示

摘　要

针对课堂和办公各种场景当中签到作假及签到效率不高的问题，为了克服传统考勤的多方面的局限性，本作品基于瑞萨公司研制的开发套件 RZ/A2M，设计了一种智能考勤系统。

本作品能够实现身份录入、指纹和人脸双重识别考勤，语音提示和云端服务功能。指纹识别采用 AS608 模块，该模块为集成了光路和指纹处理系统的一体化系统，内置 DSP 运算单元，集成了指纹识别算法，能高效快速采集图像并识别指纹特征，提取过程控制在 0.4s 以内，具有可靠性高、识别速度快、干湿手指适应性好、指纹搜索速度快的特点。人脸识别采用 OpenMV 的 OV7725 摄像头，使用 LBP 特征[1]分辨不同的人脸，具有灰度不变性和旋转不变性等显著优点，可以准确判断不同人的身份。使用 ESP8266 Wi-Fi 模块连接 IoT 云平台，通过 TSDB[2]时序时空数据库对上传到平台的数据进行数据处理，实现远程检测考勤数据，并且实时获取设备状态，导出出勤数据。本作品用 7 寸 HIM 串口屏显示操作界面，信息结合语音提示，使人机交互更加便捷。

本作品采用模块化的思想，各个模块相互独立工作，同时相互协同合作，使操作系统方便调试和维护，容易移植到其他平台。采用指纹识别和人脸识别双重验证的考勤的方式，有效避免作假签到的现象。可在办公室、学校、实验室等场景使用，易于推广和移植，具有广阔的应用前景。

关键词：智慧考勤；人脸识别；指纹识别；IoT

Intelligent Attendance Management System Based on OpenMV

Author：Hao CHEN，Yutong HE，Yan JIANG（Chongqing University of Posts and Telecommunications）

Abstract

In order to overcome the limitations of traditional attendance management methods, it is necessary to solve the problems of false attendance and inefficiency in various classroom and office scenes. This work is an intelligent attendance system developed by Renesas based on the development suite RZ A2M.

This work can achieve double check: identity entry, fingerprint and facial recognition attendance, furnishes voice prompt and cloud service functions. Fingerprint identification uses AS608 module, which integrates light path and fingerprint processing part of the integrated fingerprint processing module. It also has built-in DSP computing unit, integrates the fingerprint identification algorithm. It can effectively and rapidly sample and recognize image, fingerprint characteristic extraction process control within 0.4s. It has high reliability, fast recognition, adaptability to dry and wet finger, fast fingerprint search speed. Face recognition is based on OV7725 camera of OpenMV. It uses LBP feature to distinguish different faces, which has significant advantages such as gray invariant and rotation invariant, and can accurately distinguish the identity of different people using ESP8266 Wi-Fi module to connect to IoT cloud platform, process the data uploaded to the platform through TSDB temporal and temporal timing database, and realize remote detection of attendance data, real-time acquisition of device status and export of attendance data. Seven-inches-wide HIM serial interface display operation interface, and prompts of information combined with voice make human-computer interaction more convenient.

Adopting the idea of modularization, each module works independently and collaborates with each other, making the operating system convenient for debugging and maintenance and easy to be transplanted to other platforms. Double verification of fingerprint recognition and facial recognition effectively avoid false check-in. It can be applied to the attendance of office staff, school staff, students, laboratories and other social organizations. This work will greatly facilitate people's life, be easy to promote and transplant, and has a broad application prospect.

Keywords: Smart Attendance; Facial Recognition; Fingerprint Recognition; IoT

1. 作品概述

1.1 背景分析

科学的考勤管理不仅可以确保各项管理计划的落实，还可以提高管理效率。传统的考勤管理主要是通过人员管理来完成，管理工作量比较大，而且容易受到各种人为因素的干扰。随着信息技术的发展，各种智能化的考勤系统层出不穷，但是这些系统也存在一些缺陷，比如考勤作假难核实、信息更新不及时、效率不高、成本高。在这样的背景下，建立在指纹识别技术和人脸识别技术上的考勤系统有着广泛的应用前景。在众多的生物识别技术当中，指纹识别技术充分利用了指纹的普遍性、唯一性和永久性，而人脸识别是时下新兴的识别技术，逐步代替了传统的基于标志和数字的识别方式，在各个行业均取得了广泛的应用。

1.2 相关工作

现有的考勤管理运用到的技术有 GPS 定位技术、人脸识别技术、蓝牙、声纹识别、指纹识别等技术。然而，这些技术都或多或少有缺陷：基于 GPS 定位技术，GPS 精度不高、无法在室内或者有较大建筑物遮挡的环境下使用；人脸识别技术难度高；蓝牙虽然受环境干扰小，但是可靠性不强，只需要手机在场并不能确定人员是否确实在考勤地点；声纹识别技术独特性和稳定性都比较低，错误率高；指纹识别技术具有终生不变性及稳定性，但手指上可能会有的脏污和天生指纹较浅会影响识别。而基于指纹识别技术和人脸识别技术双重保障的考勤系统，结合了两项技术，准确性和稳定性高，有效杜绝考勤代打卡、作弊等不良现象。

1.3 特色描述

本作品实现了一种结合指纹识别和人脸识别技术的双重保障智能考勤系统，不同于一般的人工考勤或者手机小程序打卡考勤，简化了考勤管理的难度并且避免了考勤作假的问题。采用的 AS608 模块使得系统能够在 0.4 s 内就提取出用户指纹信息，对于手指干湿状况都能保证较高精度，识别精度高、速度快。人脸识别采用 OpenMV 的 OV7725 摄像头，使用 LBP 特征分辨不同的人脸，具有灰度不变性和旋转不变性等显著优点，可以准确判断不同身份。引入了云平台，利用 TSDB 时序时空数据库对于数据进行处理，实现远程实时检测数据和导出考勤数据的功能。

1.4 应用前景分析

本作品有着广泛的应用场景，在进行识别指纹与人脸双重识别后连接到云平台，实现高效考勤，确保考勤的真实准确性，应用在学校和商务公司中可以减轻管理人员的工作量。特别是应用于要求考勤结果真实的场景，相对于其他产品具有很大的优势。本作品应用范围广、性价比高、易于推广和移植，具有广阔的应用前景。

2. 作品设计与实现

2.1 系统方案

系统方案总框图如图 1 所示，本系统采用 R7S921053 作为主控芯片，使用 STM32F407ZGT6(简称 STM32)作为从控芯片，对外围模块电路进行控制。RZ/A2M 对 OpenMV 摄像头捕获到的数据进行实时处理，判断是否有来访人员到达。同时，RZ/A2M 配置 Wi-Fi 模块，通过其与物联网平台进行数据交互，实时将考勤数据更新到云服务器，并通过 TSDB 时序时空数据库将数据存储起来。在 RZ/A2M 初始化完成后，控制从控单片机开始工作并初始化与之相连的其余外设。指纹识别模块通过读取自身 Flash 中静态存储的数据获取当前指纹库中存储的人员指纹数。

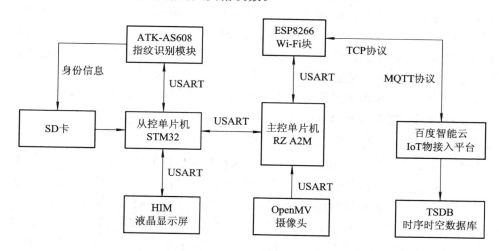

图 1　系统方案总框图

　　本作品工作流程为来访者站在设备前，摄像头捕获到人脸数据，激活其它外设进入就绪状态，等待用户输入指纹。用户输入指纹后，与本地指纹数据库中的指纹进行比对，匹配成功后成功解锁门禁，同时 HIM 串口屏输出反馈信息，从控单片机通知主控单片机触发一次来访事件，主控单片机通过 ESP8266 模块向云端记录一次来访数据并存入数据库中。

2.2　实现原理

2.2.1　指纹识别原理

　　本作品采用的检测方式是目前使用最广泛的光学识别检测法，具体操作为将手指放置在光学镜片下，加以内置光源照射后，将其投影到电荷耦合器件上，进而呈现出可以被指纹识别算法处理的多灰度指纹图像。

　　方案上我们采用 ALIENTEK 推出的 ATK‐AS608 高性能的光学指纹识别模块，其采用了国内著名指纹识别芯片公司杭州晟元芯片技术有限公司（Synochip）的 AS608 指纹识别芯片。芯片内置 DSP 运算单元，集成了指纹识别算法，能高效快速采集图像并识别指纹特征。模块配备了串口、USB 通讯接口，用户无需研究复杂的图像处理及指纹识别算法，只需通过简单的串口、USB 按照通讯协议便可控制模块。

2.2.2　人脸识别原理

1）LBP

LBP（Local Binary Pattern，局部二值模式），具有灰度不变性和旋转不变性等显著优点。由于该特征的简单易算性，速度较提取 Haar 特征更快，符合本作品考勤打卡情景的应用要求。

　　在原始的 LBP 算子定义中，定义了一个 3×3 的矩阵窗口，以矩阵窗口中心像素为阈值，并与周围剩下的 8 个像素的灰度值进行大小比较，比较结果标记为 0（小于中心像素值）或 1（大于中心像素值）。于是，一个 LBP 算子经过一次比较后将会产生一个 8 b 的二进制码，即为该矩阵窗口中心点像素的 LBP 值，该值用来反映该区域的纹理信息。

在本作品中，采用了 Ojala 等提出的方案，在原有 LBP 算子的基础上进行改进，重新定义 LBP 算子为以某个像素点为圆心的半径可变的圆，解决了现实考勤场景中人脸大小因为距离远近而产生的不匹配的问题。基本的 LBP 算子的最大缺陷在于它只覆盖了一个固定半径范围内的小区域，无法满足不同尺寸和频率纹理的需求。

LBP 算子改进后，可以实现任意半径大小的区域范围内有任意多个像素点，用圆形代替了正方形的同时仍然保持 8 个采样点。

2）LBP 人脸检测原理

对每个像素运用 LBP 算子后，利用得到的 8 位 2 进制的数据可以求得该点的 LBP 值。于是整幅图像画面进行 LBP 运算后得到和图像像素点等量的 LBP 值数据，也构成了一幅图像——每个点记录了原始图像的 LBP 值。对于得到的数据（即新图像）进行分块，每个小块再进行分区，逐步细分。每个区域内的灰度平均值记作当前区域的灰度值，与周围其它区域灰度值进行比较形成 LBP 特征。将 LBP 特征图像分成 m 个局部块，并提取每个局部块的直方图，然后将这些直方图依次连接在一起形成 LBP 特征的统计直方图，即 LBPH（Local Binary Patterns Histograms），很好地将 LBP 特征与图像的空间信息结合在一起。在此基础上运用各种相似性函数，就可以判断两幅图像的相似度，进而实现匹配识别。

3）人脸识别流程

（1）计算图像的 LBP 特征图像。

（2）将 LBP 特征图像进行分块。

（3）计算每块区域特征图像的直方图并将直方图进行归一化。

（4）形成 LBP 特征向量。

（5）检测和识别目标。

2.2.3 物联原理

1）ESP8266 无线 Wi-Fi 模块

在所有无线连接方式中，Wi-Fi 连接是最合适的物联网连接方式之一，可作为系统设备和 IoT 的信息枢纽，实现各模块的联动以及与平台的交互。

ESP8266 系列模组是深圳市安信可科技有限公司开发的一系列基于乐鑫 ESP8266EX 的超低功耗的 UART－WIFI 芯片的模组，可以方便地进行二次开发，接入云端服务，实现手机 3G/4G 全球随时随地的控制，加速产品原型设计。

ESP8266 通过串口与单片机进行通信，在单片机中生成 AP 信息（获取 AP 的 SSID 和密码）并发送至 Wi-Fi 模块，Wi-Fi 模块根据获取到的 AP 信息连接到该 AP。

2）百度智能云天工物接入平台

物接入（IoT Hub）是一个全托管的云服务，帮助建立设备与云端之间安全可靠的双向连接，以支撑海量设备的数据收集、监控、故障预测等各种物联网场景。其基于安全可靠的双向连接，支持主流物联网协议，具有数据分析和认证与授权等功能。

本系统在初始化过程中，向 ESP8266 模块发送服务器 IP、端口号、客户端 ID、用户名。模块获得登录密钥后，向百度智能云天工物接入平台指定 IP 发送数据包，与平台建立

TCP 连接，连接稳定后再发送 MQTT 连接报文与平台建立 MQTT 连接，连接完成后订阅相关报文，MQTT 订阅主题图如图 2 所示。

1、$baidu/iot/shadow/check/update

设备向该主题发布消息，可更新物影子。

订阅主题$baidu/iot/shadow/check/update/accepted 获取物影子更新成功后的结果。

订阅主题$baidu/iot/shadow/check/update/rejected 获取物影子更新失败的信息。

2、$baidu/iot/shadow/check/get

向该主题发布消息，可获取该设备的物影子。

订阅主题$baidu/iot/shadow/check/get/accepted 获取物影子获取成功后的结果。

订阅主题$baidu/iot/shadow/check/get/rejected 获取物影子获取失败的信息。

图 2　MQTT 订阅主题图

物接入兼容通用 MQTT 的 SDK，系统提供默认 topic 对物影子进行操作。

2.3　通信协议

2.3.1　MQTT 协议

MQTT 是一种基于客户端服务端架构的发布/订阅（PUBLISH/SUBSCRIBE）模式的"轻量级"通讯协议。该协议构建于 TCP/IP 协议上，轻量、简单、开放且易于实现，可以用极少的代码和有限的带宽为连接远程设备提供实时可靠的消息服务。作为一种低开销、低带宽占用的即时通讯协议，其在物联网、小型设备、移动应用等方面有较广泛的应用。

MQTT 协议通过交换预定义的 MQTT 控制报文来通信，控制报文由固定报头、可变报头和有效载荷三部分组成。

在本系统中，主要用到连接报文、订阅报文、发布报文和心跳报文。

1）连接报文

客户端到服务端的网络连接建立后，客户端发送给服务端的第一个报文必须是 CONNECT 报文。且在一个网络连接上，客户端只能发送一次 CONNECT 报文。

在连接报文中，固定报头为 MQTT 报文类型＋剩余长度，剩余长度等于可变报头的长度（10 B）加上有效载荷的长度。可变报头按下列次序包含四个字段：协议名（Protocol Name）、协议级别（Protocol Level）、连接标志（Connect Flags）和保持连接（Keep Alive）。有效载荷（Payload）包含一个或多个以长度为前缀的字段，可变报头中的标志决定是否包含这些字段。如果包含的话，必须按以下顺序出现：客户端标识符、遗嘱主题、遗嘱消息、用户名、密码。在本系统中，不使用遗嘱，故遗嘱主题和遗嘱消息无需设置。

2）订阅报文

客户端向服务端发送 SUBSCRIBE 报文用于创建一个或多个订阅，每个订阅注册客户端关心的一个或多个主题。为了将应用消息转发给与那些订阅匹配的主题，服务端发送 PUBLISH 报文给客户端。

在订阅报文中，固定报头为"MQTT 控制报文类型＋剩余长度"，剩余长度等于可变报头的长度（2 B）加上有效载荷的长度。可变报头保护报文标识符。SUBSCRIBE 报文的有效载荷包含了一个主题过滤器列表，它们表示客户端想要订阅的主题。每一个过滤器后面跟着一个字节，这个字节是服务质量要求（Requested QoS）。它给出了服务端向客户端发送应用消息所允许的最大 QoS 等级。

3）发布报文

PUBLISH 控制报文是指从客户端向服务端或者服务端向客户端传输一个应用消息。

在发布报文中，固定报头为"MQTT 控制报文类型＋重发标志 DUP＋服务质量等级 QoS＋保留标志 RETAIN＋剩余长度"，剩余长度字段等于可变报头的长度加上有效载荷的长度。可变报头按顺序包含主题名和报文标识符。主题名必须是 PUBLISH 报文可变报头的第一个字段，即其无需加上长度 Length 前缀。只有当 QoS 等级是 1 或 2 时，报文标识符（Packet Identifier）字段才能出现在 PUBLISH 报文中。在本系统中，由于 QoS 为 0，故无需包含报文标识符。有效载荷包含将被发布的应用消息，数据的内容和格式是应用特定的，可以是纯文本字符串，也可以是 JSON 字符串，在本系统中采用 JSON 格式的字符串来描述考勤数据。有效载荷的长度，即用固定报头中的剩余长度字段的值减去可变报头的长度。包含零长度有效载荷的 PUBLISH 报文是合法的。

4）心跳报文

客户端发送 PINGREQ 报文给服务端，用于以下三种情况：（1）在没有任何其它控制报文从客户端发给服务端时，告知服务端客户端还活着；（2）请求服务端发送响应确认它还活着；（3）使用网络以确认网络连接没有断开。心跳报文没有可变报头，没有有效载荷，只有固定报头为 0xC0、0x00。

2.3.2 AS608 通信协议

AS608 指纹识别模块始终处于从属地位（Slave Mode），单片机作为主机（Host）需要通过不同的指令让模块完成各种功能。主机的指令、模块的应答以及数据交换都是按照规定格式的数据包来进行的。主机必须严格按照下述格式封装要发送的指令或数据，也必须按下述格式解析收到的数据包。数据包分为四类：命令包、数据包、结束包、应答包，相应的包标识分别为 01、02、08、07，相应的格式分别如图 3～图 6 所示。

字节数/B	2	4	1	2	1	...		2
名称	包头	芯片地址	包标识	包长度	指令	参数 1	... 参数 n	校验和
内容	0xEF01	xxxx	01	N=				

图 3　命令包格式

字节数/B	2	4	1	2	1	…N	2
名称	包头	芯片地址	包标识	包长度	指令	数据	校验和
内容	0xEF01	xxxx	02				

图 4　数据包格式

字节数/B	2	4	1	2	1	…N	2
名称	包头	芯片地址	包标识	包长度	指令	数据	校验和
内容	0xEF01	xxxx	08				

图 5　结束包格式

字节数/B	2	4	1	2	1	1	N	2
名称	0xEF01	芯片地址	包标识 07	包长度	确认码	返回参数	校验和	

图 6　应答包格式

其中,包长度等于包长度至校验和(指令、参数或数据)的总字节数,包含校验和,但不包含包长度本身的字节数;校验和是从包标识至校验和之间所有字节之和,超出 2 B 的进位忽略。指令码根据要实现的功能不同而不同,在本作品中,主要使用了"录入图像""生成特征""精准比对两枚指纹特征""搜索指纹""合并特征(生成模板)""储存模板""清空指纹库""读记事本""写记事本"等指令。

2.4　硬件框图

本作品硬件电路总框图如图 7 所示。

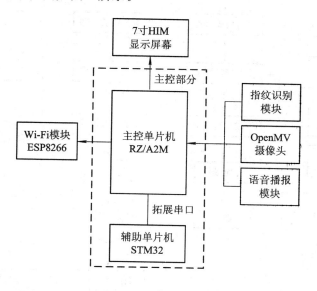

图 7　硬件电路总框图

2.5 软件流程

主控单片机软件流程图与从控单片机软件流程图如图8、图9所示。

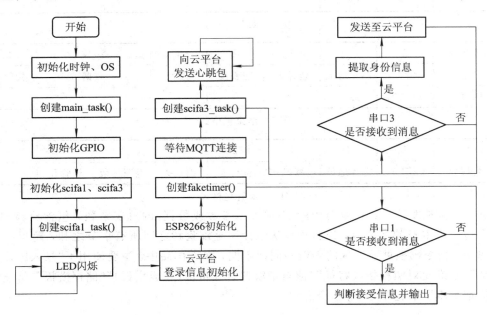

图 8 主控单片机软件流程图

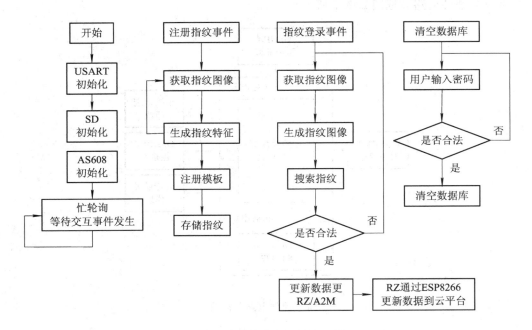

图 9 从控单片机软件流程图

2.6　功能划分

2.6.1　指纹录入和识别

用户通过 USART 交互触摸屏引导系统进入指纹录入界面，系统要求用户输入两次指纹并判断前后输入是否一致。若不一致则该次录入失败，需重新录入。录入指纹成功后要求用户输入姓名并选择身份进行注册，将身份数据存入指纹库和 SD 卡中，用于断电保存。

用户通过 USART 交互触摸屏引导系统进入指纹识别界面，用户输入指纹，系统从指纹库中比对当前指纹是否存在，如果存在，则一次指纹识别成功。

2.6.2　人脸录入和识别

用户通过 USART 交互触摸屏引导系统进入人脸录入界面，系统在进行相关语音播报提示后采集用户的 10 张人脸图像并存储到 SD 卡中，以便后续人脸识别时进行匹配。人脸图像经过单片机进行二值化处理，便于后续进行识别匹配。

用户通过 USART 交互触摸屏引导系统进入人脸识别界面，用户出现在摄像头前，角度正确，系统从人脸库中比对当前人脸是否存在，如果存在，则人脸识别一次成功。

2.6.3　IoT 平台远程监控

通过 ESP8266 模块连入局域网 AP 后，通过 TCP 协议和 MQTT 协议和 IoT 平台建立连接，订阅相关主题后，提供了设备与云端的上下行通道，为设备上报与指令下发提供稳定可靠的支撑，系统各子模块可通过平台进行联动，实现多方双向通信。

每次考勤事件发生后，系统通过 Wi-Fi 模块对考勤数据进行实时上报，数据经由 IoT 平台存储到时空时序数据库中，以便后台实时查看管理。

2.6.4　语音播报及交互反馈

语音播报模块针对用户执行的相关操作进行相应的语音提示，USART 触摸屏同步显示语音播报模块提示内容的文本，双向并行执行，实时响应用户的执行动作，极大程度地引导用户，大大提高了设备的智能性和防呆性，给予用户良好的使用体验。

2.6.5　其它功能模块

系统的输入输出部分由 USART 触摸输入屏、ESP8266 无线 Wi-Fi 模块、指纹识别模块、摄像头模块、语音播报模块构成，USART 触摸输入屏实时响应用户交互动作，语音播报模块配合触摸屏同步进行交互提示，让人机交互更加方便快捷。系统各个模块协同合作，又相互独立，在提高系统整体性能的情况下使系统的抗干扰能力增强。

3.　作品测试与分析

3.1　测试方案

3.1.1　指纹系统测试

1）录入测试

连接指纹识别系统，配置系统触发注册指纹事件，调用指纹识别系统多次采集指纹特征点并进行匹配，匹配成功后存储指纹信息。将信息存储于 SD 卡中，存储完成后向 PC 端串口助手发送"saved!"，提示指纹录入完成。测试共录入 100 枚指纹的信息。

2）识别测试

连接指纹识别系统，配置系统触发指纹登录事件，调用指纹识别系统采集特征点并在数据库中搜索是否存在数据与其匹配。匹配成功后，向 PC 端串口助手发送"login successfully"，提示识别成功。如未搜索到匹配指纹，向 PC 端串口助手发送"login unsuccessfully"，提示识别失败。共进行 100 枚指纹的识别测试。

3.1.2 摄像头系统测试

1）录入测试

连接摄像头系统，配置系统触发注册人脸录入事件，调用摄像头系统多次采集面部特征点并进行匹配，匹配成功后存储面部信息。将信息存储于 SD 卡数据库中，存储完成后向 PC 端串口助手发送"saved!"，提示面部数据录入完成。测试共录入 20 位用户的面部信息。

2）识别测试

连接摄像头系统，配置系统触发人脸识别事件，调用摄像头系统采集特征点并在数据库中搜索是否存在数据与其匹配。匹配成功后，向 PC 端串口助手发送"login successfully"，提示识别成功。如未搜索到匹配的面部信息，向 PC 端串口助手发送"login unsuccessfully"，提示识别失败。共进行 20 位用户的面部信息识别测试。

3.1.3 云平台测试

接入 ESP8266 系统测试，上电初始化后，开始连接云平台，记录从连接开始到连接成功的时间。信息同步测试，将系统连接 Wi-Fi，配置系统进行数据同步，检测信息同步是否正常，并记录同步延迟。

3.1.4 整体测试

连接指纹系统、摄像头系统、ESP8266 系统、SD 卡，对指纹录入/识别、人脸录入/识别、云平台同步/查阅逐项进行测试。记录相应数据，测试共录入 20 位用户的信息。

3.2 测试环境搭建与测试设备

3.2.1 指纹系统测试

测试设备与材料：RZ/A2M 开发平台、指纹识别系统、USART HMI 液晶显示器、测试平台框架、XCOM V2.0、转接 PCB 板、SD 卡、测试样本（指纹信息源，测试采用实验室人员指纹）。

测试平台框架：23 cm×18 cm×6 cm 的 PLA 盒形带孔框架，开发平台，指纹系统安装于盒形框架内，指纹识别窗口从框架孔中露出，USART HMI 液晶显示器安装于顶盖上。

测试系统采用 MICRO-USB 口供电，USB 线缆插入开发平台供电口，转接 PCB 将 5 V、GND、指纹系统通信所用串口 I/O、液晶显示器通信所用串口 I/O 连出。指纹系统、液晶显示器插入转接 PCB。SD 卡插入开发平台卡槽。

用电脑串口读取测试数据，进行数据收集。

3.2.2 摄像头系统测试

测试设备与材料：RZ/A2M 开发平台、摄像头、USART HMI 液晶显示器、测试平台框架、XCOM V2.0、转接 PCB 板、SD 卡、测试样本(人脸信息源，测试采用实验室人员人脸信息)。

测试平台框架：23 cm×18 cm×6 cm 的 PLA 盒形带孔框架，开发平台安装于盒形框架内，摄像头从顶部孔中露出，USART HMI 液晶显示器安装于顶盖上。

测试系统采用 MICRO-USB 口供电，USB 线缆插入开发平台供电口，转接 PCB 将 5 V、GND、人脸系统通信所用串口 I/O、液晶显示器通信所用串口 I/O 连出。摄像头系统、液晶显示器插入转接 PCB。SD 卡插入开发平台卡槽。

用电脑串口读取测试数据，进行数据收集。

3.2.3 云平台连接测试

测试设备与材料：RZ/A2M 开发平台、ESP8266 系统、USART HMI 液晶显示器、测试平台框架、XCOM V2.0、转接 PCB 板、SD 卡。

测试平台框架：23 cm×18 cm×6 cm 的 PLA 盒形带孔框架，开发平台、ESP8266 系统安装于盒形框架内，USART HMI 液晶显示器安装于顶盖上。

测试系统采用 MICRO-USB 口供电，USB 线缆插入开发平台供电口，转接 PCB 将 5 V、GND、ESP8266 系统通信所用串口 I/O、液晶显示器通信所用串口 I/O 连出。ESP8266 系统、液晶显示器插入转接 PCB。SD 卡插入开发平台卡槽。

登录百度云平台，打开电脑串口上位机读取测试数据，进行数据收集。

3.2.4 语音测试

测试设备与材料：RZ/A2M 开发平台、语音系统、USART HMI 液晶显示器、测试平台框架、XCOM V2.0、转接 PCB 板、SD 卡。

测试平台框架：23 cm×18 cm×6 cm 的 PLA 盒形带孔框架，开发平台、语音系统安装于盒形框架内，USART HMI 液晶显示器安装于顶盖上。

测试系统采用 MICRO-USB 口供电，USB 线缆插入开发平台供电口，转接 PCB 将 5 V、GND、语音系统通信所用串口 I/O、液晶显示器通信所用串口 I/O 连出。语音系统、液晶显示器插入转接 PCB。SD 卡插入开发平台卡槽。

打开电脑串口上位机，发送语音指令，验证系统发声是否正常，有无明显失真。

3.2.5 整体测试

测试设备与材料：RZ/A2M 开发平台，指纹识别系统、摄像头、ESP8266 系统，USART HMI 液晶显示器，测试平台框架，XCOM V2.0，转接 PCB 板、SD 卡、测试样本(信息源，测试采用实验室人员信息)。

测试平台框架：23 cm×18 cm×6 cm 的 PLA 盒形带孔框架，开发平台、ESP8266 系统、语音系统安装于盒形框架内，指纹识别窗口从框架孔中露出，摄像头从顶部孔中露出，USART HMI 液晶显示器安装于顶盖上。

测试系统采用 MICRO-USB 口供电，USB 线缆插入开发平台供电口，转接 PCB 将 5 V、GND、各个系统所用通信 I/O 引出。将指纹识别系统、摄像头、ESP8266 系统、语音系统插入转接 PCB。SD 卡插入开发平台卡槽。

3.3 测试数据与结果分析

3.3.1 指纹系统测试

连接测试系统,并将系统与 PC 端连接,配置系统触发注册指纹事件,录入用户指纹信息,存储于 SD 卡内,记录每次录入后系统反馈结果。随后配置系统触发指纹登录事件,逐一测试已录入指纹用户的登录操作是否正常,记录系统反馈结果。部分测试结果见表1。

表 1 指纹系统测试

序号	用户身份	录入结果	识别结果
1	Evans	saved!	login successfully
2	Lily	saved!	login successfully
3	Keith	saved!	login successfully
4	Julius	saved!	login successfully
5	Warren	saved!	login successfully
6	Kirk	saved!	login successfully
7	Selmer	saved!	login successfully
8	Kurt	saved!	login successfully
9	Band	saved!	login successfully
10	Cook	saved!	login successfully

3.3.2 摄像头系统测试

连接测试系统,并将系统与 PC 端连接,配置系统触发注册人脸识别事件,录入用户面部信息,存储于 SD 卡内,每次录入后系统反馈结果。随后配置系统触发人脸识别事件,逐一测试已录入面部信息用户的登录操作是否正常,记录系统反馈结果。部分测试结果见表2。

表 2 人脸识别系统测试

序号	用户身份	录入结果	识别结果
1	Evans	saved!	login successfully
2	Lily	saved!	login successfully
3	Keith	saved!	login successfully
4	Julius	saved!	login successfully
5	Warren	saved!	login successfully
6	Kirk	saved!	login successfully
7	Selmer	saved!	login successfully
8	Kurt	saved!	login successfully
9	Band	saved!	login successfully
10	Cook	saved!	login successfully

3.3.3　云平台连接测试

连接测试系统，并将系统与 PC 端连接，配置系统登录云端，记录登录云端时间。配置系统同步云端数据，向云端发送数据包，记录云端接受响应时间。测试结果见表 3。

表 3　云平台系统测试

操作	连接云平台	断开云平台	云平台数据同步
响应结果	连接成功	连接成功	同步成功
响应延迟/s	1	1	1

3.3.4　语音系统测试

连接测试系统，并将系统与 PC 端连接，利用 PC 端串口助手发送指令，系统接收指令后发声，验证系统发生是否正常，有无明显音频失真现象。测试结果见表 4。

表 4　语音系统测试

序号	指令	响应	有无明显失真
1	录入成功	正常	无
2	录入失败请重试	正常	无
3	登录成功	正常	无
4	登录失败请重试	正常	无
5	清除成功	正常	无

3.3.5　整体性能测试分析

连接测试系统，逐一对指纹系统、摄像头系统、ESP8266 系统、语音系统进行测试，并遵照日常打卡系统使用方式进行实际使用测试。经过实际使用测试，系统能够很好地完成学校或者商务办公日常管理需求，且根据管理需要可增加诸如请假管理、物料申请报备、仪器借用情况等个性化定制功能，实现智慧化管理，减轻管理人员的工作压力。系统整体可直接采用电脑 USB 口供电，无需担心待机功耗过高引起的电能浪费。小巧的外形使得整个系统便于携带安装，无需繁重的搬运安装工作，极大地方便了学校或办公单位的管理需求。

4. 创新性说明

本作品采用模块化的思想，实现各个模块相互独立，同时协同合作，将指纹识别和人脸识别采集到的数据分离开，通过一个系统接口连接两个部分，非常便于内容的组织和管理，降低设计的复杂度，使程序设计、调试和维护等操作简单化。

本作品采用人脸识别技术，LBP 特征分辨不同的人脸，具有灰度不变性和旋转不变性等显著优点。图像的每个像素均可以计算得到一个 LBP 特征值。计算某一像素的 LBP 特征值时，用这一像素与其邻域像素比较大小，然后阈值化邻域像素，最后将这些阈值化结果逆时针（或顺时针）连接起来形成一个二进制数串。这个二进制数串对应的十进制数即为这个像素的特征值。根据计算，LBP 对于单调光照变化具有良好的稳定性。

本作品采用指纹识别技术，其识别精度高且错误率低。模块集成指纹识别算法，能快速采集图像以提取特征。其具有一个 72 kB 的图像缓冲区与 2 个 512B 的特征文件缓冲区，可以读取任意一个缓冲区。将得到的 256×288 像素的图像进行特征提取并存放于缓冲区，提取过程控制在 0.40 s 以内。指纹库最大录入指纹容量为 300，经过 SD 卡扩容后可拓展至 5000 余个。

本作品引入了云平台服务，从技术方面结合云计算技术整合了计算、网络、存储等各种软件和硬件技术，这些都是目前较为成熟的。IoT 云服务的安全高，可以使数据永不丢失，用户可以在线实时查看出勤数据，可扩展空间较大，并且计算能力是普通服务器的四倍，性能更强，实时性更高。

5. 总结

本次"瑞萨杯"信息科技前沿专题邀请赛，本队完成了 OpenMV 的智慧考勤管理系统的设计，各项功能指标均达到预期，并且运行稳定。本作品采用人脸识别和指纹识别技术相结合的方法，双重保障了识别的真实和准确性。指纹识别在 0.4 s 内就提取出人物身份，对于手指干湿状况都能处理得很妥当，识别精度高、速度快。人脸识别基于 OpenMV 的 OV7725 摄像头，使用 LBP 特征分辨不同的人脸，具有灰度不变性和旋转不变性等显著优点，可以准确判断不同人的身份。引入云平台服务，适应技术发展潮流，实现作品和 PC 端与智能终端的连接。本作品应用在学校和公司职场中，可以减轻管理人员的工作量，特别是应用于要求人员必须到场的场景，相对于其他产品具有很大的优势。本作品应用范围广、性价比高、易于推广和移植，具有广阔的应用前景。

参考文献

[1] 刘晓阳，霍祎炜. 多尺度分区统一化 LBP 算子井下人员人脸识别方法[J]. 煤炭科学技术，2019，47（12）：116 - 123.

[2] 宋江健. 基于 OpenTSDB 的能源管理系统并行架构研究[D]. 广州工业大学，2019.

《 专家点评 》

该作品实现了一智慧考勤管理系统，实现了身份录入、指纹和人脸双重识别考勤，语音提示和云端服务等功能。采用模块化的思想，实现各个模块相互独立，协同合作，便于内容的组织和管理，使程序设计、调试和维护等操作简单化。使用 Wi-Fi 模块连接 IoT 云平台进行数据处理，实现远程监测考勤数据，并且实时获取设备状态，导出出勤数据。用户可以在线实时查看出勤数据，可扩展空间较大，实时性更高。作品报告设计方案完整，结构合理，有一定创新性和实用价值。可在办公室、学校、实验室等需要现场考勤签到的场景使用，方便人们的生活，具有一定的应用前景。